华章程序员书库

U0139569

Clojure in Action
Second Edition

Clojure编程实战

（原书第2版）

[美] 阿米特·拉索尔（Amit Rathore）
弗朗西斯·阿维拉（Francis Avila） 著

姚军 等译

机械工业出版社
China Machine Press

图书在版编目（CIP）数据

Clojure 编程实战（原书第2版）/（美）阿米特·拉索尔（Amit Rathore），（美）弗朗西斯·阿维拉（Francis Avila）著；姚军等译 . —北京：机械工业出版社，2018.9
（华章程序员书库）
书名原文：Clojure in Action, Second Edition

ISBN 978-7-111-60938-4

I. C… II. ① 阿… ② 弗… ③ 姚… III. JAVA 语言 – 程序设计 IV. TP312.8

中国版本图书馆 CIP 数据核字（2018）第 216470 号

本书版权登记号：图字 01-2016-3790

Clojure 编程实战（原书第 2 版）

出版发行：机械工业出版社（北京市西城区百万庄大街 22 号　邮政编码：100037）

责任编辑：张志铭　　　　　　　　　　　　　　责任校对：张惠兰

印　　刷：北京市兆成印刷有限责任公司　　　　版　　次：2018 年 10 月第 1 版第 1 次印刷

开　　本：186mm×240mm　1/16　　　　　　　印　　张：18.5

书　　号：ISBN 978-7-111-60938-4　　　　　　定　　价：79.00 元

The Translator's Words 译 者 序

自编程语言出现以来，更好地管理复杂的抽象、清晰且简短的代码以及编程语言本身的可扩展性一直是无数程序员追求的目标，这催生了以静态类型、面向对象编程方法为基础的 Java 等企业级编程语言，以及以快速 Web 开发为目的的 JavaScript、Ruby、Python 等动态类型脚本语言。

但不管是上述的哪一种语言，在新的问题领域不断出现之时，它们都带来了越来越多的附带复杂性，那么如何控制这种复杂性，同时利用历史遗留下来的巨大生态系统及已有代码呢？Clojure 就是这样的利器。它具备 Lisp 类语言的函数式编程风格，通过高阶函数、不可变数据对象等特性，生成更加清晰、一致且易于理解的代码，而且极好地解决了多线程条件下的编程难题，达到了其他语言难以企及的并发程度。Clojure 语言核心短小紧凑、语法简单明了，许多功能是通过其强大的宏系统实现的，这又使它具备了自扩展能力，可以轻松地增加语言特性甚至为非编程人员提供强大的领域特定语言。最难得的是，Clojure 植根于 JVM，并且提供了丰富的 Java 互操作功能，不仅可以轻松地共享 Java 语言长年积累下来的强大程序库和生态系统，利用原有代码，还可以让 Java 开发团队享受到新型语言的便利，可谓"鱼与熊掌兼得"。

本书的两位作者来自不同的开发领域，他们将企业编程和 Web 应用开发的知识熔于一炉，用既贴近现实应用又便于理解的实例，阐述了编程语言中这一后起之秀的方方面面。在不知不觉之中，读者可以体会到函数式编程的威力，熟悉原本令人望而生畏的独特语法，最终沉浸于新技术带来的快乐之中。详尽的解说、丰富的实例，也使本书成为 Clojure 语言的必备入门书籍。

本书的翻译工作主要由姚军完成，徐锋、刘建林、陈志勇、宁懿、白龙、陈美娜、谢志雄、方翔、林耀成、陈霞等人也为翻译工作做出了贡献，在此衷心感谢华章公司的编辑王春华老师和其他有关人员为本书所提的宝贵意见。

姚军

2018 年 7 月

第 1 版赞誉 *Praise for the first edition*

"一本容易理解的书，也是 Clojure 的快速入门途径。"

——Craig Smith, Suncorp

"广泛而全面地概述了这种激动人心的新语言的当前状态。"

——Tim Moore, Atlassian

"对构建实际应用程序所需的知识做了实用、全面的介绍。"

——Stuart Caborn, BNP Paribas

"我喜欢书中加入的测试和 Web 主题！"

——Chris Bailey, HotelTonight

"对 Clojure 及其在 JVM 语言系列中的独特地位有着深刻认识，是每位试图掌握 Clojure 的读者的必备读物。"

——Jason Rogers, MSCI Inc.

"不仅学习 Clojure——还学习如何用它来构建各种程序。"

——Baishampayan Ghose (BG), Qotd, Inc.

"用 Java 解释了函数式编程。"

——Doug Warren, Java Web Services

"这本书告诉你，结合 Java 程序库和一种务实的函数式语言能实现怎样的目标。"

——Federico Tomassetti, Politecnico di Torino

"非常容易理解的文字，出色的 Clojure 和 Lisp 入门书籍。"

——Kevin Butler, HandyApp, LLC

"介绍 Clojure 的各种特性，说明如何组合它们以实现多种工程解决方案。每种解决方案都极其简洁。强烈推荐这本书。"

——A. B. ，Amazon 评论

第 2 版序言 *Preface to the second edition*

许多新接触 Clojure 的人都来自企业软件领域，包括本书的主要作者阿米特·拉索尔。在他们的世界里，刻板的静态类型、面向对象语言与由工具、框架和程序库组成的庞大生态系统联系在一起，这些工具、框架和程序库的设计主旨是降低组件和不断变化的业务需求之间的耦合度。这是包含依赖注入、Servlet 容器、XML 配置和代码生成的 Java 及 C# 世界。因为 Clojure 运行于 Java 之上，所以它成为试图摆脱这一领域复杂性同时又不想完全放弃熟悉且优秀工具的人的不二之选。对于 Clojure，企业软件开发人员害怕和不熟悉的特性是动态类型和一阶函数，但是 Clojure 吸引人的地方在于摆脱附带复杂性和静态类型，同时仍然可以在必要时使用旧代码。

我来自 Web 开发的"狂野西部"，那是 PHP、JavaScript、Python 和 Ruby 等动态类型编程语言的疯狂世界。这些语言中，有些在最初设计时很少（甚至没有）考虑过在大项目上的实用性，并且为了适应大项目而匆忙地发展出了新功能和变通方法。许多使用者（包括我）都没有经过计算机科学训练，职业生涯可能始于摆弄 HTML，为日常工作提供一个网站。他们的编程知识和所使用的语言一样，都是随着网站的成长而匆忙获得的。和企业软件领域不同，动态类型、自动类型强制和后期绑定是常规做法，第一类函数很常见，面向对象也不是基本前提。在这个领域里仍然有由框架和程序库组成的大型生态系统，但是它们不像企业软件开发中那样遵守规范和面向配置。对于 Web 开发人员来说，Clojure 最可怕的是其背后潜伏的企业软件"幽灵"——（简言之）Java。对于企业开发人员来说，Clojure 的 Java 传承是一个特性，而这对于 Web 开发人员则是一个 bug。

如果你来自 Web 开发者的世界，那么我可以告诉你：不用害怕 Java。许多企业软件的复杂性是体现在编译时的：静态类型、冗长的代码和许多 XML 配置。在流行的 Web 开发语言中，复杂性体现在运行时：弱类型和极端的动态性及易变性使程序难以推导。我正是在寻找这种附带复杂性的更好解决方案时发现了 Clojure，我对 Java 也持怀疑态度。我听说过 Java EE 的各种传说，看到过庞大的类文件和工厂接口。我感到疑惑：Clojure 是在 Java 这种死板、脆弱和复杂的软件栈基础上构建的，那么它怎么能够更好地控制软件复杂性？该如何平衡所有括号？

Clojure 处于混乱的 Web 开发领域和过于规格化的企业软件领域之间，前者的代码库难以安全地更改，后者的代码库则冗长且难以理解。Clojure 在我的程序上施加的限制比编写 PHP 时更严格，但是这种纪律性没有任何负面影响：你的代码仍然和往常一样简洁（也许还更简洁）；你可以轻松且毫无痛苦地利用 Java 生态系统的许多优势，例如健全的包管理和基于 JAR 的部署；由于 JVM，你的应用程序还可能运行得更快！

甚至在我成为专业的 Clojure 编码者之前，它就已经给我带来了好处。深入理解 Clojure 的简洁性和不可变性哲学，帮助我认识到在其他语言编程中遭遇的复杂性的根源，从而更好地控制复杂性。我现在以编写 Clojure（和 ClojureScript）为生，诚然，我的软件中仍然有许多附带复杂性，但是发现和控制它们变得更轻松了，我所编写的软件是使用 PHP 或者 Python 时做梦也想不到的。

本书的第 1 版帮助我走上 Clojure 的道路，那正是我现在的道路。我很荣幸能参与第 2 版的写作，希望它也能够帮助你"驯服"软件复杂性。不要害怕 Java 或者括号！它们实际上都相当"驯良"。

弗朗西斯·阿维拉

第 1 版序言 *Preface to the first edition*

我可以告诉你，我有多享受极客的生活；我可以告诉你，1985 年父亲给我展示穿孔卡时，我有多么着迷；我可以告诉你，我在 7 岁时是如何得到第一台计算机的；我还可以告诉你，我从 1989 年起就爱上了编程。我可以告诉你关于这一切的许多事情，但是不能肯定它们是否有趣。

作为替代，还是让我告诉你们我对答案的追求吧。多年以来，关于我们所在行业的一些问题一直困扰着我：为什么从来没有一个软件项目像它应有的那样简单？为什么没有一个项目能够按照时间和预算完成？为什么程序中总是有 bug？为什么软件从来不按照人们的意图工作？为什么对软件进行更改总是那么困难？为什么不管一个项目开始时有多么清晰的计划，却总会变成一个"大泥球"？

几乎每个人都会认识到这些问题，但他们似乎接受这种现状。行业中的大部分人通过在时间安排和预算上设置缓冲以及接受普通水平的软件来应对它们。难道没有更好的办法了吗？

本书不是答案，绝对不是，但它是我向前探索的一部分。我的想法是，工具越好，越能够帮助我们创建好的软件。

这就引出了显而易见的问题：什么是更好的工具？它们在哪方面表现更好？我的答案便是，好的工具是能够更好地帮助控制复杂性的工具。毕竟，复杂性是我们所在世界中一切状态的根源。确实，Fred Brooks 早在 1986 年就在一篇文章中提到了复杂性。他提出了基本复杂性和附带复杂性之间的区别。基本复杂性是问题领域中固有的，而附带复杂性是由问题领域之外的事物引入的。例如，在处理纳税申报的软件项目中，由复杂的纳税编码引入的复杂性是问题领域的一部分，因此其是基本复杂性。而由错综复杂的访问模式引起的任何复杂性则是附带复杂性。

那么，让我来改变一下措辞：好的工具能帮助我们减少附带复杂性。这些工具让我们尽可能好地完成工作，而且不会成为前进道路上的障碍。另外，出色的工具更不止于此，会为我们提供各种手段，提高设计人员和编程人员的效率，并且自身不会引入问题。Lisp 编程语言就是为了成为这样的工具而被设计的。Clojure 则是设计极其精巧的 Lisp。

每个遇上 Lisp 的程序员都有自己的故事，我的故事和许多人类似。我的职业生涯从 Java 开始，最终撞上了一堵自己建立的墙。于是我开始探索动态语言，它们看起来更有表现力和可塑性。我喜欢使用 Python 和 Ruby，并用它们编写了多个重要应用。当时我在一家名为 ThoughtWorks 的公司工作，有许多志同道合的同事。最终，其中一个人带领我转向 Common Lisp。对这种语言的理解越深，我就越强烈地意识到其他语言的粗糙。我在几个个人项目上使用了 Common Lisp，但是从未将其应用于重大项目。不过，它对我使用其他所有语言的编码工作都产生了深远的影响，我不断地寻找机会，试图将 Lisp 应用于现实世界的项目中。

我在 2008 年终于得到了机会。那时，我搬到加州湾区，加入了一家初创企业 Runa 的创建团队。按照真正的硅谷传统，我们的第一个办公室在创始人的车库里。我们希望凭借 Runa 公司的力量搅乱电子商务领域，想法是收集大量数据，用机器学习技术完全领会它们，然后提出个性化的交易，实时选择购物者。为了完成这些工作，我们必须攻克真正的技术难关。该系统必须每秒处理数千个请求，每天处理数太字节（TB）的数据；它还必须能够通过一组高级的陈述性领域特定语言（DSL）来编写脚本；它必须支持代码热交换，以便在运行中更新；它必须运行于云上，还必须完全由 API 驱动。我们不得不在缺乏资源的情况下完成该系统，因为设计团队只有三个人。

由于这些约束，我们需要一种能够提供"杠杆"的语言。因此，我们转向名为 Clojure 的新语言。这是一种运行于 JVM 之上的现代化函数式语言，它还承诺解决并发多线程代码中固有的问题。而且，它还是 Lisp 语言的一个变种！

我曾是这家初创企业的架构师，现在是工程副总裁。我将未来的成功押在这个名不见经传的人创建的新型编程语言（当时还在预发行阶段）上。但是我所读到的有关它的一切都与我产生了共鸣——一切都是那么合适。从那时起，我们使用 Clojure 取得了难以置信的成功。我们的团队在过去三年中成长了起来，但是仍然比类似公司的其他团队小一个数量级。我怀疑那些团队使用的是旧的 Java。过去的经验让我坚定了信念，在其他条件相同的情况下，工具非常重要，而有些工具远优于其他工具。

当我们开始着手工作时，我曾将 Clojure 当成秘密武器——但是 Clojure 的社区很强大，并且是相互扶持的，因此将其作为一个公开的秘密似乎是更好的想法。我启动了湾区的 Clojure 用户组，现在已经有数百名成员。已经有几十个人来参加过我们的会议，喜欢在会上听到的内容，并决定在自己的项目上使用 Clojure。

出于相同的信念，我编写了这本书，分享使用 Clojure 的经验，希望可以说服你们中的一些人，不仅看到这些"括号"，还能了解 Lisp 语言的总体能力和 Clojure 的具体特性。希望你们能觉得这本书实用且有趣。

阿米特·拉索尔

关于本书 *About this book*

从 2011 年本书第 1 版发行以来，软件工程领域已经有了许多变化。当时，Clojure 刚刚发行了 1.3 版本，社区正在致力于 1.4 版本的开发。ThoughtWorks 技术雷达已经将 Clojure 从"评估"推进到"试验"（https://www.thoughtworks.com/radar/languages-and-frameworks/clojure）。喜欢冒险的程序员和软件公司开始注意到这一点，但是用 Clojure 搭建重要项目的情况仍不多见。2015 年年底，Clojure 在编程领域已经有了一席之地。就连家喻户晓的沃尔玛和《消费者报告》杂志也将 Clojure 用于核心业务（http://cognitect.com/clojure#successstories）。Clojure 现在已经站稳了脚跟，完全不再出现于 ThoughtWorks 的技术雷达上了。

即使在 Clojure 仍然被边缘化的领域，它的核心思路——不可变性和函数式编程——也已经声名远播并结出了硕果。受到 Clojure 启示的不可变数据库 Datomic 正在被越来越多的人采用。Java 8 现在拥有了 Lambda：用于高阶函数编程的匿名内联函数。在许多不同的编程语言中，现在可以找到多个不可变数据结构库。这些思路已经通过 ClojureScript（2011 年 10 月才发行的！）和 Facebook React UI 框架的协作，在 JavaScript 中掀起了革命。不可变性和函数式编程现在已经成为主流的思路。

为了应对文化中的这些变化，本书第 2 版缩小重点范围，面向更广的受众。越来越多 Java 生态系统之外的程序员听说了 Clojure，并有兴趣学习它，所以我们扩充了入门章节的内容，假定读者拥有较少的 Java 知识，更加鲜明地强调 Clojure 的哲学思想，这些都可以在任何语言中实践，并为它们带来益处。随着受欢迎程度的大幅提高，用于常见编程任务的不同程序库和在线教程激增。因此，我们删除了处理数据库连接、构建 Web 服务等任务的实操章节。这些章节都已经随着程序库和替代方法的成长而变得老旧，如果我们用现代工具和技术重新编写它们，毫无疑问在出版之前它们就又过时了。幸好，在软件工程的任何子领域中，找到使用 Clojure 的最新文档都不再困难。

简而言之，我们已经不再需要像第 1 版中那样卖力地倡导 Clojure。如果你打算阅读本书，可能已经知道它是受 Lisp 启发并在 JVM 基础上构建的一种强大的通用函数式语言。你已经听说了这样的故事：规模很小的 Clojure 团队构建强大的分布式系统所花的时间比使用其他语言的大型团队还要短得多。你打算阅读本书，正因为你想要了解 Clojure 是如何实现这样的可能性的，也想知道如何达到同样的目标。

如何使用本书

学习 Clojure 对许多程序员来说是一个飞跃。完全不同的语法、从命令式编程到函数式编程、不可变性、宏系统……这一切都令人畏缩。本书采用一种缓慢而稳健的方法来帮读者学习这种语言和各种概念，并且假定读者之前没有任何 Lisp 或者函数式编程语言的经验。首先是必备的基础知识，然后慢慢地分层次介绍这种语言的不同特性，并以直观的方式将它们组合起来。本书对所有主题都采用基本原理方法，首先解释某件任务必须以某种方式完成的原因，然后再讨论 Clojure 方法。

一旦完成了基础知识的学习，本书将介绍由多位编程者编写的规模更大的"严肃"Clojure 程序所必需的特性、概念和技术。你将了解有效管理可变状态、大规模使用高阶函数编程、创建多态类型和抽象的同时平衡表达能力及性能、编写测试驱动 Clojure 程序、编写领域特定语言的方法。为了最大限度地利用本书，我们假定你熟悉某种面向对象（OO）语言，如 Java、C++、Ruby 或者 Python，但是不需要任何 Java、Lisp 或者 Clojure 背景。

路线图

本书共 11 章，下面描述每章的重点内容。

第 1 章简要介绍 Clojure 语言及其三大支柱：使用不可变数据结构的函数式编程、Lisp 语法以及与 Java 的互操作性。

第 2 章介绍 REPL（读取 – 求值 – 打印循环，这是 Clojure 的命令行解释程序），帮助你开始编写 Clojure 代码。本章包含对函数定义、流程控制和内建数据结构的纵览。

第 3 章讲解 Clojure 更独特的特性：元数据（为其他数据提供注解的数据）、异常处理、高阶函数（作为其他函数参数的函数）、两组作用域规则（词法和动态）、组织代码的命名空间、可以轻松简洁地将嵌套数据结构各部分放入变量的解构语法、为代码添加新字面语法的读取器字面量。本章中的许多方法可能与你所习惯的方法不同，但是在本章的最后，你将能够读写最简单的 Clojure 程序。

第 4 章讨论三种基本的多态性和使用多重方法时各种多态性在 Clojure 中的表现。如果你来自 Java/C++ 世界，那么这将是一种大不相同的方法。Clojure 的多重方法是实施多态行为的极度开放式方法，它们将方法分派的控制直接交给程序员。

第 5 章介绍 Clojure 与 JVM 的结合。没有一组强大的程序库，任何编程语言都不可能取得成功，Clojure 巧妙地回避了这个问题。你可以非常轻松地在程序中使用任何 Java 程序库，从而可以立刻利用数千种久经考验的框架及程序库。Clojure 还可以利用 Java 技术栈。在这一章中，你将学习从 Clojure 中使用 Java 代码、从 Java 中使用 Clojure 代码以及编写定义或者扩展 Java 类的 Clojure 程序的方法。

第 6 章解释 Clojure 的状态管理和并发方法，以及四种基本的并发原语。同样，这是处理可变状态问题的一种新方法。Clojure 配备了极端高效的不可变数据结构，实现了类似数据库的 STM（软件事务内存）系统。这种组合使该语言提供了对正确、安全和无死锁并发的内置支持。这很重要！你的程序可以利用多个核心，而不会产生传统多线程代码的相关问题。

第 7 章关注 Clojure 不同于大部分其他编程语言的另一种特性，这就是宏系统（不要和 C 语言的宏以及类似概念混淆）。Clojure 本质上为代码生成提供了语言级支持。它的运行时系统中有一个钩子（hook），允许程序员以任何方式变换和生成代码。这是一种难以置信的强大功能，模糊了语言设计人员和应用编程人员之间的界限，使任何人都可以为该语言增加特性。

第 8 章深入介绍函数式编程范式以及第 3 章中涉及的高阶函数的使用方法。你将创建如下核心高阶函数的自有版本：map、reduce 和 filter。你还将全面理解函数的部分应用和局部套用。最后，你将在 Clojure 基础上构建自己的面向对象编程（OOP）系统，并忘掉 Clojure 与面向对象范式相关性的忧虑。实际上，你将不再用相同的方式去思考面向对象方法。

第 9 章讨论表达问题，其基础是第 4 章中研究的多态性。你将首先回顾这个老问题的概念，然后使用 Clojure 的多重方法以优雅的方式解决它。接着，在介绍其他 Clojure 特性（协议、记录和类型）之后，我们将告诉你一种有局限但性能更好的解决方案。

第 10 章说明如何将编写测试驱动代码的过程与第 2 章中介绍的 Clojure REPL 相结合，从而显著提升效率。本章还介绍模拟和打桩函数，以实现更好的单元测试策略。

第 11 章是本书的最后一章，重点是高级宏和 DSL，建立在第 7 章所学知识的基础上。本章将引领你完成整个周期：从寻找最小化附带复杂性的工具开始。Clojure 允许你通过宏系统根据自己的意愿改变这种编程语言，本章会深入介绍这一功能。你将设计一个内部 DSL，作为使用 DSL 驱动 Clojure 应用中核心业务逻辑的一个例子。

代码约定和下载

许多代码清单中有注释，以便强调重要的概念。在某些情况下，所用编号与代码清单后的解释关联。

下载和安装 Clojure 的指南参见附录。你可以在 manning.com/books/clojure-in-action-second-edition 网站上找到本书中所有例子的完整代码。

Acknowledgements 致　　谢

　　我们要感谢 Manning Publications 中帮助本书出版的每个人，包括为我们提供机会撰写本书修订版的 Erin Twohey 和 Michael Stephens，在该过程中仔细审读手稿的 Karen Miller，提供专业性技术编辑的 Joseph Smith，以及为本书出版提供指导意见的 Kevin Sullivan、Jodie Allen、Linda Recktenwald 和 Mary Piergies。

　　我们还要感谢在该过程中多次阅读各个章节并提供宝贵反馈意见的评审人员：Bruno Sampaio Alessi、David Janke、Fernando Dobladez、Gary Trakhman、Geert Van Laethem、Gianluigi Spagnuolo、Jeff Smith、Jonathan Rioux、Joseph Smith、Justin Wiley、Palak Mathur、Rick Beerendonk、Scott M. Gardner、Sebastian Eckl 和 Victor Christensen。

　　还要感谢我们的 MEAP（Manning Early Access Program）读者，他们在"作者在线"论坛上发表了评论和修正意见。感谢他们对本书感兴趣并提供支持。

　　最后，我们要感谢提出不可变性的 Rich Hickey，感谢他创造了 Clojure 并鼓励我们更简洁地编程。

阿米特·拉索尔：

　　在一家初创公司工作（而且有了第一个孩子）的同时写一本书绝对不是放松的妙方！如果没有忍耐力超群的妻子 Deepthi 的支持，我绝对无法完成这两个版本。当我毫无进展的时候，只有她的鼓励能帮助我坚持下去。感谢你，亲爱的，没有你我绝对无法完成这个项目！

　　我还要感谢我的父母，在许多年之前，他们给了我走上这条道路的机会。我在印度长大，当时计算机还是幻想中的东西，大部分人都无法接触。父母贷款为我买了一台计算机，而不是购买他们的第一辆车，没有它就没有我的今天。因此，我要向父母说一百万次"谢谢"！

　　我还要感谢 Ravi Mohan，感谢他在 2001 年指引我了解 Lisp 并阅读 Paul Graham 的论文。感谢他为我展示了这条道路的魅力！我想，还要感谢 Paul Graham，他启发了我们中许多人的灵感。

感谢 Runa 的伙伴们让我写这本书。公司的创始人 Ashok Narasimhan 对整个项目都极其支持。我的其他同事也很支持我。尤其要感谢 Kyle Oba 和 George Jahad 的反馈和鼓励。

最后，我要特别感谢 Siva Jagadeesan 以各种各样的方式支持这项工作，帮助我将这本书升级为第 2 版。

弗朗西斯·阿维拉：

首先，我要感谢阿米特·拉索尔，他编著的本书第 1 版对我进入 Clojure 世界有重要意义。我对本书所做的只是重新"装修"的工作，坚固的支柱都是阿米特建造的，他所写的那些内容仍然是本书的真正基础。

我还必须感谢妻子 Danielle，她鼓励我接受 Manning 的邀请，合作编著本书的第 2 版，在我写作时她常独自在长夜中陪伴新出生的女儿，并认真地为我审读稿件。感谢你的爱和支持，以及对我痴迷于那些奇怪的"括号"的宽容。

我还要感谢 Breeze EHR，这家小型初创企业促使我进入神奇的 Clojure 世界。特别感谢公司的创始人、核心 Tyler Tallman，他将我从 PHP 中带出来。每次他与我分享激动人心的新想法时，我总是表现出坏脾气，对此我深感抱歉。

Clojure 简介

本章内容：

❑ Clojure 是 Lisp 的一个变种
❑ Clojure 是一种函数式编程语言
❑ Clojure 以 Java 虚拟机（JVM）为宿主
❑ Clojure 的关键特性和优点

　　任何足够复杂的 C 语言或者 Fortran 程序中，都包含一个临时特设的、不合规范的、充满程序错误的、运行速度很慢的、只有一半功能的 Common Lisp 实现。

——Philip Greenspun (http://philip.greenspun.com/research/)

1.1　Clojure 的概念以及采用的原因

　　Clojure 是一种简单、精炼的编程语言，其设计目的是轻松地同时利用遗留代码和现代化多核处理器。它的简单性来源于稀少而有规律的语法，精炼则源于动态类型和"函数即值"（也就是函数式编程）。这种语言可以轻松地使用现有的 Java 程序库，因为它以 Java 虚拟机为宿主。最终，它通过使用不可变数据结构和提供强大的并发结构简化了多线程编程。

　　本书介绍的是 Clojure 1.6 版本。在前几章中，你将学习 Clojure 的基础知识：语法、构件、数据结构、Java 互操作性和并发特性。随着基础知识的学习，你将了解 Clojure 是如何用宏、协议和记录以及高阶函数简化较大程序的。在本书的最后，你将理解 Clojure 为什么很快就受到欢迎，以及它是如何改变软件开发方法的。

Clojure 的优势不只体现在一个方向上。一方面，它设计为一种托管语言，利用 JVM、Microsoft 公共语言运行时库（CLR）和 JavaScript 引擎等运行平台的技术优势，同时增加了动态类型语言的"简洁性、灵活性和效率"（http://clojure.org/rationale）。Clojure 的函数式编程特性包括高性能的不可变数据结构和用于处理它们的丰富 API，可以生成更简单的程序，这些程序更容易测试和推导。无处不在的不可变性还在 Clojure 的安全、精确定义的并发和并行结构中起到核心作用。最后，Clojure 的语法来源于 Lisp 传统，这为它提供了简练而强大的元编程工具（http://clojure.org/rationale）。

上述几点可能立即引起正面或者负面的反应，例如，你偏好的是静态类型语言还是动态类型语言。其他语言设计决策可能也不完全清晰。什么是函数式编程语言？ Clojure 是否和你已经见过的其他此类语言类似？ Clojure 是否拥有对象系统或提供类似于主流面向对象（OO）语言的设计抽象？在现有 VM 上托管这种语言有哪些优势和不足？

Clojure 特性组合的前景在于，这种语言由简单、容易理解的部分组成，不仅为程序的编写提供强大的能力和灵活性，还使你可以无须理解语言的各个部分是如何组合的。别让任何人忽悠你：这种语言当中有许多需要学习的地方。用 Clojure 进行开发需要学习如何阅读和编写 Lisp 程序，愿意接受函数式编程风格，对 JVM 及其运行时库有基本的了解。我们将在本章介绍 Clojure 的这三大支柱，让你做好迎接本书其余内容（深入了解一种包含新旧两方面特性的难以置信的语言）的准备。

1.1.1 Clojure：现代化的 Lisp 语言

在仍发挥着积极作用的语言系列中，Lisp 是历史最悠久的之一（仅次于 Fortran），Clojure 是该系列中的一个新成员。Lisp 不是一种特定的语言，而是 1958 年图灵奖获得者 John McCarthy 设计的一种编程风格。今天，Lisp 系列主要包括 Common Lisp、Scheme 和 Emacs Lisp，Clojure 是最新加入的。尽管 Lisp 的历史断断续续，但它的实现（包括 Clojure）用于各个领域的尖端软件系统：美国航空航天局（NASA）"探路者"任务规划软件、对冲基金算法交易、航班延迟预测、数据挖掘、自然语言处理、专家系统、生物信息学、机器人学、电子设计自动化、Web 开发、下一代数据库（http://www.datomic.com），以及许多其他系统。

Clojure 属于 Lisp 语言系列，但是它并没有追随任何现有的实现，而是组合多种 Lisp 的优势以及 ML 和 Haskell 等语言的特性。Lisp 享有"黑科技"和"成功的秘密武器"的声誉，是条件、自动垃圾收集、宏和"函数是语言价值观"（不只是过程或者子程序；http://paulgraham.com/lisp.html）等语言特性的摇篮。Clojure 以 Lisp 的这些传统为基础，采用务实的方法实现函数式编程，与 JVM 等现有运行时环境有着共生的关系，并拥有内置并发和并行支持等高级特性。

在本章的后面，当我们探索 Clojure 的语法时，你就能真正地感觉到 Clojure 是一种 Lisp 语言意味着什么，但是在我们进入细节之前，先考虑 Clojure 设计的其他两大支柱：

Clojure 是一种托管在 JVM 上的函数式编程语言。

1.1.2　Clojure：务实的函数式编程

近年来，函数式编程（FP）语言的流行程度大增。Haskell、OCaml、Scala 和 F# 从默默无闻中崛起，现有的 C/C++、Java、C#、Python 和 Ruby 等语言已经借鉴了因这些语言而流行起来的特性。由于社区中的这种活动，很难确定函数式编程语言的定义。

成为函数式语言的最低要求是，不仅将函数当成执行代码块的命名子程序。在 FP 中，函数就是值，就像字符串 "hello" 和数字 42 都是值一样。你可以将函数作为参数传递给其他函数，函数也可以将函数作为输出值返回。如果一种编程语言可以将函数当成值处理，它往往就被称为拥有"第一类"函数。此时此刻，这些概念似乎不可能成立，或者过于抽象，所以只要将它记在心里，在本章稍后你将会看到代码示例中的函数以有趣的新方式使用。

除了将函数当成第一类值之外，大部分函数式语言还包含如下特有特性：

- ❏　具有引用透明性的纯函数
- ❏　默认的不可变数据结构
- ❏　对状态的受控、显式更改

这三个特性是相互联系的。FP 设计中的大部分函数是纯粹的，这意味着，它对周围的世界没有任何副作用（如更改全局状态或者进行 I/O 操作）。函数还应该具备引用透明性，也就是说，只要函数的输入相同，它就始终返回相同的输出。从最基本的层面上讲，具有这种表现的函数很简单，对有一致表现、与运行环境没有关联的函数代码进行推导更简单易行⊖。将不可变数据结构作为语言的默认状态保证了函数不会修改传递给它们的参数，从而更容易编写纯粹的引用透明的函数。简单地说，参数似乎总是按值传递而不是按引用传递的。

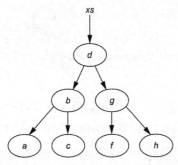

图 1-1　xs 值的树形表现。在 https://commons.wikimedia.org/wiki/File:Purely_functional_tree_
　　　　 before.svg 许可下使用

⊖　要理解简单性在 Clojure 设计考虑中的独特作用，可参见题为 Simplicity Ain't Easy 的谈话：http://youtu.
be/cidchWg74Y4。对于更深入、更抽象、不完全以 Clojure 为中心的"容易与简单"区别演示，请观看
Clojure 创始人 Rich Hickey 的 Simple Made Easy：http://www.infoq.com/presentations/Simple-Made-Easy。

你可能会说："等等，在所有地方都按值传递参数和复制数据结构代价太高了，我需要改变我的变量值！"Clojure 的不可变数据结构是以用于避免高代价复制的高性能纯函数式数据结构实现的研究为基础⊖。理论上，如果你对不可变数据结构进行更改，其结果是一个全新的数据结构，因为你不能更改不可变的东西。在现实中，Clojure 隐含使用结构化共享和其他技术，确保执行的复制次数最少、不可变数据结构上的操作快捷且节约内存。实际上，你可以同时得到按值传递的安全性和按引用传递的速度。

不可变数据结构不能更改，但是图 1-1 和 1-2 中的框图展示了"编辑"不可变数据的方法。图 1-1 中的树 xs 包含不可变节点（带圆圈的字母）和引用（箭头），所以不可能添加或者删除树 xs 中的值。但是，你可以创建一棵新树，并尽可能多地共享原始树 xs 中的内容。图 1-2 展示了添加一个新值 e 的方法：在通往树根的路径上创建一组新的节点和引用（d′, g′, f′），重用旧的节点（b、a、c 和 d），从而得到新的不可变树 ys。这是 Clojure 不可变数据结构的基本原理之一。

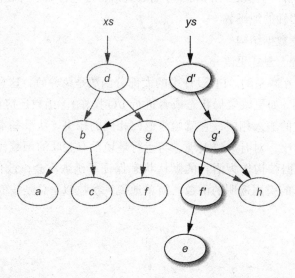

图 1-2　新树 ys 的表示。在 https://commons.wikimedia.org/wiki/File:Purely_functional_tree_after.svg 许可下使用

但是，你的程序中一切都变了。大部分编程语言具有作为命名状态的变量，你可以在任何时候对它们进行修改。在 Clojure 中，这种做法更加受控，定义也更加明确。实际上，像数字 42 这样的"值"是不能更改的；42 就是 42，42 减去 2 并不会改变 42 这个数字，而只是给出了一个新值 40。这一事实可以延伸到所有值，而不仅是数字值。另外，如果你有一个变量作为程序中某个事物的身份标识，该变量的初值为 42，那么你可能想要在后面

⊖　Chris Okasaki 的《Purely Functional Data Structures》（1996）论文可以在 http://www.cs.cmu.edu/~rwh/theses/okasaki.pdf 下载。

的程序中为该变量赋一个新值。在这种情况下，变量就像一个容器，你可以在不同时点放入不同的值。在多线程并发的世界，你的编程语言应该为那些更改发生的形式提供保证，Clojure 正是这么做的。

Clojure 让你更改变量中保存的值，但是采用明确定义的语义，这些语义与更改发生的方式和时间有关。如果你有一个变量，希望更改其值，则 Clojure 让你以原子方式进行，这样你就可以确定，如果多线程执行查看一个变量的值，则这些线程总是得到一致的情况，当变量更改时，以一次原子操作进行⊖。如果需要将多个变量当成一个单元同时更改，则 Clojure 有一个单独的机制，用它的软件事务内存（STM）系统将多个变量当成一个事务的一部分进行更改，如果更改没能按照预期完成，则回滚所有更改。如果需要更改一个变量，但是希望更改发生在某个单独的线程执行中，以免阻塞程序主线程，则 Clojure 也提供了相应的机制。所有这些都内置于该语言的内核，使并发性的实现变得非常容易，只有在你希望程序不支持这种特性时才需要做额外的工作⊖。

函数式语言往往根据函数的"纯粹性"或者是否严格坚持函数式编程语言设计的理论基础来判断。一方面，Clojure 的默认使用模式鼓励纯函数式编程：不可变数据结构、高阶函数和代替强制循环的递归，甚至可以选择集合的惰性求值和及早求值。另一方面，Clojure 很务实。尽管大部分问题可以用不可变数据结构和函数式编程模式解决，但某些任务用可变状态和更像命令式编程的方法建模会更清晰一些。正如刚才所描述的那样，Clojure 提供了一些结构，它们具有精确定义用于共享状态和随时更改的语义。此外，Clojure 也不像某些"更纯粹"的函数式编程语言那样，要求开发人员注释会产生副作用的代码，不管这些代码是更改状态、打印到屏幕还是进行网络 I/O。

Clojure 的另一部分务实特性来自于它的托管式设计。在必要的时候，你总是可以回到宿主平台，直接从 Clojure 使用 Java API，从而具备来自 Java 直接编码的所有性能（以及陷阱）。

1.1.3　JVM 之上的 Clojure

Clojure 设计为一种托管语言。虽然大部分编程语言项目都将语言设计与一种搭配的运行时平台相结合，Clojure 创始人 Rich Hickey 却决定专注于 Clojure 语言，依靠现有的虚拟机作为其运行时平台。他从 JVM 开始入手，但是 Clojure 现在已经凭借与 .NET 生态系统的互操作性扩展到 CLR 上（Clojure-CLR），此外还扩展到浏览器和服务器端 JavaScript 引擎（ClojureScript）。

⊖　在这种情况下，"原子性"是"不可见"的同义词。如果操作是原子操作，那么任何其他操作都不会干扰正在被改变的底层状态。如果任何其他进程企图在原子操作期间获取变量状态，则只会得到原子操作开始之前最后一个变量值。当其他进程企图在原子操作期间更改底层状态时，它们将被延迟到原子操作完成之后。

⊖　对于那些熟悉 Clojure 的人，请注意此时随意地用术语"变量"介绍 Clojure 处理值、身份和底层状态的独特处理方法以及它们的所有变化。我们将在后面的一个章节中用准确的 Clojure 术语介绍并发结构的细节。

在做出这一决策时，Rich 牢记在工程中最好保持"懒惰"的原则（http://blog.coding horror.com/how-to-be-lazy-dumb-and-successful/）。JVM 是一种普遍使用的成熟平台，具有大量第三方程序库。权威的 HotSpot JVM 实现是开源项目，配备先进的即时（JIT）编译器，可以选择垃圾收集程序，以用于各种用例的"原生"运行时环境保持有竞争力的性能⊖。将这些特性作为底层运行时主机理所当然的一部分，Clojure 社区就可以腾出手来，专注于稳固的语言设计和更高级的抽象，而不需要重新研究 VM 设计（那会带来新的 bug）。

从业务的角度看，依赖现有的 VM 降低了引入 Clojure 的风险。许多组织都有与 JVM 或者 CLR 相关的现有架构和专业人员，将 Clojure 作为更大规模的 Java 或者 C# 应用的一部分引入的能力是一个有力的卖点。Clojure 在 JVM 上编译为字节码，在 CLR 上编译为通用中间语言（CIL），这意味着它是所在 VM 上的"头等公民"。

另外，Clojure 有意地不规避你与它所在的宿主平台接触。为了在 JVM 上高效地使用 Clojure，你必须学习它的运行时环境，至少包括如下知识：

- ❏ Java 的核心类 `java.lang.*` 及其方法
- ❏ JVM 的线程 / 进程模型
- ❏ JVM 如何在其类路径（classpath）上寻找需要编译的代码

我们将在本章中介绍这些必备的 Java 和 JVM 概念，并在遇到更高级主题时加以解释，所以你无须放下本书而先去学习 Java。如果你对在 CLR 或者 JavaScript 引擎上使用 Clojure 感兴趣，就需要对那些平台有同样的了解，才能有效地使用 Clojure。

现在，你对 Clojure 是 JVM 上的函数式 Lisp 语言已经有了粗略的理解，那么开始编写一些 Clojure 代码以体现这些概念。

1.2　语言基础知识

Cloure 的 Lisp、函数式编程和 JVM 特性是密不可分的，在每一步中，它们都相互作用，共同讲述一个引人入胜的软件开发故事，但是因为我们必须从某个地方入手，所以介绍语法是很好的出发点。

1.2.1　Lisp 语法

Clojure 的语法源自 Lisp：有许多的括号。这对在 Algol 衍生语言（如 C、C++、Java、Python、Ruby、Perl 等）方面有经验的大部分开发人员来讲都很陌生。因为这种做法很奇怪，所以我们将采用一些技巧来对付括号带来的烦恼：

- ❏ 首先忽略所有括号
- ❏ 考虑其他语言使用括号的方式

⊖ JVM 性能特征的概述可参见有关 Java 性能的维基百科词条：http://en.wikipedia.org/wiki/Java_performance。

❑ 将括号看成"值单元"或者表达式

❑ 接受括号

为了说服你在一开始忽略所有括号是可行的，我们首先来看一些代码示例：

```
(get-url "http://example.com")
```

如果你猜到这是向 URL http://example.com 发出一个 HTTP 请求，那么你是正确的。get-url 函数在 Clojure 中不是默认定义的，但是它采用了一个很好的自我描述函数名，在介绍完基础知识之后，我们将以此作为主要示例之一。让我们来看看使用 Clojure 内置函数的一些代码示例，并观察它们的输出：

```
(str "Hello, " "World!")
;; Result: "Hello, World!"
; (A Semi-colon starts a code comment which continues
; to the end of the line.)
```

str 函数是 string（字符串）的简写，将其参数连接为一个输出字符串，其他语言通常使用 + 之类的运算符，那么，用运算符连接多个字符串的代码是什么样的？

```
"Hello from " + "a language " + "with operators";
# Result: "Hello from a language with operators"
```

这称为中缀符表示法（infix notation），因为你将运算符放在要连接的每个字符串之间。作为 Lisp 语言的一种，Clojure 对所有函数甚至类似运算符的一切都使用前缀表示法，所以如果你想要连接不止两个字符串，只需要不断地向 str 函数传递参数即可：

```
(str "Hello from " "Clojure with " "lots of " " arguments")
;; Result: "Hello from Clojure with lots of arguments"
```

如果需要进行算术运算，同样的原则也适用：

```
(+ 1 2)
;; Result: 3
(+ 1 2 3)
;; Result: 6
```

这些例子展示了 Clojure 方法的两种优势。首先，函数和运算符之间没有差别，因为 Clojure 没有运算符。不需要记忆运算符的优先级。str 和 + 形式都是正规的 Clojure 函数，只是其中一个恰巧使用非字母字符作为其名称。其次，因为你不需要在参数之间插入运算符，所以这类函数自然可以取任意数量的参数（称为可变参数数量），你可以添加更多参数，不需要担心忘记在每两个参数之间放入运算符。

在前面的几个例子中，你可以安全地省略括号，但是让我们来提高点难度。如果你需要进行超过一种运算，那么在使用算术运算符的语言中，你可以这么写：

```
3 + 4 * 2
```

在使用运算符的语言中，你需要记住 + 和 * 运算符的优先级，但是不管使用哪一种语言，都可以用表达式之外的括号来消除歧义：

```
3 + (4 * 2)
# Result: 11
```

Clojure 没有运算符，所以明确性水平就成了必要条件：

```
(+ 3 (* 4 2))
;; Result: 11
```

让我们逐个表达式地分解上述例子。

最外面的函数是 +，该函数有两个参数：3 和 (* 4 2)。你知道 3 的全部含义，所以让我们来解析 (* 4 2)。如果用参数 4 和 2 调用乘法函数 *，将得到结果 8。让我们重写这个表达式，首先解析 (* 4 2) 这一步，将重要部分用粗体表示，以吸引人的注意力：

```
(+ 3 (* 4 2))
(+ 3 8)
;; Result: 11
```

现在，你有了一个 + 函数和两个简单参数，总和很明显是 11。虽然在其他语言中利用运算符和优先级规则编写这种算术表达式更简明，但是 Clojure 使整个语言中的函数调用完全一致。

现在，你已经看到了一些括号，让我们暂时停止忽视它们，理解它们的主要用途。

1.2.2 括号

Lisp 括号的用法是它语法上的秘密武器，但是我们目前还不想深入介绍其目的。为了读写你的第一批 Clojure 程序，我们将说明括号的两个目的：

❑ 调用函数

❑ 构造列表

目前的所有代码都展示了第一种用途的例子——调用函数。在一组括号中，第一种语言形式总是函数、宏或者特殊形式，后续的形式是其参数。图 1-3 是括号的这种用法的一个简单示例。我们将在遇到宏和特殊形式时介绍它们，现在你可以将它们视为得到特殊处理的函数。

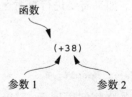

图 1-3 用于调用函数的括号

开始训练你的大脑，将左边的括号与函数调用关联起来。左括号就像放在函数耳朵边的电话，做好准备用到对应的右括号为止的其余项目"呼叫"（调用）它。一旦我们开始研究高阶函数编程模式，将这种关联深植于心中就更加重要了。还要记住，函数的参数不总是简单值，正如在前面的例子中看到的，还可以是嵌套的表达式——图 1-4 中有一个例子。

括号的第二种用处曾经最常见，但最引不起人们的注意——构造列表。一方面，Clojure 具有用于集合而非列表的字面语法，按照习惯，Clojure 程序根据不同的性能优势使用各种集合类型。和其他 Lisp 系列语言不同，Clojure 不以列表为中心，部分原因是它提供了其他集合类型的字面语法。另一方面，在元级别，你的整个 Clojure 程序就是一系列列

表：程序的源代码被 Clojure 编译器解释成一些列表，这些列表包含函数名称和需要解析、求值和编译的参数。因为在较低的编译器级别和常规程序代码中都有相同的语言特性，所以 Lisp 实现了独特的强大元编程能力。我们将在后续章节中讨论 Clojure 宏时深入介绍这一事实的重要性，但现在我们将浏览 Clojure 的重要数据结构和集合类型，以便阅读实际的代码示例。

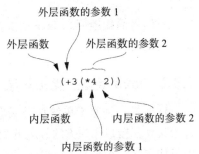

图 1-4　用于调用函数的嵌套括号

你现在已经了解了 Clojure 的基本语法：包含函数（或者表现类似函数的特殊形式）及其参数的括号。因为括号是该语言中所有表达式的容器，所以在编辑 Clojure 代码时可以像积木一样安排这些表达式，每一个表达式都是产生一致值的独立功能小世界，可以放在程序中任何需要该值的地方。而且，这种括号语法的一致性意味着 IDE 和文本编辑器能够提供结构化编辑，可以轻松地将表达式移到各处，也就是说，你从来不需要确认开始括号和结束括号的匹配。随着用于 Clojure 编程的时间越来越多，强烈建议你学习所选择的开发环境中的这些工具，这样，Clojure 的括号将变成一种优势，而非障碍。

1.3　宿主互操作性：JVM 速成教程

Clojure 不对程序员隐藏实现它的宿主平台。在本书中，我们将专注于 Clojure 的权威 JVM 实现，但是与宿主互操作（通常称作 interop）的原则对 Clojure 的所有目标平台都是通用的。因为 Clojure 拥抱其宿主平台，而不是努力地隐藏它，所以你必须学习 Java 和 JVM 的基础知识才能够用 Clojure 编码。

Java 由三个一起设计和交付的不同部件组成：一种语言，一个虚拟机和一个标准程序库。Clojure 的各个部分使用 Java 语言编写，但是 Clojure 本身不使用它。相反，Clojure 代码直接编译为字节码，供 JVM 运行。Clojure 还要求你使用标准库提供的许多种基本函数。因为标准库是用 Java 语言编写并用于该语言的，所以 Java 语言的基本知识将有助于你更好地利用 Java 程序库。

在许多情况下，Clojure 直接使用 Java 类型和标准程序库。例如，Clojure 中的字符串是 Java 的 String 对象，数值字面量是 Java 的 Long 对象，Clojure 的集合实现的接口与 Java 集合实现的接口相同。重用 Java 类型和接口带来了一个好处：Java 代码可以无缝地使用 Clojure 类型（例如不可变数据结构）。

有时候，Clojure 用自己的函数包装 Java 程序库的功能，就像 Clojure 的 clojure. string 命名空间中的许多函数将其功能委托给 Java 的 String 类中的方法。但很多时候没有这样的 Clojure 包装器，你必须直接调用 Java 方法。例如，Clojure 没有实现用于数学计算的常规函数，如 abs（绝对值）、exp（指数）、log、sin、cos 和 tan 等在 java.

lang.math 类⊖中可以找到的方法，因此必须通过本节后面介绍的 Java 互操作语法调用它们。

我们将简短地回顾 Java 的类型、类和对象系统，以便了解它对 Clojure 代码与 Java 互操作的意义。

1.3.1 Java 类型、类和对象

Java 是一种基于单继承类层次结构的面向对象语言。除了类以外，常见的行为可以组合为接口，接口作为方法签名的简单概述，实现它们的类必须支持这些签名⊜。在一个文件中只能定义一个公共（public）类或者接口，这些类必须放在 Java 类路径上的目录中。Java 类路径类似于 C 的搜索路径或者 Ruby 的 $LOAD_PATH，是一组目录。Java 编译器在寻找作为程序一部分进行编译的文件时，将在这些目录上搜索。Java 类或者接口的完全限定名称由包名后面跟上定义的类名或者接口名组成；例如，Java 的 Math 类位于 java.lang 包中。这就允许不同的类使用相同的名称（例如 Math），只要它们不在同一个包里，加载到 JVM 时就具有独一无二的完整名称（例如，java.lang.Math 和 com.mycompany. Math）。

这些和 Clojure 有什么关系呢？在所有 Clojure 程序中，默认加载 Java 的 java.lang 包中的所有类，这样你就可以引用 String 和 Integer 等，而无须输入 java.lang. String 和 java.lang.Integer。许多 Clojure 数据结构（特别是集合）实现 Java 接口，所以，如果 Java 程序库使用实现那些接口的对象，就可以接受 Clojure 数据结构作为参数。例如，所有 Clojure 集合都实现 java.lang.Iterable 或 java.util.Collection，而根据用途，只有一些集合实现 java.util.List 或 java.util.Map。

和 Java 编译器一样，Clojure 编译器将在 Java 类路径上寻找 Clojure 源代码，并预期命名空间的全名是独一无二的。附录 A 介绍了在文件系统上组织项目、设置类路径和调用 Clojure 编译器的方法细节。

虽然不得不学习一些 Java 基础知识，但是你由此可以获得大量经过考验的成熟 Java 程序库，这些都可以从 Clojure 程序中无缝使用：Joda Time 提供准确的日期和时间操作；JDBC 驱动程序输出与不同数据库通信的通用 API；Jetty 是一个先进的嵌入式 Web 服务器；Bouncy Castle 有处理 Java 加密功能的简便 API；Selenium WebDriver 可用编程方式控制真正的 Web 浏览器，让你测试 Web 应用；不同的 Apache Commons 程序库提供各种各样的实用程序，可以作为扩展的 Java 标准库。除了应用程序库，你还可以使用所有内置工具监控 JVM 的性能、VisualVM、YouKit 等外部剖析工具以及 New Relic 等剖析器服务，以得到对 Clojure 应用运行情况的更深入理解。

⊖ Math 类的 API 文档可以在 http://docs.oracle.com/javase/7/docs/api/java/lang/Math.html 上找到。
⊜ Java 8 引入了接口的默认方法。因为在本书编著期间，Clojure 当前以 Java 6 为最低目标版本，我们将继续将接口当成没有默认实现的简单方法协议。

描述了这些通过 Java 互操作得到的精彩特性之后，我们还没有讨论如何从 Clojure 访问它们。Clojure 如何区分常规的 Clojure 代码和完成 Java 互操作的代码？答案的第一部分是点运算符。

1.3.2　点 (.) 和 new 运算符

点运算符——写作 "."——是 Java 互操作的基础。当它出现在左括号之后时，应该理解为 "在 A 的范围内完成 B 操作，参数为……"，例如：

```
(. Math PI)
;; Result: 3.141592653589793
(. Math abs -3)
;; Result: 3
(. "foo" toUpperCase)
;; Result: "FOO"
```

为了适应在 Java 互操作之外 Clojure 表达式的第一种形式是函数、宏或者特殊形式这一事实，Clojure 提供了一些 "语法糖衣"，使这种代码变得更合乎习惯。

前两个例子处理 Math 类的静态成员，可以重写为：

```
Math/PI;; Result: 3.141592653589793
(Math/abs -3)
;; Result: 3
```

静态（在类上定义而不是在类的实例上定义）域和方法用一个前向斜杠访问。在 Java Math 类中，PI 是一个静态域而非方法，所以不需要通过调用（使用括号）返回值。但是 abs 是一个方法，所以仍然必须用括号调用。

第三个例子是一个实例方法调用：它调用字符串实例 foo 的方法 toUpperCase。这个例子可以按如下方式重写，使其看上去更像一个函数调用：

```
(.toUpperCase "foo")
;; Result: "FOO"
```

要创建类的实例，可以使用 new 运算符或者点后缀，表示调用类构造程序：

```
(new Integer "42")
;; Result: 42
(Integer. "42")
;; Result: 42
```

这里的点后缀、用于实例域和方法的先导点以及用于静态域和方法的前向斜杠都是方便的语法。在 Clojure 代码编译的宏展开阶段，点后缀展开为使用 new 特殊形式，其他则展开为本节开始时演示的独立点形式，所以在 Clojure 代码求值时，它们在字面上都是等价的。

点运算符只提供了使用 Java API 的一种途径。我们将在后续的章节中介绍其他涉及 Java 类系统扩展的高级 Java 互操作主题。更重要的是，在后面的章节中我们将通过不同的程序探索 Clojure 提供的强大设计抽象，尽管其宿主平台本身具备面向对象特性。在结束本章之前，我们应该简单介绍一下作为 Clojure 任务核心的另一个 JVM 特征：JVM 的线程和并发性模型。

1.3.3 线程和并发性

线程代表程序的执行。不管使用哪一种编程语言，每个程序至少有一个主线程或者进程，应用程序代码在其中求值。除了这个主应用线程之外，语言运行时环境通常提供启动新的单独执行的线程的某种方法。例如，Ruby 和 Python 的默认运行时提供完全由运行时环境自行管理的轻量级（或者"绿色"）线程。JVM 线程直接映射到原生系统线程，这意味着它可以"免费"利用多个 CPU 内核，让操作系统管理线程调度和 CPU 委托。通过使用原生线程与机器上的所有可用内核连接，JVM 提供了真正的高性能并行机制。

在使用单执行线程的应用程序中，程序是串行求值的，根据程序流程，对象在何时创建、更改和销毁相对容易理解。但是在引入更多和主线程同时运行的执行线程时，就必须处理并发性问题。如果你有可以从多个线程同时访问的状态（变量），那么如何确保两个线程不会试图同时更改该状态？你是否确定状态的更改可以原子化执行，使得其他任何线程在程序执行期间不会看到某个变量的"更改中"状态？

虽然 Java 拥有编写具备共享可变状态的安全并发程序所需的一切工具，但在实践中很难正确地写出这样的程序。Rich Hickey 本人曾多年用 Java 和其他语言编写这样的程序，他在 Clojure 中实现了一组并发结构，不仅考虑了其正确性，而且还在语言级别上加以实现。

由于 Clojure 的核心数据结构都是不可变的，因此共享可变状态的问题变得毫无意义。在需要可变状态时，Clojure 提供名为 var（变量）、atom（原子）、ref（引用）和 agent（代理）的并发数据结构，这些结构具有清晰的语义，定义了更改所引用的底层状态的语义。而且，Clojure 总是允许快速访问这些数据结构的值——即使它们在被另一个线程更改期间——方法是在更改期间维护旧值的一个快照。对于仅需要并行执行但没有共享状态的用例，Clojure 提供了类似于其他语言的 Future 和 Promise，但是用 JVM 线程实现，而不像 JavaScript 等语言那样绑定到任何特定的回调上。

在此，我们将不对每个并发结构的所有具体功能进行抽象的比较，或者列出处理并行执行的所有函数，而是在后续的章节中用代码示例更深入地研究这些主题。

1.4 小结

我们已经完成了对 Clojure 三大支柱（具备不可变数据结构的函数式编程，Lisp 语法和宿主互操作）的介绍。你现在知道了理解 Lisp 和 Java 互操作代码的最基本知识，我们可以继续探索 Clojure 的函数和数据结构，只在有必要的时候关心底层平台。

对于大部分开发人员来说，学习 Clojure 最难的地方不是 Lisp 语法或者 JVM 平台的个性。Clojure 编码真正令人头疼的是，在程序设计中从命令式编程的思维方式（在大部分主流语言中很盛行）转变为函数式编程方法。一开始，你会在很多时候感到困惑：如何使用 Clojure 实现在你所选择的命令式语言中已经能够轻松实现的功能。在我们的经验中，人们往往将更多的时间花在忘却来自其他语言的复杂风格，而不是学习 Clojure 语言简单、灵活的各个组成部分。

接下来的几章将用演示 Clojure 语言设计优势的代码示例，详细介绍 Clojure 的核心数据结构和 API。到下一章结束时，你将拥有建立自己的 Clojure 项目和编写中小规模程序的技能。

Chapter 2 第 2 章

Clojure 要素：数据结构和函数

本章内容：
- ❏ Clojure 核心数据结构
- ❏ Clojure 函数
- ❏ Clojure 程序流程

在上一章里，你读到了 Clojure 的一些有趣特性。你看到了一些代码，但它们看起来可能有些古怪。现在是纠正这种情况的时候了。本章和下一章介绍编写 Clojure 代码的基础知识。本章将概述组成语言核心的各种数据结构，指导你了解 Clojure 程序结构和流程的基础知识。到下一章结束时，你将能够理解大部分 Clojure 代码并编写自己的程序。

2.1 在 REPL 上编码

和其他许多语言不同，Clojure 不一定要一次性输入文件并进行编译。相反，你可以交互地每次输入一个表达式的代码并立刻试验，逐步建立能够正常工作的程序。这种交互开发形式可以通过读取－求值－打印循环（REPL）实现。这种交互式命令行类似于 Ruby 和 Python 语言提供的功能。在本节中，我们将介绍通过 REPL 与 Clojure 实际环境交互的方法，这将使你能够跟上本章和下一章中的其他课程。我们鼓励你阅读与 REPL 关联的这些章节，复制其中的示例，探索不同的方法，亲自动手尝试一些代码并观察发生的情况。

如果你还没有这么做，那么就启动一个 Clojure REPL——具体的指南参见附录 A。（如果你不想等待，则可以访问 http://www.tryclj.com。）

2.1.1　Clojure REPL

Clojure 程序通常不要求一次性全部输入。实际上，近年来大部分语言的程序常常采用测试驱动设计（TDD）编写。这种技术允许程序员从较小的已测试代码单元开始来构建较大的程序。TDD 使程序员能保持高生产率，因为在任何时候，他们始终专注于程序的一个部分。为某个功能编写测试，编写足够通过这个测试的代码，然后重复这一过程。这种开发风格还有另一个好处，那就是留下一组回归测试，可以在以后使用。这确保了程序修改和改进时不会破坏现有的功能。

Clojure 代码也可以用 TDD 方法编写，情况确实常常如此。Clojure REPL 增加了一个极好的工具，可以取得比使用普通的 TDD 方法更高的效率。这种 REPL 与典型 TDD 风格的结合能够大大缩短编码 – 测试 – 调试周期。

REPL 提示符（等待键盘输入的光标之后的文本）是活动命名空间加上 "＞" 符号。当你第一次启动 REPL 时，将看到如下提示符：

```
user>
```

当这个提示符显示时，Clojure 进入默认的 user 命名空间。你可以在这个提示符后面输入 Clojure 代码。当你完成一个形式（有效的表达式，也称为符号表达式或者 s- 表达式）[⊖]的输入并按下 Enter 键时，Clojure 读取器接受来自提示符（或者任何其他来源）的字符流，并将其转换为 Clojure 数据结构。对数据结构求值以得出程序的结果——通常是另一个数据结构。Clojure 打印程序试图以读取器能够读回的某种格式打印结果。最后，Clojure 循环等待更多输入。

让我们来看一个 REPL 交互的具体例子：

```
user> (+ 1 2)                 ⌐   输入这个部分
=> 3
user> (def my-addition (fn [operand1 operand2] (+ operand1 operand2)))
=> #'user/my-addition
user> (my-addition 1 2)
=> 3
user> (my-addition 100 30)
=> 130
user> (+ 1 2) "Two forms on one line!"
=> 3
=> "Two forms on one line!"
```

从 => 开始的一行是前一个提示符上求值的表达式打印值。第一个表达式将 1 和 2 累加起来。第二个表达式定义了一个命名空间限定的全局符号 user/my-addition，它包含

⊖　如果你是个特别学究气的人，则 "形式" 和 "表达式" 之间是有区别的。形式是一个可理解的单元，例如一个数值、用于字符串的一对引号或者一对括号。形式在读取中很重要。表达式是有取值的某种形式，例如一个数据结构。表达式在求值中很重要。形式和表达式、读取与求值之间的这种区别是第 1 章中解释的 Lisp "无语法" 特征的另一种表现：即使不知道某个形式如何作为表达式求值，也可以读取它！

了一个加法函数。看起来很有趣的 #'user/my-addition 是一个 Clojure 变量（var，用 def 创建和返回）。变量是一个命名的可变容器，其中包含一个值——本例中是加法函数。后面你将学习关于变量的更多知识。现在，你只需要知道，如果想要保存一个表达式值供以后引用，就使用 (def variable-name "value to save")。

第三和第四个表达式调用新定义的加法函数并返回结果。函数中没有显式的 return（返回）语句——从函数中返回的值总是函数中最后一个求值的表达式。

注意，上述 REPL 中的最后三行没有按照提示符或者行运行，而是按照形式运行。Clojure 持续读取，直到发现一个完整的形式，然后求值并打印，此后如果缓冲区里仍有字符，它就读取另一个形式、求值并打印。REPL 在读取完所有完整的形式（这是 Clojure 从文件而非提示符读取代码时发生的情况）之前不会提示用户输入更多代码。

my-addition 这样的函数通常先在 REPL 中创建，然后用各种输入进行测试。一旦对函数的工作满意，就可以将测试用例复制到一个对应的测试文件中。还可以将函数定义复制到对应的源文件中并运行测试。在任何时候，都可以在 REPL 中重新定义函数，测试将用新的定义运行。这是因为 REPL 是一个长时间运行的进程，内存中存在多种定义。那就意味着，使用这些重定义函数完成的功能将展现出新的行为。

各种各样的编辑器可与 REPL 集成，以提供求值编辑中文件内代码的方便方式。这种集成进一步提高了基于 REPL 的 TDD 周期的效率。（第 10 章将更详细地说明测试和使用 Clojure 实现 TDD 的方法。）

现在，你对通过 REPL 与 Clojure 环境交互已经有点熟悉了，现在是时候编写更多的代码了。我们将从传统的"Hello, world!"程序开始，在结束本节之前，我们将再介绍几个关于 Clojure 语法的要点。

2.1.2　"Hello, world!"

我们从一个简单的程序开始。为了保持传统，我们将研究如下这个打印"Hello,world!"信息的程序：

```
user> (println "Hello, world!")
Hello, world!
=> nil
```

这个程序相当简单，不是吗？但是，仍然有几点需要注意。首先，注意我们打印"Hello, world！"的那一行前面没有 =>，而第二行显示 nil。发生了什么情况？println 函数不同寻常（对于 Clojure 来说），因为它是一个有副作用的函数：它向标准输出打印一个字符串，然后返回 nil。通常，你希望创建一个纯粹的函数，即只返回一个结果，而不对周围世界进行修改（例如，写入控制台）。Hello, world! 这一行是在 REPL 的求值阶段打印的，而 => nil 行是在 REPL 的打印阶段打印的。

从现在起，我们将省略 user> 提示符，如果返回值和打印的副作用之间没有歧义，则

以 ;=> 开始结果行。这是为了方便将 Clojure 代码复制 – 粘贴到文件和 REPL 中而设计的一个约定。

有魔力的 REPL 变量

你还应该记住四个有魔力的 REPL 变量，它们能帮助你在 REPL 试验时节约一些输入时间，这些变量是 *1、*2、*3 和 *e。它们保存最后一个、倒数第二个、倒数第三个成功读取的形式（也就是以 => 开始的行）和最后一个错误。每当新形式成功求值，它的值就被保存在 *1，旧的 *1 被移到 *2，旧的 *2 被移到 *3。例如：

```
"expression 1"
;=> "expression 1"
"expression 2"
;=> "expression 2"
*1
;=> "expression 2"
*3
;=> "expression 1"
"a" "b" "c"
;=> "a"
;=> "b"
;=> "c"
*3
;=> "a"
(def a-str *1)
;=> #'user/a
a-str
;=> "something else"
"something else"
;=> "something else"
a-str
;=> "a"
```

保存 "a" 供以后使用

a-str 包含 *1 中的值

变成 *1 的新值

仍然是 "a"

如果出现错误，则数值变量保持不变，错误被保存到 *e：

```
())
;=> ()
RuntimeException Unmatched delimiter: )  clojure.lang.Util.runtimeException
(Util.java:221)
*1
;=> ()
*e
;=> #<ReaderException clojure.lang.LispReader$ReaderException:
java.lang.RuntimeException: Unmatched delimiter: )>
```

在进入本章的各个主题之前，我们来了解一下 Clojure 提供的几个有助于学习过程的机制。

2.1.3　用 doc、find-doc 和 apropos 查找文档

由于 Clojure 的元数据功能，所有函数都有可在运行时（甚至是 REPL 中）使用的文档。你将在第 3 章中学习为你所定义的函数增加文档和自定义元数据的相关知识，但是在

正式介绍这些概念之前，我们将研究一组函数以便在探索 REPL 时可用它们来搜索和阅读 Clojure 文档：doc、find-doc 和 apropos。

1. doc

Clojure 提供了一个实用的宏 doc，你可以用它搜索与任何其他函数或者宏相关的文档。该宏接受你要了解的实体名称。下面是一个例子：

```
user> (doc +)
-------------------------
clojure.core/+
([] [x] [x y] [x y & more])
  Returns the sum of nums. (+) returns 0.
```

注意，它不仅打印文档串，还显示可以传递给该函数或者宏的参数。([] [x] [x y] [x y & more]) 这一行是参数规范。每对方括号描述调用函数的一种可能方式。例如，+ 函数可以以如下任何一种方式调用：

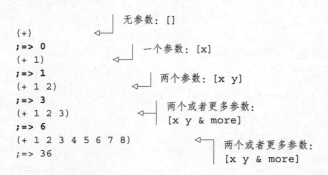

函数参数规范中的 & 符号意为"与任何数量的可选参数"。这样的函数称为可变参数（variadic）函数。你将在第 3 章中学习更多可变参数函数的使用及定义的相关知识。

2. find-doc

find-doc 函数接受一个字符串参数，这个参数可以是正则表达式（regex）。然后，该函数按照名称或者相关文档与所提供模式的匹配寻找符合条件的函数或宏文档。尽管 doc 在你知道想要查找的函数或者宏名称时很实用，但 find-doc 在你不确定名称时很实用。下面是一个例子：

```
user> (find-doc "lazy")
-------------------------
clojure.core/concat
([] [x] [x y] [x y & zs])
  Returns a lazy seq representing the concatenation of...
-------------------------
clojure.core/cycle
([coll])
  Returns a lazy (infinite!) sequence of repetitions of...
... more results
```

当想在 REPL 中快速查找函数的用途或者想要寻找正确的选项时，doc 和 find-doc 这两种形式相当实用。你可能会发现许多尚不理解的函数和文档，但是请放心，我们最后都会介绍它们。

3. apropos

apropos 是一个与文档相关的函数，其工作方式与 find-doc 非常类似，但是只打印匹配搜索模式的函数名称。下面是一个例子：

```
user=> (apropos 'doc)
(find-doc doc *remote-javadocs* javadoc add-remote-javadoc add-local-javadoc
*local-javadocs*)
```

2.1.4　Clojure 语法的另外几个要点

在第 1 章中，我们讨论了 Clojure 采用的独特语法——大量使用括号。我们研究了这种语法存在和实现的原因。在开始研究 Clojure 的各种结构之前，先介绍几个与 Clojure 语法相关的关键点：

- ❑ 前缀表示法
- ❑ 空格与注释
- ❑ 大小写敏感性

1. 前缀表示法

Clojure 代码使用前缀表示法（prefix notation，也称为波兰表示法）表示函数调用。对于刚接触 Lisp 的人，需要花一点时间习惯，尤其是使用数学函数（如 +、/、* 等）时。Clojure 不使用 1+2 这样的表示，而是将这一求值表示为 (+1 2)。前缀表示法不像我们在学校学到的数学形式那么熟悉。

另一方面，常规的函数没有这个问题。在 Ruby 等语言中，这样调用 add 函数：

```
add(1, 2)
```

仔细观察，这也是前缀表示法，因为函数的名称先出现，然后是参数。函数前缀表示法的优点是，函数始终作为第一个符号出现，后面的所有内容都被当成参数对待。Clojure 版本移动了括号（并删除不必要的逗号，因为空格就足以分隔参数了）：

```
(add 1 2)
```

在大部分语言中，数学函数（如加法和减法）是特殊情况，以运算符的形式内建于语言之中，从而可能以更为熟悉的中缀表示法表示算术运算。Clojure 避开了这种特殊情况，完全没有任何运算符。相反，数学运算符就是 Clojure 函数。不管是否与数学相关，所有函数都以相同方式工作。

通过避开特例，并且对所有函数都依赖相同的前缀表示法，Clojure 保持了规则性，为你提供了无语法的所有优势。在第 1 章中已经对该语言的这种特征做了一些讨论。我们谈到的主要优势是，生成和操纵代码变得更简便。例如，考虑 Clojure 构造 cond 条件形式（你可以将其看作其他语言中的一组 if-then-else 语句）的常规方法：

```
(def x 1)
;=> #'user/x
(cond
    (> x 0) "greater!"
    (= x 0) "zero!"
    (< x 0) "lesser!")
;=> "greater!"
```

这是个嵌套列表，包含成对出现的偶数个表达式。每对的第一个元素是个测试表达式，第二个是测试表达式成功时求值和返回的对应表达式。生成这种简单列表很容易，尤其是和 Java 等语言的 case 语句相比时。

这是 Clojure 使用前缀表示法的原因，大部分不熟悉这种函数调用方法的程序员都能立刻习惯。现在，我们来讨论编写 Clojure 代码的另外两个特征：空格和注释。

2. 空格

正如你已经看到的，Clojure 使用括号（以及花括号和方括号）分隔代码段。和 Ruby、Java 等语言不同，它不需要用逗号来分隔列表元素（如向量或者传递给函数的参数）。如果愿意，你也可以使用逗号，因为 Clojure 将它们当成空格而忽略。所以，下面的函数调用都是等价的：

```
(+ 1 2 3 4 5)
;=> 15
(+ 1, 2, 3, 4, 5)
;=> 15
(+ 1,2,3,4,5)
;=> 15
(+ 1,,,,,2,3 4,,5)
;=> 15
```

虽然 Clojure 忽略逗号，但有时候使用它们有助于程序员理解。例如，如果你有如下的哈希映射：

```
(def a-map {:a 1 :b 2 :c 3})
;=> #'user/a-map
```

要在 REPL 中询问其值，Clojure 打印程序显示带逗号的结果：

```
user> a-map
{:a 1, :c 3, :b 2}
```

上述结果更容易理解，尤其是在观察大量数据的时候。顺便说一句，键–值对顺序不同的原因是，哈希映射是无序的，Clojure 打印程序不会以任何特定顺序打印它们。这对真正的哈希映射没有任何影响，只是打印之后的样子。我们将在本章中更详细地介绍哈希映射。下面来了解一下注释。

3. 注释

和大部分 Lisp 系列语言一样，Clojure 的单行注释用分号表示。要将一行文本变成注释，可在行首加上一个或者多个分号。下面是一个例子：

```
;; This function does addition.
(defn add [x y]
  (+ x y))
```

用多少个分号？顺便插一句，有些人使用如下与注释标记相关的约定。当注释出现在一些程序文本之后时，使用单个分号；上面看到的双分号用于将整行文本作为注释；三个分号则用于块注释。当然，这些只是约定，你可以自由决定。

Clojure 提供了一个相当方便的宏，可用于多行注释。这个宏称为 comment，下面是一个例子：

```
(comment
  (defn this-is-not-working [x y]
    (+ x y)))
;=> nil
```

这导致整个 s- 表达式被当成一条注释处理。确切地说，comment 宏忽略传入的形式，返回 nil。

我们关于语法的最后一个说明是大小写敏感性。

4. 大小写敏感性

和大部分现代编程语言（包括 Java）类似，Clojure 是大小写敏感的。但是，这和大部分 Lisp 语言不同，那些语言都是大小写不敏感的。

现在，我们已经介绍了 Clojure 语法，你已经为使用这种语言编程做好了准备。我们将开始考察 Clojure 的内建数据结构和操纵它们的函数。然后，你将学习如何用定义和控制流形式（如 let、if、when、cond、loop 等）填充那些函数。

2.2　Clojure 数据结构

在本节中，将探索 Clojure 的各种内建数据类型和数据结构。我们将从基本的字符和字符串开始，以 Clojure 序列结束。

2.2.1　nil、真值和假值

前面你已经看到了这些值的实际使用，我们扼要地重新介绍一下。Clojure 的 nil 等价于 Java 中的 null 和 Ruby 中的 nil。它的含义是"什么也没有"。在 nil 值上调用一个函数可能导致 NullPointerException 异常，但是 Clojure 核心函数在 nil 上操作时会尽量输出合理的结果。

布尔值很简单，除了 false 和 nil 之外，其他都被视为真值（true）。在必要的时候，可以显式地使用 true 值。

2.2.2　字符和字符串

Clojure 字符是 Java 字符（无符号 16 位 UTF-16 代码点）。Clojure 有一个读取器宏——反斜杠，可用于表示字符，例如 \a 或 \g。（还有其他读取器宏，我们将在 2.3.4 节中学习更多相关知识。）

Clojure 字符串是 Java 字符串。它们用双引号表示（因为单引号是一个读取器宏，正如前面你所看到的，它代表的是完全不同的意义）。因此，了解 Java String 类提供的 API 很有用。

下面是两个例子：

```
(.contains "clojure-in-action" "-")
```

和

```
(.endsWith "program.clj" ".clj")
```

这两个例子都返回你所预期的结果：true。注意 .contains 和 .endsWith 中前导的句点。这是 Clojure 调用非静态 Java 方法的语法，第 5 章将专门介绍 Java 互操作。

2.2.3　Clojure 数值

Clojure 数值的基础知识很简单：大部分时候，在 Clojure 中使用的数值都是 64 位整数（Java 原始长整数）或者 64 位浮点数（Java 原始双精度数）。当需要更大的范围时，可以使用大整数（任意精度整数）或者大十进制数（任意精度十进制数）。

Clojure 还增加了另一种不太常见的数值类型：比例（ratio）。比例在两个整数相除时创建，它们不能被进一步简化。例如，执行代码（/4　9）返回一个比例 4/9。表 2-1 总结了 Clojure 数值。

表 2-1　Clojure 数值语法

类　型	铸造函数	范围和实现	语法示例	传染性
整数	Long	有符号 64 位（Java long）	十进制：42 十六进制：0x2a　0X2A 0X2a（字母的大小写不重要） 八进制：052（前导 0） 从 2 到 36 的任意进制： 2r101010 10r42　36r16 负数： -42　-0X2a　-052　-36r16	0（最低）

（续）

类　型	铸造函数	范围和实现	语法示例	传　染　性
大整数	bigint	无限（和 Java BigInteger 类似，但实际上是一个 clojure.lang.BigInt）	十进制：42N 十六进制：0X2aN 八进制：052N 注意：不支持常规整数的 XrX 语法！	1
比例	rationalize	无限：大整数分子与分母	1/3 -2/4	2
大十进制数	bigdec	任意数量级的精确小数，适用于金融计算（Java BigDecimal）	2.78M 278e-2M +0.278E1M	3
浮点	double	IEEE-794 双精度浮点数（Java double）	2.78 278e-2 +0.278E1	4（最高）

当不同数值类型在同一个算术运算中混合使用时，具有最高"传染性"的数值类型将其类型"传染"给结果。下面是这一原则的示例：

```
(+ 1 1N)
;=> 2N
(+ 1 1N 1/2)
;=> 5/2
(+ 1 1N 1/2 0.5M)
;=> 3.0M
(+ 1 1N 1/2 0.5M 0.5)
;=> 3.5
```

Clojure 整数还有一个微妙之处。有时候，整数上的算术运算可能产生太大的结果，无法表示成 Clojure 整数（也就是 64 位）——这称为溢出（overflow）。在 Clojure 中可能产生溢出的算术运算只有整数加法、减法和乘法（整数相除时，如果超出范围则生成一个比例）。正常情况下，溢出发生时 Clojure 抛出 java.lang.ArithmeticException 异常。如果希望 Clojure 自动将结果提升为大整数，则应该使用一组替代的数学函数：+'、-'、*'、inc'（递增）和 dec'（递减）。注意，这些函数的拼写方法和正常的无溢出版本类似，只是最后多了一个单引号。

下面是一个例子：

```
user> (inc 9223372036854775807)
ArithmeticException integer overflow  clojure.lang.Numbers.throwIntOverflow
(Numbers.java:1424)
user> (inc' 9223372036854775807)
;=> 9223372036854775808N
```

2.2.4　符号和关键字

符号是 Clojure 程序中的标识符，代表值的名称。例如，在形式 (+ 1 2) 中，+ 是代表加法函数的符号。因为 Clojure 的读取和求值是分离的，所以符号有两个不同的特性：读取之后的程序数据结构形式以及它们解出的值。符号本身只是包含可选命名空间的名称，但当一个表达式求值时，它们被所代表的值代替。

很容易直观地认识到有效符号的样子，但是很难精确地解释其语法。本质上，符号是字母数字字符或者如下字符的任意组合：*!_?$%&=<>。但是有一些限制。符号不能以数字开头；如果它们以 –、+ 或者 . 开始，则第二个字符不能是数字（这样才不会和数值字面量混淆）；它们的中间（不能放在其他地方）可以使用一个 / 分隔命名空间和名称的各个部分。

下面是有效符号的一些代表性例子：foo、foo/bar、->Bar、-foo、foo?、foo-bar 和 foo+bar。无效符号的例子如下：/bar、/foo 和 +1foo。

在一个程序中，符号通常解析为不是符号的其他内容。但是可以通过一个前导的单引号引用符号，将其当成一个值而不是标识符。这个引号告诉读取器，下一个形式是字面量数据，而不是由其在以后求值的代码。注意这种差别：

```
arglebarg
CompilerException java.lang.RuntimeException: Unable to resolve symbol:
arglebarg in this context.
'arglebarg
;=> arglebarg
```

在第一个例子中，符号 arglebarg 没有和任何东西绑定，所以对其进行求值将抛出一个错误。第二个例子将符号 arglebarg 当成一个值。

本质上，当你为一个符号加上引号时，就将这个符号当成数据而不是代码来处理。在实践中，你几乎绝不会为符号加上引号而当成数据使用，因为 Clojure 有一个特殊类型专门用于这种用例：关键字。关键字就像是自动加上引号的符号：关键字从不引用其他值，求值的结果总是它们自身。下面是关键字的一些例子：:foo、:foo/ bar、:->foo 和 :+。你的 Clojure 代码中最终会经常使用关键字，典型的用法是作为哈希映射中的键和枚举值。

可以用 keyword 和 symbol 函数从字符串中构造关键字和符号，这两个函数的参数是一个名称字符串和可选的命名空间字符串。同样，也可以用 name 和 namespace 函数检查关键字和函数。例如：

```
(keyword "foo")
;=> :foo
(symbol "foo" "bar")
;=> foo/bar
(name :foo/bar)
;=> "bar"
(namespace :foo)                没有命名空间部分，将返回 nil
;=> nil
(name "baz")                     name 按原样返回字符串
;=> "baz"
```

我们已经讨论了所有的 Clojure 标量类型。现在来谈一谈 Clojure 的集合类型。

2.2.5　列表

列表是 Clojure 中的基本集合数据结构。Clojure 列表是单链表，如果你熟悉其他语言的列表，就知道这意味着很容易从列表的第一个元素遍历到最后一个元素，但是不可能从最后一个元素反向遍历到第一个元素。也就是说，你只能从列表的"前面"添加或者删除元素。但这也意味着多个不同的列表可以共享相同的"尾部"，使列表成为最简单的不可变数据结构。

用 list 函数可以创建一个列表，list? 函数可以测试列表类型：

```
(list 1 2 3 4 5)
;=> (1 2 3 4 5)
(list? *1)
;=> true
```

用 conj 函数创建一个新列表并在其中添加另一个值：

```
(conj (list 1 2 3 4 5) 6)
;=> (6 1 2 3 4 5)
```

conj 函数是 Clojure 中用于"为集合添加一个元素"的通用函数，它总是以可能的最快方式在一个集合中添加元素。所以，如你所见，列表所用的 conj 函数在开始处添加元素，但是对于其他集合，它可能添加在尾部甚至（对无序集合来说）没有任何特殊性的位置。你将在我们研究其他集合类型时更多地看到 conj。

conj 可以取多个参数，它将把每个参数按照提供的顺序添加到列表中。注意，这意味着它将以倒序出现在新列表中，因为列表只能从前面增长：

```
(conj (list 1 2 3) 4 5 6)
;=> (6 5 4 1 2 3)
(conj (conj (conj (list 1 2 3) 4) 5) 6)          ◁── 和以前一样
;=> (6 5 4 1 2 3)
```

也可以将列表当成一个栈来对待。用 peek 返回表头，pop 返回表尾：

```
(peek (list 1 2 3))
;=> 1
(pop (list 1 2 3))
;=> (2 3)                          空列表表头为 nil
(peek (list))                ◁──
;=> nil
                                          空列表表尾是一个异常
(pop (list))            ◁──
IllegalStateException Can't pop empty list
clojure.lang.PersistentList$EmptyList.pop (PersistentList.java:183)
```

最后，可以经常用 count 函数得到列表中的元素数量：

```
(count (list))
;=> 0
(count (list 1 2 3 4))
;=> 4
```

列表的特殊性

前面已经学到，Clojure 代码用 Clojure 数据结构表示。列表的特殊性在于，每个 Clojure 代码表达式都是一个列表。该列表可能包含其他数据结构（如向量），但是列表是最基本的。

在实践中，这意味着列表以不同方式处理。Clojure 假定列表中出现的第一个符号表示函数（或者宏）名称。列表中的其他表达式被视为函数的参数。下面是一个例子：

```
(+ 1 2 3)
```

这个列表包含了加法所用的符号（求取加法函数的值），然后是表示数字 1、2、3 的符号。一旦读取器读取并解析，该列表便通过对数字 1、2 和 3 应用加法函数求值。得到的结果为 6，该结果作为表达式 (+ 1 2 3) 的值返回。

这种处理方式有另一层含义。如果你希望定义一个 three-numbers 列表，包含数值 1、2 和 3，那么该怎么做？可以尝试如下代码：

```
(def three-numbers (1 2 3))
; CompilerException java.lang.ClassCastException: java.lang.Long cannot be
cast to clojure.lang.IFn, compiling:(NO_SOURCE_FILE:1)
```

出错的原因是，Clojure 试图以处理所有列表的相同方式来处理列表 (1 2 3)。第一个元素被视为函数，而这里的整数 1 并不是一个函数。在此，希望 Clojure 不将该列表当成代码。你想说，"这个列表不是代码，所以不要试图对其应用常规的求值规则。"注意，在前面的 arglebarg 符号上你也遇到了相同的问题，当时希望将该符号作为数据而非代码。解决方案也相同——加上引号：

```
(def three-numbers '(1 2 3))
;=> #'user/three-numbers
```

在实践中，除非编写宏，否则不会经常在 Clojure 代码中使用列表作为数据。正如 Clojure 有一个用于数据化符号的特殊数据类型（关键字类型），它同样具有一个"强力"的列表等价类型适用于数据，那就是向量类型。

2.2.6 向量

除了以下两个方面，向量和列表相同：向量用方括号表示，以数字作为索引。向量可以用 vector 函数创建，也可以用方括号表示法创建：

```
(vector 10 20 30 40 50)
;=> [10 20 30 40 50]
(def the-vector [10 20 30 40 50])
;=> #'user/the-vector
```

向量用数字方法索引，你可以快速随机访问向量中的元素。获取这些元素的函数有 get 和 nth。假设 the-vector 是一个多元素向量，下面就是这些函数的使用方法：

```
(get the-vector 2)
;=> 30
(nth the-vector 2)
;=> 30
(get the-vector 10)
;=> nil
(nth the-vector 10)
IndexOutOfBoundsException    clojure.lang.PersistentVector.arrayFor (Persis-
tentVector.java:107)
```

从例子中可以看出，nth 和 get 的差别在于，如果没有找到对应的值，则 nth 抛出异常，而 get 返回 nil。修改向量（也就是返回更改后的新向量）的方法还有好几种。最常用的是 assoc，该函数接受的参数是与新值相关的索引以及新值本身：

```
(assoc the-vector 2 25)          ←── 你可以更改现有的索引
;=> [10 20 25 40 50]
(assoc the-vector 5 60)                    ←── 你可以添加到尾部
;=> [10 20 30 40 50 60]
(assoc the-vector 6 70)                          ←── 你不能超过尾部
IndexOutOfBoundsException    clojure.lang.PersistentVector.assocN
(PersistentVector.java:137)
```

前面你已经看到 conj 函数在列表上的工作方式了，该函数也适用于向量。注意，这一次新元素出现在序列的最后，因为那是向量中最快速的插入位置：

```
(conj [1 2 3 4 5] 6)
;=> [1 2 3 4 5 6]
```

peek 和 pop 也适用于向量，它们也查看向量的尾部，而不是列表中的表头：

```
(peek [1 2])
;=> 2
(pop [1 2])                  用 peek 查看空集合
;=> [1]                      总是返回 nil
(peek [])        ←──
;=> nil                                      用 pop 弹出空集合
(pop [])                                     元素总是抛出异常
IllegalStateException Can't pop empty vector
clojure.lang.PersistentVector.pop (PersistentVector.java:381)
```

向量还有另一个有趣的属性：它们是取单一参数的函数。这个参数被假定为一个索引，当用一个数字调用向量时，将在向量中查找与该索引相关的值。下面是一个例子：

```
(the-vector 3)
;=> 40
```

这种用法的好处是，可以将向量用在函数的预期位置。这在使用函数结构创建高阶函数时很有益处。我们将在下一章再次研究向量的这种特性。

2.2.7 映射

映射类似于 Python、Ruby 和 Perl 等语言中的关联数组或者字典。一个映射就是一个键 – 值对序列。键可以是任何类型的对象，用对应的键可以在映射中查到一个值。映射用花括号表示。下面是以关键字为键的一个映射示例，这是一种常见的模式：

```
(def the-map {:a 1 :b 2 :c 3})
;=> #'user/the-map
```

映射还可以用 hash-map 函数构建⊖：

```
(hash-map :a 1 :b 2 :c 3)
;=> {:a 1, :c 3, :b 2}
```

这里，the-map 是一个键 – 值对序列。键是 :a、:b 和 :c。值是 1、2 和 3。每个键 – 值对按照顺序出现，确定了值与键的关联关系。值的查找方式如下：

```
(the-map :b)
;=> 2
```

这是有效的 Clojure 代码，因为 Clojure 映射也是一个函数。它接受一个键作为其参数，用于查找映射中的关联值。Clojure 关键字（如 :a 和 :b）也是函数：它们接受一个关联集合（如映射或者向量），在集合中查找自身，例如：

```
(:b the-map)
;=> 2
(:z the-map 26)
;=> 26
```
⟵ 若未找到关键字则可返回一个默认值

映射和关键字都是函数的好处是使函数构成更为灵活。这两类对象可以用于需要函数的地方，从而得到更短小、更清晰的代码。

和所有 Clojure 数据结构一样，映射也是不可变的。有多个函数可以修改映射，常用的是 assoc 和 dissoc。

下面的例子是在映射中插入一个新键值（除了 Clojure 返回一个新映射）：

```
(def updated-map (assoc the-map :d 4))
;=> #'user/updated-map
updated-map
;=> {:d 4, :a 1, :b 2, :c 3}
(dissoc updated-map :a)
;=> {:b 2, :c 3, :d 4}
```

⊖ 映射字面量和 hash-map 函数不完全等价，因为 Clojure 实际上有两种不同的映射实现：哈希映射（hash-map）和数组映射（array-map）。数组映射以有序方式保存键和值，以扫描方式执行查找，而不采用哈希方式。这对于小的映射更快，所以较小的映射字面量（10 个键或者更少）实际上将成为一个数组映射而不是哈希映射。如果用 assoc 函数将太多键关联到一个数组映射，那么最终将会得到一个哈希映射（但是，反过来却不成立：哈希映射变得太小时不会返回一个数组映射）。透明地替换数据结构的实现是 Clojure 提高性能的常用技巧，这是通过使用不可变数据结构和纯函数实现的。不管调用 hash-map 和 array-map 函数时使用多少个参数，它们总是返回对应的结构。

在结束本节之前，让我们来了解一些相当方便的函数，这些函数使映射的使用变得简易。首先，我们研究一下你想要实现的目标。想象你有一个空的映射，希望在其中保存用户详情。包含一个输入项的映射可能是这样的：

```
(def users {:kyle {
              :date-joined "2009-01-01"
              :summary {
                :average {
                  :monthly 1000
                  :yearly 12000}}}})
```

注意嵌套映射的使用。因为映射是不可变的，所以如果你想要更新 Kyle 摘要情况中的月平均数，就不能像大部分其他语言那样下钻到映射中的相关位置进行更新。相反，必须进入想要更改的位置，创建一个更改后的映射，并用 assoc 将更改的信息关联到这个中间映射，并一路返回到根。每次都这么做很乏味且容易出错。

幸运的是，Clojure 提供了三个简化嵌套集合更新的函数。第一个是 assoc-in，下面是它的一个实例：

```
(assoc-in users [:kyle :summary :average :monthly] 3000)
;=> {:kyle {:date-joined "2009-01-01", :summary {:average {:monthly 3000,
:yearly 12000}}}}
```

这很有帮助，因为你不需要编写新函数在用户映射中相当深的位置设置新值。assoc-in 的一般形式是：

```
(assoc-in map [key & more-keys] value)
```

如果不存在任何嵌套映射，则创建并正确地关联。

下一个方便的函数从这种嵌套映射中读取值。这个函数称为 get-in：

```
(get-in users [:kyle :summary :average :monthly])
;=> 1000
```

与这次讨论相关的最后一个函数称为 update-in，可用于更新这种嵌套映射中的值。为了了解其实际应用，想象你希望将 Kyle 的月平均值增加 500：

```
(update-in users [:kyle :summary :average :monthly] + 500)
;=> {:kyle {:date-joined "2009-01-01", :summary {:average {:monthly 1500,
:yearly 12000}}}}
```

update-in 的一般形式是

```
(update-in map [key & more-keys] update-function & args)
```

这个函数的工作方式类似于 assoc-in，在 assoc-in 中，使用键查找相关值并用新值替换。update-in 不提供新值，而是应用一个函数，该函数接受旧值为第一个参数（也可以提供任何其他参数），对这些参数应用该函数的结果成为新值。这里使用 + 函数来完成更新工作——它以旧的月平均值 1000 为参数，将其与你所提供的参数 500 相加。

许多 Clojure 程序以映射作为核心数据结构。习惯于对象状态（数据）意义的程序员常常用映射来代替对象。这是一种自然的选择，效果也很好。

2.2.8 序列

序列不是一种集合类型，而是一个接口（称为 ISeq），这个接口输出"在一件事之后发生更多的事"的抽象。Clojure 数据结构、函数和宏普遍实现这个接口。序列抽象使所有数据结构的外表和行为像列表一样，即使它们的底层值是其他集合类型（如向量或者哈希映射）或者在必要时才创建。

ISeq 接口提供三个函数：first、rest 和 cons。下面是 first 和 rest 的工作方式：

```
(first (list 1 2 3))
;=> 1
(rest (list 1 2 3))
;=> (2 3)
(first [1 2 3])
;=> 1
(rest [1 2 3])
;=> (2 3)
(first {:a 1 :b 2})          ◁── 不保证项的顺序
;=> [:b 2]
(rest {:a 1 :b 2})
;=> ([:a 1])
(first [])                   ◁── 空集合调用 first 返回 nil
;=> nil
(rest [])
;=> ()                       ◁── 空集合调用 rest 返回空序列
```

first 返回序列的第一个元素，就像 peek 对列表所做的那样，但是对所有集合类型都采用相同的方式。rest 返回排除第一个元素的序列，就像 pop 对列表所做的那样，但是对所有集合类型都采用相同的方式，对空集合不会抛出异常。

cons（construct 的简写）用指定的元素和现有序列创建一个新序列：

```
(cons 1 [2 3 4 5])
;=> (1 2 3 4 5)
```

cons 在序列（即使在向量上也一样）的开始位置添加一个元素，原来的序列成为新序列的"尾部"。注意，这正是 conj 在列表上的工作方式：序列抽象 cons 的用法使其在工作时仿佛接触的所有序列结构都和列表一样。

注意，序列抽象通常是"惰性"的，也就是说，尽管 first、rest 和 cons 的结果打印出来像一个列表（两边有圆括号），但它们并没有进行创建列表的额外工作。观察下面的例子：

```
(list? (cons 1 (list 2 3)))
;=> false
```

　　序列抽象使一切都像操纵真正的列表那样，但是避免真正地创建任何新数据结构（如真正的列表）或者进行任何不必要的工作（如在从未使用过的序列中创建更多的元素）。

　　现在，你对 Clojure 的数据结构已经有了坚实的基础，是时候编写一些使用它们的程序了。

2.3　程序结构

　　在本节中，将研究几个作为 Clojure 语言组成部分的结构。我们在此讨论的大部分结构都被归类为结构化形式，因为它们将结构"借"给代码；它们建立局部名称，允许循环和递归，等等。我们将从构造 Clojure 代码的最基本特征（即函数）开始。

2.3.1　函数

　　Clojure 是一种函数式语言，这意味着函数是该语言的"头等公民"。对第一类函数，语言应该允许它们

- ❑ 动态创建
- ❑ 作为参数传递给函数
- ❑ 从其他函数中返回
- ❑ 作为值保存在其他数据结构中

Clojure 函数满足以上所有要求。

　　如果你习惯于在 C++ 或者 Java 等语言上编程，这将是一种不同的体验。首先，我们来看看 Clojure 函数的定义方法。

1. 函数定义

Clojure 提供了方便的 defn 宏，可以实现传统形式的函数定义，如：

```
(defn addition-function [x y]
  (+ x y))
```

　　事实上，defn 宏可展开为 def 和 fn 调用的组合，其中 fn 本身是另一个宏，def 是一个特殊形式。在此，def 以指定的名称创建一个变量，并将其绑定到一个新的函数对象。这个函数的主体以 defn 形式指定。下面是展开后的等价形式：

```
(def addition-function
  (fn [x y]
    (+ x y)))
```

　　fn 宏接受方括号中的一系列参数，然后是函数主体。fn 形式可以直接用于定义匿名函数。上面看到的 def 形式将 fn 创建的函数赋给 addition-function 变量。

2. 可变参数数量

要定义参数数量可变的函数，可以在参数列表中使用 & 符号。Clojure 核心中的加法函

数就是一个例子，其参数定义为：

```
[x y & more]
```

这一定义允许 + 函数处理任意数量的参数。第 3 章将更详细地解释函数。现在你将学习有助于构造函数内部的一个形式。

2.3.2 let 形式

考虑如下函数，它计算前面声明的 users 中用户拥有宠物数量的平均值：

```
(defn average-pets []
  (/ (apply + (map :number-pets (vals users))) (count users)))
```

现在还不用担心程序的结果。可以看到，函数体是一行看起来冗长而复杂的代码。这种代码需要好几秒才能读完。如果可以将其分解成几个部分，使代码变得更清晰一些就好了。let 形式可以在代码中将一个符号和某个值绑定，从而引入局部命名对象。考虑如下的替代实现：

```
(defn average-pets []
  (let [user-data (vals users)
        pet-counts (map :number-pets user-data)
        total (apply + pet-counts)]
    (/ total (count users))))
```
◄── 以序列中的各个元素作为单独参数调用函数；例如 (apply+[1 2]) 和 as (+1 2) 相同

这里，user-data、pet-counts 和 total 是解析为特定值的无命名空间符号，但是只存在于 let 的作用域内。和 def 创建的变量不同，这些绑定不能更改，只能在嵌套的范围内被其他绑定遮蔽。现在，计算清晰多了，这段代码容易理解和维护。虽然这是一个简单的例子，但你可以想象更复杂的用例。let 形式还可用于在一个代码块中需要使用超过一次的任何对象。实际上，可以在同一个形式内引入一个局部值，这个值从前面的命名值计算得出：

```
(let [x 1
      y 2
      z (+ x y)]
  z)
;=> 3
```

更确切地说，let 形式接受一个向量作为其第一个参数，该向量包含偶数个形式，然后是在 let 求值时进行求值的 0 个或者多个形式。let 返回的是最后一个表达式的值。

下划线标识符

在继续之前，有必要讨论一下不关心表达式返回值的场合。通常，这种表达式没有副作用，被称作"纯粹"的表达式。调用 println 就是一个简单的例子，因为你不关心它返回 nil。如果你因为任何理由在 let 形式中这么做，则必须指定一个标识符以保存返回值。代码可能是这样的：

```
(defn average-pets []
  (let [user-data (vals users)
        pet-counts (map :number-pets user-data)
        value-from-println (println "total  pets:" pet-counts)
        total (apply + pet-counts)]
    (/ total (count users))))
```

在这段代码中，创建 value-from-println 的唯一理由是，let 形式需要一个名称来绑定每个表达式的值。在不关心该值的情况下，可以使用一个下划线来作为标识符的名称。请看以下的例子：

```
(defn average-pets []
  (let [user-data (vals users)
        pet-counts (map :number-pets user-data)
        _ (println "total  pets:" pet-counts)
        total (apply + pet-counts)]
    (/ total (count users))))
```

下划线标识符可用于任何你不关心某个对象值的情况。下划线符号没有什么特殊之处：只是 Clojure 的一个惯例，表示程序员不关心符号值，不打算在以后使用该符号，但是语法要求程序员提供一个绑定符号。

这种例子适合于调试，但是在生产代码中并不普遍。在下一章中研究 Clojure 的解构支持时，下划线标识符更加实用。

我们已经介绍了 let 形式的基础知识。在第 3 章的开头，我们将更多地探索不可变性和突变。现在，继续学习 do 形式。

2.3.3　do 的副作用

在纯函数式语言中，程序是没有副作用的。对函数来说，唯一的行为方式就是计算一个值并返回。调用一个函数不会以任何形式改变世界的状态。考虑如下代码片段：

```
(defn do-many-things []
  (do-first-thing)
  (do-another-thing)
  (return-final-value))
```

在没有状态和副作用的世界里，do-many-things 函数与下面的代码等价：

```
(defn do-many-things-equivalent []
  (return-final-value))
```

即使不知道 do-first-thing 和 do-another-thing 有什么作用，删除它们也不会改变程序的表现。这是因为在无状态、没有副作用的世界里，do-many-things 唯一的作用是最后一个函数调用 return-final-value，这个调用应该计算和返回一个值。在这样的世界里，没有理由调用一系列函数（如第一个例子所示），因为只有最后一行做的事情才是有用的。

现实世界充满了状态，也必然有副作用。例如，向控制台或者日志文件打印某些内容就是改变世界状态的副作用。在数据库里保存某些内容将改变世界的状态也是副作用的一个例子。

为了将多个 s- 表达式组合为一个形式，Clojure 提供了 do 形式。它可用于前面描述的任何一种场合，也就是需要副作用且高阶形式只接受一个 s- 表达式的场合。举个例子，考虑下面的 if 代码块：

```
(if (is-something-true?)
  (do
    (log-message "in true branch")
    (store-something-in-db)
    (return-useful-value)))
```

通常，因为 if 形式的后续部分只接受一个 s- 表达式，所以如果没有这里的 do，就不可能真正调用全部三个函数（log-message、store-something-in-db 和 return-useful-value）。

do 形式是将多个 s- 表达式组合为一个表达式的方便手段。这是宏中常见的做法，许多 Clojure 核心形式都是以多个形式为参数并用隐含的 do 将它们合而为一的宏。fn、let、doseq、loop、try、when、binding、dosync 和 locking 就是这方面的例子。

现在，你知道如何用 do 创建代码块了，我们在本节的余下部分将继续学习其他结构。但是，让我们先来了解一下 Clojure 的异常处理。

2.3.4 读取器宏

Clojure 读取器将程序文本转换为 Clojure 数据结构。这是通过识别圆括号、花括号等组成列表、哈希映射和向量开头（及结尾）的特殊字符完成的。识别规则内建于读取器中。

其他字符也是特殊的，因为它们通知读取器之后的形式应该以特殊的方式处理。从某种意义上讲，这些字符扩展了读取器的能力，它们被称为读取器宏。读取器宏最简单（也是最传统）的例子是注释符号（;）。当读取器遇到一个分号时，它将该行代码的其余部分视为注释并将其忽略。表 2-2 展示了 Clojure 中可用的读取器宏。

表 2-2　Clojure 读取器宏及其描述

读取器宏字符	读取器宏描述
引述（'）	引述后面的形式，与 (quote) 相同
字符（\）	得到一个字符字面量
注释（;）	单行注释
元（^）	将元数据与后面的形式关联
解除引用（@）	解除后续 agent 或 ref 的引用

（续）

读取器宏字符	读取器宏描述
分派（#）	#{} 构造一个集合 #"" 构造一个正则表达式模式 #^ 将元数据与后面的形式关联（已被 ^ 代替） #' 将变量解析为后续的符号，与 (var) 相同 #() 构造一个匿名函数 #_ 跳过后面的形式
语法引述（`）	用于实施 s- 表达式的宏
解引述（~）	结束对语法引述形式内各个形式的引述
解引述拼接（~@）	结束语法形式内一个列表的引述，但是以没有括号的形式插入该元素列表

现在，没有必要全部理解这些宏：你将在本书相关的章节中学到每个读取器宏。例如，我们将在解释宏的第 7 章中多次使用后三个宏。

读取器宏以一张读取表的条目形式实现。这张表中的条目本质上是一个与宏函数关联的读取器宏字符，宏函数描述了该字符后面的形式的处理方式。大部分 Lisp 语言都将这张读取表展示给程序员，使他们能够操纵或者添加新的读取器宏。Clojure 没有这么做，所以不能定义自己的读取器宏。从 Clojure 1.4 起，Clojure 允许你定义自己的数据字面量，我们将在下一章中解释。

在本节中，你了解了 Clojure 提供的各种结构。在下一节中，你将了解控制 Clojure 程序执行流程的形式。

2.4　程序流程

和大部分其他语言一样，Clojure 的基础知识学习起来很简单，只有少数几个控制执行流程的特殊形式和结构。在本节中，我们将从条件程序执行开始，介绍特殊形式 if 和在 if 基础上构造的其他宏，然后研究各种实现数据序列循环和其他工作的函数式结构。具体地说，我们将介绍 loop/recur，然后是在内部使用 loop/recur 以方便序列处理的几个宏。本章的最后，我们会介绍几个对数据序列应用其他函数的高阶函数。

2.4.1　条件

条件形式使 Clojure 执行或者不执行相关代码。在本节中，我们将介绍 if、if-not、cond、when 和 when-not，还将简单地了解逻辑函数。

1. if

条件的最简单例子是 if 形式。在 Clojure 中，if 的一般形式如下：

```
(if test consequent alternative)
```

这说明，if 形式接受一个测试表达式，对其求值以确定下一步操作。如果测试表达式为真，则求值后续表达式（上述形式中的 consequent）。如果测试表达式为假，且提供了替代形式（上述形式中的 alternative），则求值该形式（否则返回 nil）。因为 if 形式的后续和替代子句只能是单一的 s- 表达式，所以可以用 do 形式使其完成多项工作。下面是一个例子：

```
(if (> 5 2)
  "yes"
  "no")
;=> "yes"
```

if 是一个特殊形式，这意味着 Clojure 语言在内部将其作为特殊情况实现。在提供 if 特殊形式和宏系统的语言中，所有其他条件形式可以宏形式实现，Clojure 正是这么做的。让我们来了解几个这样的宏。

2. if-not

if-not 宏所做的和 if 特殊形式相反。这个宏的一般结构是：

```
(if-not test consequent alternative)
```

这里，如果测试条件为假，则求值后续表达式；如果条件为真且提供了替代形式，则求值该形式。下面是一个简单的例子：

```
(if-not (> 5 2) "yes" "no")
;=> "no"
```

3. cond

cond 可以将嵌套的 if 条件树扁平化。一般形式如下：

```
(cond & clauses)
```

下面是使用 cond 的一个简单例子：

```
(def x 1)
;=> #'user/x
(cond
    (> x 0)  "greater!"
    (= x 0)  "zero!"
    :default "lesser!")
;=> "greater!"
```

可以看到，子句（clause）是成对的表达式，每一对的形式是 test consequent。每个测试表达式按顺序求值，当一个表达式返回 true（实际上是 false 或者 nil 之外的任何值）时，求值相关的后续表达式并返回。如果所有表达式都没有返回真值（true），则可以传入一个取真值的表达式（例如关键字：default），然后求值相关的后续表达式并返回。

4. when

when 宏的一般形式如下：

```
(when test & body)
```

这个方便的宏是一个 if（没有替代子句）和一个隐含的 do。因此，可以传入多个 s- 表达式作为条件主体。下面是用法示例：

```
(when (> 5 2)
  (println "five")
  (println "is")
  (println "greater")
  "done")
five
is
greater
;=> "done"
```

注意，没有必要将主体内的三个函数包装在 do 形式内，因为 when 宏会负责这项工作。你将会发现这是一个常见的模式，也是大部分宏提供给调用者的便利。

5. when-not

when-not 是 when 的对立面，如果测试条件返回 false 或者 nil，则对条件主体求值。一般形式和 when 的相似：

```
(when-not test & body)
```

下面是一个例子：

```
(when-not (< 5 2)
  (println "two")
  (println "is")
  (println "smaller")
  "done")
two
is
smaller
;=> "done"
```

以上是使程序能够处理不同类型条件的许多形式中的一部分。除了特殊形式 if 之外，其他都是以宏的形式实现的，这也就意味着，程序员可以自由地实现新的宏，以适应程序所在的领域。在下一节中，你将看到用逻辑函数编写测试表达式的更多细节。

2.4.2　逻辑函数

任何返回真值（true）或者假值（false）的表达式都可用于上述条件形式中的测试表达式。为了编写复合测试表达式，Clojure 提供了一些逻辑运算符。我们首先介绍 and。

and 接受 0 个或者多个形式，按顺序求值每个形式，如果任何一个返回 nil 或者

false，则返回该值。如果所有形式都不返回 false 或者 nil，则 and 返回最后一个形式的值。如果任何一个形式返回假值，则 and 不对其余形式求值，从而"短路"参数。对于 and 的返回值，可以记住一个简单的规则，它返回"决定"值——就是它需要检查的最后一个值，如果没有任何值，则返回 true。下面是一些例子：

```
(and)
;=> true
(and :a :b :c)
;=> :c
(and :a nil :c)
;=> nil
(and :a false :c)
;=> false
(and 0 "")
;=> ""
```

记住，在 Clojure 中只有 nil 和 false 在逻辑上是假值，其余任何值都为真

or 以相反的方式工作。它也接受 0 个或者多个形式并逐一求值。如果任何形式返回逻辑真值，则将其作为 or 的值返回。如果所有形式都不返回逻辑真值，则 or 返回最后一个值。or 也会短路其参数。下面是一些例子：

```
(or)
;=> nil
(or :a :b :c)
;=> :a
(or :a nil :c)
;=> :a
(or nil false)
;=> false
(or false nil)
;=> nil
```

有趣的是，and 和 or 也都是宏。这意味着，它们不是内建于 Clojure 语言中的，但却是核心库的组成部分。这还意味着，你可以编写与 and 或者 or 表现相同的宏，两者从语言上无法区别。我们将在第 7 章中更详细地探索这一主题。

最后，Clojure 提供了一个 not 函数，将作为参数传入的逻辑值取反。该函数始终返回 true 或者 false 值。下面是一些例子：

```
(not true)
;=> false
(not 1)
;=> false
(not nil)
;=> true
```

与此相关，Clojure 提供了各种通常的比较和相等性函数，例如 <、<=、>、>= 和 =。它们的工作方式都和你的预期一样，但是有一个额外的特性：可以取任意数量的参数。例如，< 函数检查参数是否以升序排列。下面是两个简单的例子：

```
(< 2 4 6 8)
;=> true
(< 2 4 3 8)
;=> false
```

= 函数等同于 Java 的 equals，但适用于范围更广的对象，包括 nil、数值和序列。注意，这是单个 = 符号，而不是许多编程语言中常用的 ==。

= 与 ==

但是，Clojure 也确实有 ==（双等号）函数，只能用于比较数值。= 和 == 之间的差别很细微。= 可以比较任意两个 Clojure 值，但是比较三种不同类别的数值（整数（包括比例）、大十进制数和浮点数）时产生的结果不直观。下面是一些例子：

```
(= 1 1N 1/1)
;=> true
(= 0.5 1/2)
;=> false
(= 0.5M 0.5)
;=> false
(= 0.5M 1/2)
;=> false
```

这些 false 值可能让你挠头！如果对比来自不同类别的数值，则可以用 == 代替，但是所有参数必须都是数值：

```
(== 1 1N 1/1)
;=> true
(== 1/2 0.5M 0.5)
;=> true
1.9999999999999999
;=> 2.0
(== 2.0M 1.9999999999999999)
;=> true
(== :a 1)
ClassCastException clojure.lang.Keyword cannot be cast to
java.lang.Number   clojure.lang.Numbers.equiv (Numbers.java:206)
(== nil 1)
NullPointerException   clojure.lang.Numbers.ops (Numbers.java:961)
```

现在，不同类别的数值比较近似于你所预期的方式

但是，== 不是对抗浮点精度和舍入问题的"魔杖"

所有参数必须为数值，否则 Clojure 将抛出异常

有一个简单的经验法则：如果你知道所要对比的所有数据都是数值，且预期有不同类别的数字，则使用 ==，否则使用 = ⊖。

⊖　你可能觉得奇怪：Clojure 为什么有这样的缺点？ Clojure（以及 Java）有一个协议，保证比较时相等的值有相同的哈希码。这样，在比较两个大型集合时，可以进行极快的基于哈希相等性检查。但是，很难编写对不同数字类别产生相同值的快速哈希函数。而且，即使它们产生相同的哈希码，不同类别的数字也不完全能互换，因为它们有不同的精度、范围和数学表现。如果用浮点数代替大十进制数或者比例，则可能产生意外的结果。如果你想深入研究 Clojure 相等性表示的相关问题，可以在如下网址阅读 Andy Fingerhut 的文章《Equality》：https://github.com/jafingerhut/thalia/blob/master/doc/other-topics/equality.md。

这些逻辑函数足以从简单的表达式创建复合逻辑表达式。我们在这一节中的下一站是迭代（循环）——这不是 C++ 和 Java 等命令式语言所支持的类型，而是函数式的。

2.4.3 函数式循环

大部分函数式语言都没有传统的循环结构（如 for），因为 for 的典型实现需要改变循环计数器的值。作为替代，它们使用递归和函数应用，以处理各种各样的工作。本节我们将首先研究熟悉的 while 形式，然后研究 Clojure 的 loop/recur 循环结构。接着，我们将研究几个以 loop/recur 为基础的宏（如 doseq 和 dotimes）。

1. while

Clojure 的 while 宏的工作方式与 Ruby 和 Java 等命令式语言类似。一般形式如下：

```
(while test & body)
```

考虑这样的情况：你有一个 request-on-queue? 检查所使用的消息传送系统上是否接收到一个消息，还有一个 pop-request-queue 函数负责读取这样的消息。下面展示建立请求 – 处理循环的一种方式：

```
(while (request-on-queue?)
  (handle-request (pop-request-queue)))
```

这里，只要请求出现在请求队列中，它们就会持续地得到处理。如果 request-on-queue? 返回一个 false 或者 nil 值（可能是系统的其他地方发生了什么事情），while 循环将结束。注意，结束 while 循环的唯一方法是由于某种副作用导致测试表达式返回逻辑假值（即 false 或者 nil）。

现在，我们转向另一个循环结构——和命令式语言有所不同，因为它依赖于递归。

2. loop/recur

Clojure 没有传统的 for 循环；作为替代，程序可以通过使用高阶函数（如 map 和序列 f 库中的其他函数）实现类似的行为。Clojure 版本的循环流程控制是 loop 和与之关联的 recur。下面是用 loop/recur 计算数值 n 的阶乘的一个例子：

```
(defn fact-loop [n]
  (loop [current n fact 1]
    (if (= current 1)
      fact
      (recur (dec current) (* fact current) ))))
```

当 current 为 1 时，返回 fact 的最终值

如果 current 不为 1，重复循环，将 current 重置为 current-1，将 fact 设置为 current 乘以 fact

下面是 loop 的一般形式：

```
(loop bindings & body)
```

loop 建立和 let 形式完全相同的绑定（bindings）。在这个例子中，[current n fact 1] 的工作方式和 let 形式相同：current 与值 n 绑定，fact 与值 1 绑定。然后，

执行绑定词法范围内提供的 body。在本例中，body 是 if 形式。

现在我们来谈谈 recur。它的语法与 let 形式绑定类似：

```
(recur bindings)
```

计算绑定后，每个值分别和对应的名称绑定，正如 loop 形式中描述的那样。然后，执行返回到 loop 主体的开始。在上述例子中，recur 有两个绑定值（dec current）和（* fact current），它们在计算之后重新与 current 和 fact 绑定。接着再次执行 if 形式，一直持续到 if 条件导致不再调用 recur，循环结束。

recur 是 Clojure 中的一个特殊形式，虽然看上去像递归，但它不使用栈。这是进行自递归的首选方法，而不是用一个函数按名称调用自身。这样做的原因是，Clojure 目前没有尾调用优化，但是在未来的某个时点，如果 Java 虚拟机（JVM）支持，就有可能增加这项功能。recur 仅能用于代码尾部，如果企图从任何其他位置使用它，编译器将会报错。例如，下面的代码就会导致 Clojure 报错：

```
(defn fact-loop-invalid [n]
  (loop [current n fact 1]
    (if (= current 1)
      fact                                          recur 的非法位置
      (recur (dec current) (* fact current)))) ◁
    (println "Done, current value:" current)))
```

你看到的具体错误为：

```
CompilerException java.lang.UnsupportedOperationException: Can only recur
from tail position, compiling:(NO_SOURCE_PATH:5:7)
```

这将提示你在 loop 的非尾部位置使用了一个 recur，代码中的这种错误很容易修复。

你已经看到，loop/recur 很容易理解和使用。recur 更为强大，可能导致执行返回任何递归点。从例子中可以看到，递归点可以用 loop 形式或者函数形式（使你能够创建自递归函数）设置。你将在下一章中看到后者的实例。顺便说一句，需要注意的是，通过 recur 的使用，你将明确以尾递归形式出现的循环所在的位置。这改善了代码的易读性。

现在，我们来了解几个 Clojure 提供的宏，它们简化了序列的使用，无须直接使用 loop/recur。

3. doseq 和 dotimes

想象你有一个用户列表，希望为每个用户生成费用报告。你可以使用上一节介绍的循环结构，但是在如下的 dispatch-reporting-jobs 函数中，有一种方便的方法可以实现同样的效果：

```
(defn run-report [user]
  (println "Running report for" user))

(defn dispatch-reporting-jobs [all-users]
```

```
(doseq [user all-users]
  (run-report user)))
```

在这里，doseq 是一个有趣的形式。最简单的形式接受一个包含两个项的向量，第一个项是一个新符号，以后将绑定到第二个项（必须是一个序列）中的每个元素。形式的主体将对序列中的每个元素执行，然后整个形式将返回 nil。上述例子中，dispatch-reporting-jobs 将对序列 all-users 中的每个用户调用 run-reports。

dotimes 与此类似。这是一个方便的宏，接受一个向量（包含一个符号和一个数值 n），然后是宏的主体。向量中的符号被设置为 0 到（n-1）的数值，并对每个数值求取主体的值。下面是一个例子：

```
(dotimes [x 5]
  (println "X is" x))
```

这将打印数字 0~4，然后返回 nil。

虽然这些宏很方便，但是它们的使用并不像你想象的那么多，特别是在你拥有命令式语言背景的情况下。在 Clojure 中，计算数据列表各项的最常用模式是使用更高级的函数，如 map、filter 和 reduce，在本节余下的部分中，我们将简单地介绍这几个函数。

4. map

不要被这个名字混淆：map 函数与数据结构中的"映射"不同！map 的最简单用法是接受一个一元函数和一个数据元素序列。一元函数是只有一个参数的函数。map 将这个函数应用到序列的每个元素，并返回一个新序列，该序列包含所有返回值，例如：

```
(map inc [0 1 2 3])
;=> (1 2 3 4)
```

这是 map 的常见应用方法，但是还有比这更普遍的用法。map 接受一个函数，其可以取得任意数量的参数以及相同数量的序列。它将该函数应用到每个序列的对应元素，并收集其结果。如果序列的长度不等，则 map 应用到最短的一个：

```
(map + [0 1 2 3] [0 1 2 3])        ←┤  当提供多个序列时，每个
;=> (0 2 4 6)                          序列为函数提供一个参数
(map + [0 1 2 3] [0 1 2])          ←┐  返回值的长度等于
;=> (0 2 4)                            最短序列的长度
```

在其他语言中，实现上述功能需要的代码要长得多：一个循环代码块，一个收集返回值的列表，以及检查列表是否结束的条件。调用 map 一次就能完成所有这些工作。

5. filter 和 remove

filter 的功能与 map 类似——收集值。但是它接受一个判定函数和一个序列，只返回调用判定函数得到逻辑真值的序列元素。下面是一个例子，只返回值不为 0 的有效支出：

```
(defn non-zero-expenses [expenses]
  (let [non-zero? (fn [e] (not (zero? e)))]
    (filter non-zero? expenses)))
;=> #'user/non-zero-expenses
(non-zero-expenses [-2 -1 0 1 2 3])
;=> (-2 -1 1 2 3)
```

注意，序列中的 0 不见了

remove 与 filter 正相反：filter 使用判定函数决定保留哪些元素，而 remove 决定抛弃哪些元素。你可以用 remove 改写 non-zero-expenses 函数：

```
(defn non-zero-expenses [expenses]
  (remove zero? expenses))
;=> #'user/non-zero-expenses
(non-zero-expenses [-2 -1 0 1 2 3])
;=> (-2 -1 1 2 3)
```

注意，你用 remove 得到了相同的结果，而且不需要创建 non-zero? 函数

对于多种类型的计算，你必须只在非零的支出上进行运算。non-zero-expenses 函数选择所有此类值，而且只需要一行代码（3 个词！）。

6. reduce

reduce 的最简形式是一个高阶函数，它接受一个函数（有两个参数）和一个数据元素序列。函数参数应用到序列的前两个元素，产生第一个结果。然后，用这个结果和序列的下一个元素再次调用同一个函数。对以后的元素重复上述过程，直到处理完最后一个元素。

下面是用 reduce 编写阶乘函数的方法：

```
(defn factorial [n]
  (let [numbers (range 1 (+ n 1))]
    (reduce * numbers)))
```

range 是一个 Clojure 函数，返回从第一个参数（含）到第二个参数（不含）之间的数字列表。例如：

```
(range 10)
;=> (0 1 2 3 4 5 6 7 8 9)
```

这就是以 1 和 (+ n 1) 调用 range 来计算 numbers 的原因。其余部分都很简单；用乘法（*）函数归约（reduce）序列。

让我们来研究一下用 5 调用 factorial 时的工作过程：

```
(factorial 5)
;=> 120
```

numbers 被设置为以 1 和 6 调用 range 的结果，这是数字序列 1、2、3、4 和 5。该序列和乘法函数是 reduce 的操作对象。1 乘以 2 的结果（结果为 2）乘以 3（结果为 6）。然后，该结果乘以 4（结果为 24），最后再乘以 5，得出结果 120。

如果你难以确知归约的步骤，则可以用 reductions 函数代替 reduce：reduce 只返回最终的归约值，而 reductions 返回每个中间值组成的序列。你可以用 reductions

改写阶乘函数:

```
(defn factorial-steps [n]
  (let [numbers (range 1 (+ n 1))]
    (reductions * numbers)))
;=> #'user/factorial-steps
(factorial-steps 5)
;=> (1 2 6 24 120)
(factorial 1)
;=> 1
(factorial 2)
;=> 2
(factorial 3)
;=> 6
(factorial 4)
;=> 24
(factorial 5)
;=> 120 #A
(map factorial (range 1 6))
;=> (1 2 6 24 120)
```

注意,阶乘运算各步骤的结果对应于以从1到5的数值调用常规阶乘函数的结果

map 和 range 的另一个实用例子

reduce 是一个强大的函数,如上所述,它用一行代码实现了其他语言需要多行代码才能实现的功能。

7. for

介绍循环的书怎能不提到 for?前面我们已经说过,函数式语言中很少使用传统的 for 结构。Clojure 确实有 for,但是它不太像你所习惯的那样。在 Clojure 中,for 用于列表推导,列表推导是一种语法特征,可以从现有序列中构造出新的序列。for 结构的一般形式如下:

```
(for seq-exprs body-expr)
```

seq-exprs 是一个向量,指定一对或者多对绑定 – 形式 / 集合 – 表达式。body-expr 使用 seq-exprs 中建立的绑定来构造列的每个元素。考虑如下的例子,它为国际象棋棋盘上的每个方格生成一个标签列表:

```
(def chessboard-labels
  (for [alpha "abcdefgh"
        num (range 1 9)]
    (str alpha num)))
```

str 函数将传递给它的字符串参数值连接起来。现在,chessboard-labels 是由 64 个标签组成的"惰性"序列:

```
chessboard-labels
;=> ("a1" "a2" "a3" "a4" "a5" … "h6" "h7" "h8")
```

for seq-exprs 可以使用限定词 :let、:when 和 :while。下面是一个 :when 的使用示例,首先考虑检查某个数是不是质数的函数:

```
(defn prime? [x]
  (let [divisors (range 2 (inc (int (Math/sqrt x))))
        remainders (map (fn [d] (rem x d)) divisors)]
    (not (some zero? remainders)))))
```

Math/sqrt 以双精度数形式返回一个数值的平方根；int 将结果取整

虽然测试质数有更高效的方法，但对这个例子来说，上述实现足够了。顺便说一句，some 是核心函数，返回以指定集合的每个元素调用指定判定函数时得到的第一个逻辑真值。我们很快将再次看到这个函数。Math/sqrt 是调用 Java 类 Math 上的 sqrt 静态方法的代码。这是 Clojure 的 Java 互操作的一个例子，第 5 章将专门介绍这一主题。

现在，将用 for 编写 primes-less-than 函数，该函数返回 2 到传入参数之间所有质数的列表：

```
(defn primes-less-than [n]
  (for [x (range 2 (inc n))
        :when (prime? x)]
    x))
```

注意用 :when 选项指定 for 形式内条件的方法。你可以测试这个函数：

```
(primes-less-than 50)
;=> (2 3 5 7 11 13 17 19 23 29 31 37 41 43 47)
```

让我们来看另一个稍微复杂一点的例子。你将使用 prime? 函数求出某个数（如 5）以下相加之和为质数的所有数对。程序如下：

```
(defn pairs-for-primes [n]
  (let [z (range 2 (inc n))]
    (for [x z y z :when (prime? (+ x y))]
      (list x y))))
```

现在试验一下：

```
(pairs-for-primes 5)
;=> ((2 3) (2 5) (3 2) (3 4) (4 3) (5 2))
```

可以看到，Clojure 的 for 是一个强大的结构，可用于创建任意的列表。这种功能有一个很大的好处，那就是它几乎是陈述性的。例如，pairs-for-primes 中的代码读起来就像问题本身的复述。

我们的下一站不能严格地归入程序流程，而是在编写其他函数和宏时很实用的几个宏。

2.4.4　串行宏

在本书中，你将学习许多和宏有关的知识，第 7 章将开始介绍它们。从开发者的角度来讲，很多宏都极其实用。你已经看到了一些宏，本节中还将看到两个，它们使代码编写变得更加方便，也能产生更容易理解的代码。这些宏称为串行（threading）宏。

1. thread-first

想象你需要根据用户在今天的投资总额计算几天之后的存款余额。可以使用复利公式计算：

```
final-amount = principle * (1 + rate/100) ^ time-periods
```

可以编写一个函数进行计算：

```
(defn final-amount [principle rate time-periods]
  (* (Math/pow (+ 1 (/ rate 100)) time-periods) principle))
```

<— Math/pow 返回第一个参数为底、第二个参数（双精度数）为指数的幂

在 REPL 上调用该函数，测试其工作情况：

```
(final-amount 100 20 1)
;=> 120.0
(final-amount 100 20 2)
;=> 144.0
```

这很好，但是函数定义很难理解，因为根据 Clojure 的前缀语法特性，它是从里向外写的。这是 thread-first 宏（名称为 ->）大展身手的场合，请看以下代码：

```
(defn final-amount-> [principle rate time-periods]
  (-> rate
      (/ 100)
      (+ 1)
      (Math/pow time-periods)
      (* principle)))
```

上述代码的效果相同，你可以在 REPL 上确认：

```
(final-amount-> 100 20 1)
;=> 120.0
(final-amount-> 100 20 2)
;=> 144.0
```

thread-first 宏所做的是取得第一个参数，将其放在下一个表达式中的第二个位置上。它被称为 thread-first，是因为它将代码移到下一形式首个参数的位置。然后，它取得整个结果表达式，并将其移到再下一个表达式的第二个位置，重复上述过程，直到所有表达式都处理完毕。所以，当 final-amount-> 函数中这个宏展开时，形式如下：

```
(* (Math/pow (+ (/ rate 100) 1) time-periods) principle)
```

更准确地讲，对 Java Math/pow 的调用也将展开，我们将在第 5 章中探索这一点。现在，只要知道展开的形式和我们前面在 final-amount 中人工定义的完全一样就足够了。改良形式的好处在于，final-amount-> 的编写和理解容易多了。这是宏操纵代码使其更容易理解的一个例子。在大部分其他语言中，类似的功能几乎是不可能实现的。

在下一小节中，我们将研究一个相关的宏——thread-last。

2. thread-last

thread-last 宏（名称为 ->>）是 thread-first 宏的近亲。它取得第一个表达式后并没有将

其移入下一个表达式的第二个位置，而是将其移到最后的位置。然后，对向其提供的所有表达式重复该过程。我们再来研究 factorial 函数的一个版本：

```
(defn factorial [n]
  (reduce * (range 1 (+ 1 n))))
```

这也是用自内而外的语法编写的，运算的顺序如何并不是一眼可见的。下面是用 ->> 宏改写的同一个函数：

```
(defn factorial->> [n]
  (->> n
       (+ 1)
       (range 1)
       (reduce *)))
```

你可以在 REPL 上测试其工作方式：

```
(factorial->> 5)
;=> 120
```

这个宏将 factorial->> 函数展开为：

```
(reduce * (range 1 (+ 1 n)))
```

展开形式确保与之前定义的 factorial 以相同方式工作。这个宏的主要好处（类似于 -> 宏）是，开发者可以将焦点放在运算顺序上，而不是确保正确编写嵌套表达式。这样编写的函数也容易理解和维护。

thread-last 宏更常见的用途是处理数据元素序列以及使用 map、reduce 和 filter 这样的高阶函数。这些函数都接受序列作为最后一个元素，所以 thread-last 宏最为适合。

在我们研究 threading 宏这一主题的时候，Clojure 1.5 引入了两个相关的宏，称为 some-> 和 some->>。这两个宏的表现形式和我们刚才讨论的对应宏完全相同，但是如果表达式中任何一步的结果为 nil，则计算结束。

3. thread-as

Clojure 1.5 中引入的另一个串行宏是 thread-as（名称为 as->）。目前为止你所看到的 threading 宏没有提供对前一表达式位置的控制：根据你所使用的串行宏，位置可能是第一个或者最后一个。as-> 更灵活：你为它提供一个名称，它将把各个连续形式的结果绑定到那个名称，以便在下一步中使用。例如：

```
(as-> {"a" [1 2 3 4]} <>
      (<> "a")
      (conj <> 10)
      (map inc <>))
;=> (2 3 4 5 11)
```

第一个形式与名称 <> 绑定；你可以使用任何名称

可用于下一形式的任何位置

在这个形式执行之前，<> 是 [1 2 3 4]，执行后变成 [1 2 3 4 10]

inc 将某个数字加 1

这看起来就像魔术，但是这个宏实际上相当简单。上一个例子展开后如下：

```
(let [<> {"a" [1 2 3 4]}
      <> (<> "a")
      <> (conj <> 10)
      <> (map inc <>)]
  <>)
```

as-> 宏实际上只是以较为紧凑的方式将绑定到同一个名称的一系列 let 绑定链接起来。

4. 条件式串行宏

我们将要介绍的最后一组串行宏也是在 Clojure 1.5 中引入的：cond-> 和 cond->>。除了每个形式都包含一个条件（表示哪些形式不串行求值）之外，这两个串行宏与 -> 和 ->> 完全相同，该条件如果为 false，则对应的形式将被跳过。下面是一个例子：

```
(let [x 1 y 2]
  (cond-> []
          (odd? x)            (conj "x is odd")
          (zero? (rem y 3))   (conj "y is divisible by 3")
          (even? y)           (conj "y is even")))
;=> ["x is odd" "y is even"]
```

[] 只通过合适的形式串行；条件不能看到串行的值

条件为假，所以这个形式跳过，但是对下一对形式继续串行求值

注意，当一对形式中左侧的条件为假时，右侧的串行形式将被跳过。cond-> 表面上和 cond 很类似，因为两者都接受成对的判定 - 结果，但是 cond 在发现为真的判定后将立刻停止后续成对形式的求值，而 cond-> 宏将对每个条件求值。cond->> 与 cond-> 的工作方式相同，但是形式像 ->> 一样被插入最后位置，而不是像 -> 那样插入第一个位置。

cond-> 和 cond->> 的简洁性也使它们一开始难以掌握。观察更加明确地表示判定形式作用以及串行求值发生位置的等价实现可能有所帮助：

```
(let [x 1 y 2]
  (as-> [] <>
        (if (odd? x)          (conj <> "x is odd")          <>)
        (if (zero? (rem y 3)) (conj <> "y is divisible by 3") <>)
        (if (even? y)         (conj <> "y is even")          <>)))
;=> ["x is odd" "y is even"]
```

当需要根据大量其他因素构建一个数据结构（例如构建一个配置设置映射或者根据条件在相同数据结构上运行不同的映射和过滤函数）时，条件串行宏很方便。

在本节中，你看到了控制 Clojure 程序流程的不同方法。我们从条件开始，探索了相关的逻辑函数。然后，介绍了循环的思路——不像其他语言中直接的命令式 for 循环，而是采用递归形式和通过高阶函数。有了这些知识，你就可以编写许多代码，而不会想念命令式结构了。

2.5　小结

这是漫长的一章！我们从启动 Clojure REPL 开始，介绍了在这种语言中编写代码的基础知识。具体地说，介绍了构造代码的形式，如函数、let 和循环。我们还了解了执行控制形式，如 if、when 和 cond。我们了解了一些该语言内置的数据类型和数据结构。理解这些可以帮助你在程序中使用和创建合适的数据抽象。

掌握了这些知识，你已经可以编写相当多的 Clojure 代码了。若再与下一章的素材相结合，你就能用 Clojure 核心功能编写几乎任何基本程序。在那之后，我们将深入介绍更多的中间概念。

在下一章中，我们将探索更多的 Clojure 构件。首先会深入介绍函数，尝试理解 Clojure 对函数式编程的支持。我们还将探索作用域的概念，说明如何用命名空间组织你的程序。最后，我们将探索 Clojure 较为特殊的一个概念（至少在 Java 和 C++ 等命令式语言中不常见）——解构。

Chapter 3 第 3 章

Clojure 构件

本章内容：
- ❏ Clojure 元数据
- ❏ Java 异常
- ❏ 高阶函数
- ❏ 作用域规则
- ❏ Clojure 命名空间
- ❏ Clojure 解构特性
- ❏ Clojure 读取器字面量

当人们已经擅长某一样工作（例如编程语言）并试图学习新知识（例如另一种编程语言）时，他们往往会陷入 Martin Fowler（martinfowler.com/bliki/Improvement-Ravine.html）所称的"进步的沟壑"（improvement ravine）。对于编程来说，这道沟壑指的是人们不得不重新学习新语言中的做事方式，因而遭遇生产率的下降。我们都曾经因为不得不换回已经擅长的某种语言来完成工作而感到内疚。有时候，完成简单的工作需要多次越过这种沟壑。下面几章的目标就在于此——我们将更为详细地研究 Clojure 的基础知识。阅读了这些章节之后，你将能够熟悉相当复杂的问题的解决之道。我们还将介绍这种语言其余的大部分结构，如果你使用过其他常见语言，会发现其中许多已经相当熟悉了。

首先，我们将研究元数据，这是在不改变值的情况下将附加数据与常规 Clojure 值关联的一种独特方式。接下来，我们将介绍另一种 Java 互操作：异常处理与抛出。

然后，在本章的核心部分，我们将详细解释函数。Lisp 诞生于数学背景之中，函数是它的基础。Clojure 以函数为构件，因此掌握函数是学习 Clojure 的基础。介绍完函数之后，我们将研究用命名空间帮助组织大型程序的方法。命名空间与 Java 的包类似，是将程序分成逻辑模块来保持代码条理的一种简单方法。

下一节将详细介绍变量（由 def 定义）和有效使用它们的方法。后面的部分与解构相关，那是大部分语言中相当不常见的特性。解构是从较大的数据结构内部访问有趣数据元素的巧妙方法。

在本章的最后，我们将了解读取器字面量，它可以为你的数据字面量添加方便的自定义语法。不再多说了，让我们来回顾一下 Clojure 是如何创建和使用函数的吧。

3.1　元数据

元数据是"关于数据的数据"。Clojure 支持用其他数据标记数据（例如映射、列表和向量），而不改变被标记数据的值。这意味着，具有不同元数据的相同值在比较时仍是相等的。

使用不可变值代替可变对象的要点是，你可以轻松地根据值的内容而非标识对它们进行比较。即使在计算机内存中的不同地址，两个向量 [1 2 3] 和 [1 2 3] 也是相同的，所以你的程序使用哪一个都没有关系。但是在现实世界中，你往往以有意义的方式区分其他方面都相同的事物。例如，一个值和另一个值做对比时可能相同，但是如果一个值来自不可信的网络资源或者有特定名称的文件，则两者之间就有某种区别。元数据提供了在必要时为值添加标识的一种手段。

例如，你将使用标记 :safe 和 :io 来确定某一事物是不是安全威胁以及是不是来自外部 I/O 源。下面是使用元数据标识这些信息的方法：

```
(def untrusted (with-meta {:command "delete-table" :subject "users"}
                          {:safe false :io true}))
```

现在，具有键 :command 和 :subject 的映射与一个元数据映射相连，后者包含键 :safe 和 :io。元数据总是映射。注意，元数据映射与对象的"外部"相连，元数据 :safe 和 :io 绝不会以键的形式添加到原始映射。

你也可以用简写语法，使用读取器宏 ^{} 定义元数据。下面的例子和前一个相同，只是元数据在读取时加入，而不是在求值时加入：

```
(def untrusted ^{:safe false :io true} {:command "delete-table"
                                        :subject "users"})
```

读取时和求值时的区别很重要：下面的例子和使用 vary-meta 不一样：

```
(def untrusted ^{:safe false :io true} (hash-map :command "delete-table"
                                                 :subject "users")
```

上述程序将元数据与以 hash-map 开始的列表关联，而不是与函数调用产生的哈希映射关联，所以这个元数据在运行时不可见。

包含元数据的对象可以像任何其他对象一样使用。附加的元数据不会影响它们的值。实际上，如果你在读取 – 求值 – 打印（REPL）循环中检查 untrusted，元数据甚至不会出现：

```
untrusted
;=> {:command "delete-table", :subject "users"}
```

如前所述，元数据不会影响值的相等性；因此 untrusted 可能等于完全没有元数据的另一个映射：

```
(def trusted {:command "delete-table" :subject "users"})     没有元数据
;=> #'user/trusted
(= trusted untrusted)                 但是仍然相等
;=> true
```

如果想要检查与值关联的元数据，可以使用 meta 函数：

```
(meta untrusted)
;=> {:safe false, :io true}
(meta trusted)
;=> nil
```

从有元数据的值中创建新值时，元数据被复制到新数据里。这是为了保留元数据的表示语义，例如：

```
(def still-untrusted (assoc untrusted :complete? false))
;=> #'user/still-untrusted
still-untrusted
;=> {:complete? false, :command "delete-table", :subject "users"}
(meta still-untrusted)
;=> {:safe false, :io true}
```

函数和宏也可以在定义中包含元数据。下面是一个例子：

```
(defn ^{:safe true :console true
        :doc "testing metadata for functions"}
  testing-meta
  []
  (println "Hello from meta!"))
```

现在，试着使用 meta 函数检查元数据是否正确设置：

```
(meta testing-meta)
;=> nil
```

函数返回 nil 是因为元数据与 testing-meta 关联，而不是与函数本身关联。为了访问元数据，你应该将 testing-meta 变量传递给 meta 函数。具体做法如下：

```
(meta (var testing-meta))
;=> {:ns #<Namespace user>,
     :name testing-meta,
     :file "NO_SOURCE_FILE",
     :line 1, :arglists ([]),
     :console true,
```

```
        :safe true,
        :doc "testing metadata for functions"}
```

你将在本章后面学习更多关于变量和函数的知识。

元数据在许多情况下很有用，在这些情况下，你希望对事物进行标记，而这种标记的目的与事物代表的数据在不同的方向上。这种注释的例子之一是，如果对象以某种方式注释（如它们的元数据包含某个关键字和值），则可以执行某些任务。顺便说一下，这看起来与 Java 的注释类似，但要好得多。例如，在 Clojure 中，几乎任何对象都可以有元数据，而在 Java 中，只有类和方法可以有注释。遗憾的是，不能向原生 Java 类型（如字符串）添加 Clojure 元数据。

Clojure 内部使用相当多的元数据；例如，:doc 键用于保存函数和宏的文档字符串，对于本身是宏的函数，:macro 键设置为 true，:file 键用于跟踪某些定义所在的源文件。

3.1.1　Java 类型提示

从 Clojure 调用 Java 方法时，常常可以遇到的一种元数据是 Java 类型提示，这保存在元键 :tag 中。因为使用很频繁，所以它有自己的读取器宏语法：^symbol。为什么需要这个元数据？

当你以互操作形式调用 Java 方法时，Java 虚拟机（JVM）必须知道哪个类定义了一个方法名称，这样才能在该类中找到方法的实现。在 Java 中这通常不是问题，因为大部分类型都在 Java 代码中注解，在编译时校验。但是，Clojure 是动态类型语言，变量类型往往在运行时才知道。在这些情况下，JVM 必须在运行时用反射来确定对象类，并找到正确的方法进行调用。这种机制工作得很好，但是可能很慢。下面是上述问题的一个例子：

```
(set! *warn-on-reflection* true)                        ◁──┐
;=> true                                                   在需要反射时警告你
(defn string-length [x] (.length x))
Reflection warning, reference to field length can't be resolved.
;=> #'user/string-length
(time (reduce + (map string-length (repeat 10000 "12345"))))
"Elapsed time: 45.751 msecs"
;=> 50000
(defn fast-string-length [^String x] (.length x))          ◁── 没有反射警告
;=> #'user/fast-string-length
(time (reduce + (map fast-string-length (repeat 10000 "12345"))))
"Elapsed time: 5.788 msecs"
;=> 50000
(meta  #'fast-string-length)
;=> {:ns #<Namespace user>, :name fast-string-length, :file "NO_SOURCE_FILE",
    :column 1, :line 1, :arglists ([x])}
(meta (first (first (:arglists (meta #'fast-string-length)))))   ◁──┐
;=> {:tag String}                                                  函数参数上
                                                                   的类型提示
```

最后一行展示了 Clojure 在函数参数上保存类型提示的方法：在此检查 fast-string-length 上的元数据，获得它的 :arglists（函数所有参数的签名列表），并获得参数列表中 x 符号的元数据。

Clojure 编译器在类型推导上相当智能，所有核心 Clojure 函数已经在必要时做了类型提示，所以并不经常需要采用类型提示。惯用的方法是在不使用类型提示的情况下编写所有代码，然后 (set! *warn-on-reflection* true) 并对你的命名空间不断重新求值，一次加入一个提示，直到反射警告消失。如果你的类型提示集中在函数参数和返回值上，Clojure 往往会帮你理解函数中的所有类型。你可以在 Clojure 文档中看到类型提示的所有细节（包括提示函数返回值的方法）：http://clojure.org/java_interop#Java%20Interop-Type%20Hints。

3.1.2　Java 原始类型和数组类型

Java 有一些特殊类型（称为原始类型），它们不是完善的对象，JVM 对其进行特殊处理，以提高速度和节约内存（http://docs.oracle.com/javase/tutorial/java/nutsandbolts/datatypes.html）。在 Java 文档中，可以通过小写类型名称识别它们：byte、short、int、long、float、double、boolean 和 char。这些类型有时称为拆箱（unboxed）类型，因为没有一个对象将其"装箱"，也没有任何对象方法⊖。Java 数组是其他类型的定长同质容器；它们也是原始类型，甚至对于数组可以容纳的每种数据都有一种不同的数组类型！

原始类型没有可读的类名可供引用，所以对其进行类型提示的方法并不是显而易见的。Clojure 为所有原始类型和各种原始类型数组定义了别名：只需要使用 ^byte 这样的类型提示表示原始类型，用 ^bytes 这样的复数形式表示原始类型数组。

但是，你可能偶尔需要对 Java 对象数组进行类型提示。在这种情况下，必须采用一些"魔法"，以找出奇怪的类名：

```
(defn array-type [klass]
  (.getName (class (make-array klass 0))))
;=> #'user/array-type
(array-type BigDecimal)
;=> "[Ljava.math.BigDecimal;"
(def bigdec-arr
  ^"[Ljava.math.BigDecimal;"
  (into-array BigDecimal [1.0M]))
```

class 返回 java.lang.Class 的一个实例，表示其参数的类；类具有一个 getName 方法，以字符串形式返回类名

用一个字符串名称进行类型提示

into-array 返回以 Clojure 集合元素填充的特定类型 Java 数组

⊖　当调用原始类型上的某个方法时，Java 将自动用对应的对象包装器（例如，long 类型使用 java.lang.Long）"装箱"它们。详见 http://docs.oracle.com/javase/tutorial/java/data/autoboxing.html。

你需要知道某个对象数组类名的唯一场合可能是用 Clojure 编写供 Java 代码使用的类和接口以及需要接受或者返回一个对象数组的时候。我们将在第 6 章介绍这个主题。

3.2　Java 异常：try 和 throw

你已经知道 Java 有异常机制，但是到目前为止，我们还没有提到如何在 Clojure 中操纵它们。如果一个表达式有可能抛出异常，则可以使用 try/catch/finally 代码块捕捉它们，并确定处理的方法。⊖假定有一个计算一组数值平均值的函数：

```
(defn average [numbers]
  (let [total (apply + numbers)]
    (/ total (count numbers))))
```

如果用空集合调用 average 函数，将会得到一个异常：

```
(average [])
ArithmeticException Divide by zero   clojure.lang.Numbers.divide
    (Numbers.java:156)
```

正常情况下应该检查空集合，但是也可以添加一个 try/catch 代码块加以说明：

```
(defn safe-average [numbers]
  (let [total (apply + numbers)]
    (try
      (/ total (count numbers))           ┐ 异常对象绑定到 e
      (catch ArithmeticException e ◄──────┘
        (println "Divided by zero!")
        0)))))
;=> #'user/safe-average
(safe-average [])
Divided by zero!
;=> 0
```

The general form of using try/catch/finally is straightforward:

```
(try expr* catch-clause* finally-clause?)
```

这个形式接受多个表达式（作为 try 子句的一部分）以及多个 catch 子句。finally 子句是可选的。对传递给 try 子句的表达式逐个求值，返回最后一个值。如果任何一个表达式产生异常，则根据异常类型（Java 类）执行对应的 catch 子句，返回该子句的值。可选的 finally 子句总是被执行，用于必须保证的任何副作用，但不返回任何数值。例如：

⊖　如果你熟悉 Java，请注意 Clojure 不检查异常。异常捕捉和处理在 Clojure 中始终是可选的。

```
(try
  (print "Attempting division... ")
  (/ 1 0)
  (catch RuntimeException e "Runtime exception!")
  (catch ArithmeticException e "DIVIDE BY ZERO!")
  (catch Throwable e "Unknown exception encountered!")
  (finally
    (println "done.")))
Attempting division... done.
;=> "Runtime exception!"
(try
  (print "Attempting division... ")
  (/ 1 0)
  (finally
    (println "done.")))
Attempting division... done.
ArithmeticException Divide by zero   clojure.lang.Numbers.divide
    (Numbers.java:156)
```

RuntimeException 是 ArithmeticException 的一个超类

finally 子句总是执行，即使没有抛出异常也是如此

不像你所预期的那样产生 "DIVIDE BY ZERO！" 阅读后面的讨论

Throwable 是 Java 中最为通用的异常类型；所有异常类型都是 java.lang.Throwable 的子类

如果没有匹配的 catch 子句，则异常像平常那样抛出，但仍然执行 finally

注意，尽管 ArithmeticException 子句的异常类型更相符，但匹配的却是 RuntimeException catch 子句。出现这种情况的原因是，catch 子句按照顺序尝试，并使用第一个可能的匹配。ArithmeticException 是 RuntimeException 的一种，所以 RuntimeException 测试匹配并执行该 catch 子句。你应该从最特殊到最不特殊的异常类型排列 catch 子句，以避免子句匹配中的混乱。

异常可以用 throw 形式抛出。在希望抛出异常的任何场合，都可以像下面这样做：

```
(throw (Exception. "this is an error!"))
Exception this is an error! user/eval807 (NO_SOURCE_FILE:1)
```

throw 接受一个 java.lang.Throwable 实例，所以任何类型的异常都可用它抛出。

我们介绍了使用 try/catch/finally 形式和抛出异常的基础知识。这不是 Clojure 语言的常用功能，因为有多个助手宏可用于需要使用这一形式的许多场合。你将在第 5 章中看到更多相关的内容。

3.3 函数

在第 1 章中已经讨论论过，Lisp 诞生于数学背景中，是一种函数式语言。函数式语言的特点之一是将函数视为第一类元素。这意味着如下几个命题成立：

❑ 函数可以（在运行时）动态创建
❑ 函数可以作为其他函数的参数
❑ 函数可以作为函数的返回值
❑ 函数可以保存为其他数据结构（如列表）内的元素

你至少已经在一个章节的学习中创建和使用了函数，但是我们还没有全面探索它们的所有功能和用途。本节将带你更详细地了解函数的定义和工作原理，你将看到多个展示函数更高级用法的代码示例。我们将首先定义简单的函数，这些函数使用固定和可变数量的参数。此后，将研究匿名函数和使用它们的几种快捷方法，接着使用递归作为循环的手段。本节的最后，将讨论高阶函数和闭包。首先，让我们来研究 Clojure 提供的自定义函数的手段。

3.3.1　定义函数

函数用 defn 宏定义。这个宏的语法为

```
(defn function-name
  doc-string?
  metadata-map?
  [parameter-list*]
  conditions-map?
  body-expressions*)
```

这里，最后一个带问号的符号是可选的。换言之，function-name 和 parameters 是必要的，而 doc-string、metadata-map 和 conditions-map 是可选的。在详细讨论这一结构之前，我们先来看一个例子。这个例子很简单，它的作用是接受商品的价格和数量，并将两者相乘返回总价：

```
(defn total-cost [item-cost number-of-items]
  (* item-cost number-of-items))
```

这里，total-cost 是新定义函数的名称。它接受两个参数：item-cost 和 number-of-items。函数主体是调用乘法函数（*）的形式，传递的是同样的两个参数。Clojure 中没有显式表示返回的关键字；相反，函数体包围在一个隐含的 do 代码块中，这意味着函数体中最后一个表达式的值将被返回。顺便说一句，可以在 REPL 中键入这些示例（以及本书中的其他例子）来查看它们的工作情况。

注意，defn 被描述为一个宏。本书后面将有一整章的篇幅介绍宏的相关知识（第 7 章），但值得一提的是，defn 形式展开为一个 def。例如，上面的 total-cost 函数定义展开如下：

```
(def total-cost (fn [item-cost number-of-items]
                  (* item-cost number-of-items)))
```

total-cost 是 Clojure 中的变量。还要注意，函数接着用 fn 宏创建。因为创建这样的变量并将其指向一个函数是常见的做法，所以 defn 宏包含在语言中作为一种方便的手段。

如果你想的话，则可以传递一个值给前面看到的 doc-string 参数，从而在函数中添加一个文档字符串：

```
(defn total-cost
  "return line-item total of the item and quantity provided"
  [item-cost number-of-items]
  (* item-cost number-of-items))
```

除了提供一个注释帮助理解函数之外，文档字符串此后还可以用 doc 宏调出。这是因为 doc-string 只是在函数变量元数据中添加 :doc 键的"语法糖衣"，doc 宏可以读出这个键。在 REPL 输入如下代码可以看到文档字符串：

```
(meta #'total-cost)
;=> {:ns #<Namespace user>, :name total-cost, :file "NO_SOURCE_FILE",
    :column 1, :line 1, :arglists ([item-cost number-of-items]),
    :doc "return line-item total of the item and quantity provided"}
(doc total-cost)
-------------------------
user/total-cost
([item-cost number-of-items])
 return line-item total of the item and quantity provided
;=> nil
```

如果你定义函数时没有包含 doc-string，则 doc 除了函数名和参数列表之外，无法返回任何文档。

metadata-map 很少在定义函数的宏之外看到，但是有必要知道它的含义。这只是在定义的变量中添加元数据的另一种途径。观察使用 metadata-map 域时发生的情况：

注意名称之前的 ^{}

没有使用 ^{} 的元数据

```
(meta (defn myfn-attr-map {:a 1} []))
;=> {:ns #<Namespace user>, :name myfn-attr-map, :file "NO_SOURCE_FILE",
    :column 7, :line 1, :arglists ([]), :a 1}
(meta (defn ^{:a 1} myfn-metadata []))
;=> {:ns #<Namespace user>, :name myfn-metadata, :file "NO_SOURCE_FILE",
    :column 7, :line 1, :arglists ([]), :a 1}
(meta (defn ^{:a 1} myfn-both {:a 2 :b 3} []))
;=> {:ns #<Namespace user>, :name myfn-both, :file "NO_SOURCE_FILE",
    :column 7, :line 1, :arglists ([]), :a 2, :b 3}
```

合并在一起的元数据

```
(meta (defn ^{:a 1 :doc "doc 1"} myfn-redundant-docs "doc 2" {:a 2 :b 3
    :doc "doc 3"} []))
;=> {:ns #<Namespace user>, :name myfn-redundant-docs, :file "NO_SOURCE_FILE",
    :column 7, :line 1, :arglists ([]), :a 2, :b 3, :doc "doc 3"}
```

来自不同元数据源的元数据键值从左到右相互覆盖

如你所见，将元数据添加到函数名称符号和使用 metadata-map 完全等价。你甚至可以同时使用多种方式定义元数据：靠右的元数据（如 doc-string 和 metadata-map）将覆盖左侧定义的相同键。

回忆一下前面介绍的 defn 宏的一般形式。它有一个可选的 conditions-map，现在你将看到这个选项的用途。考虑如下函数定义：

```
(defn item-total [price quantity discount-percentage]
  {:pre [(> price 0) (> quantity 0)]}
```

```
     :post [(> % 0)]}
(->> (/ discount-percentage 100)
     (- 1)
     (* price quantity)
     float))
```

这里，item-total 表现得像一个常规函数，它将简单公式应用到参数上并返回结果。记得在前一章中曾经看到过 thread-last（->>）运算符。在运行时，这个函数运行由包含两个键（:pre 和 :post）的哈希映射指定的附加检查。在执行函数主体之前运行的检查由 :pre 键（因此称为先决条件）指定。在本例中，有两项检查：一是确认 price 大于 0，二是确认 quantity 也大于 0。

用有效输入进行尝试：

```
(item-total 100 2 0)
;=> 200.0
(item-total 100 2 10)
;=> 180.0
```

然后用无效输入进行尝试：

```
(item-total 100 -2 10)
AssertionError Assert failed: (> quantity 0)  user/item-total
```

注意，在这个例子中，函数没有计算结果，而是抛出 AssertionError 错误以及对未满足条件的解释。Clojure 运行时环境自动负责运行检查，并在未通过时抛出错误。

现在，我们来看看由 :post 键指定的条件，这称为后置条件。条件中的 % 指的是函数的返回值。这些检查在函数主体执行后运行，出错时的表现也相同：抛出 AssertionError 和说明失败条件的一条消息。下面是一个边界情况的例子，你可能忘记检查这种情况，幸运的是后置条件可以捕捉到它：

```
(item-total 100 2 110)
AssertionError Assert failed: (> % 0)  user/item-total
```

现在，你已经知道如何为函数添加先决和后置条件，我们可以继续前进了。接下来，将研究可以接受不同参数组的函数。

1. 多种参数数量

参数数量（arity）指的是函数所接受参数的个数。Clojure 函数可以根据参数数量"重载"（overload），也就是说，可以根据调用函数的参数数量执行不同的函数体。为了定义具备这种重载功能的函数，可以在同一个函数定义中定义不同的形式，例如：

```
(defn function-name
  ;; Note that each argument+body pair is enclosed in a list.
  ([arg1]      body-executed-for-one-argument-call)
  ([arg1 arg2] body-executed-for-two-argument-call)
  ;; More cases may follow.
)
```

我们来看一个例子：

```
(defn total-cost
  ([item-cost number-of-items]
    (* item-cost number-of-items))
  ([item-cost]
    (total-cost item-cost 1)))
```

这里定义了 total-cost 函数的两种参数数量。第一种为 2，和前面定义的一样。另一种参数数量为 1，只接受参数 item-cost。注意，可以从某种参数数量的函数中调用其他参数数量的版本。例如，在上述定义中，可以从单个参数的 total-cost 函数体中调用两个参数数量的版本。

2. 可变参数函数

在第 2 章中我们很短暂地接触过可变参数函数，现在将对此做个全面的介绍。可变参数函数是可以取得不同参数数量的函数。不同语言的支持方式不同；例如，C++ 使用省略号，Java 使用变长参数（varargs）。在 Cloujure 中，用 & 符号实现相同的功能：

```
(defn total-all-numbers [& numbers]
  (apply + numbers))
```

这里，total-all-numbers 是一个可以用任意数量的可选参数调用的函数。所有参数打包到一个列表 numbers，供函数主体使用。你甚至可以在有一些必要参数时使用这种形式。声明可变参数函数的一般形式如下：

```
(defn name-of-variadic-function [param-1 param-2 & rest-args]
  (body-of-function))
```

此处的 param-1 和 param-2 表现得和常规的命名参数一样，其余参数将收集到名为 rest-args 的列表中。顺便说一句，apply 是用属于一个列表的参数调用函数的一种方法。你将在 3.3.2 小节中看到更多细节。

注意，可变参数函数也可以有一些不可变的参数。（不可变参数称为固定参数）唯一的限制是，可变参数中的必要参数数量至少要与最长的固定参数相同。例如，下面是一个有效的函数定义：

```
(defn many-arities
  ([]              0)
  ([a]             1)
  ([a b c]         3)
  ([a b c & more] "variadic"))
;=> #'user/many-arities
(many-arities)
;=> 0
(many-arities "one argument")
;=> 1
(many-arities "two" "arguments")
ArityException Wrong number of args (2) passed to: user/many-arities
```

```
          clojure.lang.AFn.throwArity (AFn.java:429)
(many-arities "three" "argu-" "ments")
;=> 3
(many-arities "many" "more" "argu-" "ments")
;=> "variadic"
```

3. 递归函数

递归函数是直接或者间接调用自身的函数。Clojure 函数当然可以用名称调用自身，但是这种递归形式消耗栈空间。如果递归调用次数足够多，栈最终将溢出。这是大部分编程语言中的工作方式。Clojure 有一种特性能够避开上述问题。首先编写一个可能耗尽栈空间的递归函数：

```
(defn count-down [n]
  (when-not (zero? n)
    (when (zero? (rem n 100))
      (println "count-down:" n))
    (count-down (dec n))))
```

rem 的意思是除法的余数

dec 的意思是减一

如果以一个很大的数（如 100 000）调用 count-down，系统将抛出一个 StackOver flowError 异常：

```
(count-down 100000)
count-down: 100000
count-down: 99900
count-down: 99800
...
count-down: 90200
StackOverflowError    clojure.lang.Numbers$LongOps.remainder (Numbers.java:505)
```

现在，你将学习确保不发生上述情况的方法。

在上一章中，你了解了 loop/recur 结构，该结构允许你在数据序列中循环。这个 recur 形式也可用于编写递归函数。当用于函数体的"尾部"位置时，recur 将函数的参数与参数列表中指定的名称绑定。下面将用 recur 改写 count-down 函数：

```
(defn count-downr [n]
  (when-not (zero? n)
    (if (zero? (rem n 100))
      (println "count-down:" n))
    (recur (dec n))))
```

现在，这个函数可以在任何参数下工作而不会发生栈溢出。代码的更改很少，因为在函数体的最后，recur 将函数参数 n 与 (dec n) 绑定，然后继续执行函数体。当 n 最终变为 0 时，递归结束。如你所见，编写自递归函数很简单。编写相互递归函数稍微复杂一些，下面我们将会看到。

4. 相互递归函数

相互递归函数是直接或者间接调用彼此的函数。在本节中，我们首先研究这种情况的

一个例子。程序清单 3-1 展示了一个人为的例子：两个函数 cat 和 hat 相互调用。因为
cat 在 hat 定义之前调用 hat，所以必须首先声明 hat。当参数足够大时，它们将抛出前
面见过的 StackOverflowError 异常。注意，declare 宏对其每个参数调用 def。这
在一个函数希望调用还没有定义的另一个函数时很有用，正如下面的程序清单中的一对相
互递归函数所示。

程序清单3-1　可能导致栈溢出的相互递归函数

```
(declare hat)
(defn cat [n]
  (when-not (zero? n)
    (when (zero? (rem n 100))
      (println "cat:" n))
    (hat (dec n))))

(defn hat [n]
  (when-not (zero? n)
    (if (zero? (rem n 100))
      (println "hat:" n))
    (cat (dec n))))
```

现在让我们来解决这个问题。不能使用 recur，因为 recur 只能用于自递归。作为替
代，必须修改代码，使用 Clojure 的特殊函数 trampoline。为此，对 cat 和 hat 的定义
做些许更改。新函数见下面的程序清单 3-2，名称为 catt 和 hatt。

程序清单3-2　可以用trampoline调用的相互递归函数

```
(declare hatt)
(defn catt [n]
  (when-not (zero? n)
    (when (zero? (rem n 100))
      (println "catt:" n))
    (fn [] (hatt (dec n)))))

(defn hatt [n]
  (when-not (zero? n)
    (when (zero? (rem n 100))
      (println "hatt:" n))
    (fn [] (catt (dec n)))))
```

两个程序的差别很小，你可能几乎看不出来。在 catt 的定义中，现在没有递归调用
hatt，而是在调用 hatt 时返回一个匿名函数。在 hatt 的定义中也做了相同的修改。你
将在 3.3.5 小节中学习更多关于匿名函数的知识。

因为这些函数不再直接执行递归，所以必须用另一个函数调用它们。以另一个函数作
为参数的函数称作高阶函数。在这里需要的高阶函数是 trampoline，下面是使用该函数的一
个例子：

```
(trampoline catt 100000)
catt: 100000
catt: 99900
...
catt: 200
catt: 100
;=> nil
```

这不会引发栈溢出，工作情况也和预期的一样。在内部，trampoline 调用 recur。下面是它的实现：

```
(defn trampoline
  ([f]
     (let [ret (f)]
       (if (fn? ret)
         (recur ret)
         ret)))
  ([f & args]
     (trampoline (fn [] (apply f args)))))
```

fn? 指的是 "我的参数是一个函数吗？"

注意，trampoline 是一个高阶函数，用 let 方式建立一个局部递归点。它执行参数 f 代表的函数，在返回值本身是函数时调用 recur。你可以自己完成这一工作，但是方便的 trampoline 是 Clojure 核心函数集的一部分。

你现在已经知道如何用 Clojure 编写递归函数了。虽然使用 recur 和 trampoline 是编写这些函数的正确和安全方法，但如果你确定代码没有耗尽栈空间的危险，则不使用这些形式也是可以的。现在你已经了解了定义函数的基础知识，下面我们研究几种调用它们的方法。

3.3.2　调用函数

因为函数是 Clojure 的基础，所以程序中会调用许多函数。最常见的方法如下：

```
(+ 1 2 3 4 5)
;=> 15
```

这里，+ 符号代表将其参数累加起来的一个函数。另外，Clojure 没有其他语言中的传统运算符，大部分运算符在 Clojure 中都定义为其他函数或者宏。回到上一个例子，+ 函数是一个可变参数函数，它将传递的所有参数累加起来，返回 15。

函数的求值还有另一种方法。假定某人给你一个名为 list-of-expenses 的序列，序列的每个元素是一个数额（如 39.95M）。在 Java 之类的语言中，必须在这个费用总额列表上执行某种循环，收集加总的结果。在 Clojure 中，可以将数值列表作为某个函数（如 +）的参数。在这种情况下，求值用高阶函数 apply 完成：

```
(apply + list-of-expenses)
```

apply 函数极其方便，因为需要使用一系列事物作为函数参数的情况相当常见。这是因为许多 Clojure 程序使用核心序列数据结构完成它们的工作。

如你所见，`apply` 是以另一个函数为其首个参数的高阶函数。高阶函数以一个或者多个函数为参数，或者返回一个函数，或者两者兼有。现在，你将通过观察 Clojure 提供的这类函数的几个例子来学习更多关于这个强大概念的知识。

3.3.3　高阶函数

正如我们在上一章中所讨论的，Clojure 中的函数是第一类实体。除了其他方面之外，这意味着函数可以类似数据的方式处理：它们可以作为参数传递，也可以从函数返回。有这些表现的函数称为高阶函数。

函数式代码大量使用高阶函数。在第 2 章中看到的 map 函数就是最常用的高阶函数之一。其他常见的高阶函数有 reduce、filter、some 和 every？。你在第 2 章中已经看到了 map、reduce 和 filter 的例子。高阶函数不只是完成数据列表处理等任务的方便手段，还是"函数组合"编程技术的核心。在本节中，我们将解释 Clojure 核心库中的几个有趣的高阶函数。

1. every?

every? 函数接受一个返回布尔值的函数（这种函数称为判定函数）和一个序列。然后，它对所提供的序列中的每个元素调用判定函数，如果都返回真值则返回 true，否则返回 false。下面是一个例子：

```
(def bools [true true true false false])
;=> #'user/bools
(every? true? bools)                          true? 是一个
;=> false                                     判定函数
```

这段代码返回 false，因为 bools 向量中的每个值不都为真。

2. some

some 的接口与 every? 的相同——它也接受一个判定和一个序列。然后，它对序列中的每个元素调用判定函数，返回获得的第一个逻辑 true 值。如果调用都不返回逻辑 true 值，则 some 返回 nil。下面是一个例子，这是检查序列中是否存在特定值的一种应急方法：

```
(some (fn [p] (= "rob" p)) ["kyle" "siva" "rob" "celeste"])
;=> true returns true
```

这段代码返回 true，因为它将匿名函数应用到向量的每个元素，从而返回第一个逻辑真（true）值。在上述例子中，向量的第三个元素是 "rob"，返回 true。

3. constantly

constantly 接受一个值 v，返回一个可变参数函数，这个函数不管输入的参数为何，总是返回相同的值 v。这等价于 (fn [& more] v)。下面是一个例子：

```
(def two (constantly 2)) ; same as (def two (fn [& more] 2))
                         ; or      (defn two [& more] 2)
;=> #'user/two
(two 1)
;=> 2
(two :a :b :c)
;=> 2
```

不管用多少个参数调用，two 函数都返回 2。

当某个函数需要另一个函数但你只想要一个恒定值时，constantly 很有用。

4. complement

complement 是一个简单函数，它接受一个函数作为参数，返回与原始函数参数数量相同、完成同样工作但返回逻辑相反值的函数。

例如，考虑一个有两个参数的函数，它检查第一个参数是否大于第二个参数：

```
(defn greater? [x y]
   (> x y))
```

下面是运行的结果：

```
(greater? 10 5)
;=> true
(greater? 10 20)
;=> false
```

现在，如果你想要编写一个函数来检查第一个参数是否小于第二个参数，那么可以用类似方式来实现它，当然也可以仅使用 complement：

```
(def smaller? (complement greater?))
```

下面是使用的情况：

```
(smaller? 10 5)
;=> false

(smaller? 10 20)
;=> true
```

这在某些情况下很方便，你可以实现逻辑场景的一个方面，然后将另一个方面声明为反函数。

5. comp

comp 是 composition（组合）的缩写，它是一个高阶函数，接受多个函数并返回由那些函数组合而成的新函数。计算从右向左进行——也就是说，新函数将其参数应用于原始组成函数中最右侧的一个，然后将结果应用到它左边的函数，直到所有函数都被调用。下面是一个例子：

```
(def opp-zero-str (comp str not zero?))
```

下面是使用这个函数的例子：

```
(opp-zero-str 0)
;=> "false"

(opp-zero-str 1)
;=> "true"
```

这里，以 1 调用 opp-zero-str 时，首先对这个参数应用函数 zero?，该函数返回 false；然后对结果应用 not，返回 true，接着应用 str，将逻辑值转换为字符串 "true"。

6. partial

partial 是 partial application（部分应用）的缩写，这是一个高阶函数，接受函数 f 和 f 的几个参数（少于 f 正常使用的数量）。然后，partial 返回一个新函数，接受 f 的其余参数。当以余下的参数调用新函数时，它以全部参数调用原始函数 f。考虑如下函数，这个函数接受两个参数 threshold 和 number，并检查 number 是否大于 threshold：

```
(defn above-threshold? [threshold number]
  (> number threshold))
```

如果要用上述函数过滤列表，你可能会这样做：

```
(filter (fn [x] (above-threshold? 5 x)) [1 2 3 4 5 6 7 8 9])
;=> (6 7 8 9)
```

利用 partial 函数，可以生成一个新函数来代替：

```
(filter (partial above-threshold? 5) [1 2 3 4 5 6 7 8 9])
;=> (6 7 8 9)
```

partial 的思路是改编接受 n 个参数的函数，使之适用于你需要较少参数（如 n-k 个）且前 k 个参数可以固定的情况。在刚刚看到的例子中，有两个参数的 above-threshold? 函数可以适应需要单参数函数的情况。例如，你可能希望使用一个参数与需要稍有不同的库函数，为此必须为你的用途进行改编。

7. memoize

内存化（memoization）是一种避免函数为已经处理过的参数计算结果的技术。作为替代，返回值从缓存中查找。Clojure 提供一个方便的 memoize 函数来完成这项工作。考虑下面这个人为的慢速函数，它执行一次计算：

```
(defn slow-calc [n m]
  (Thread/sleep 1000)
  (* n m))
```

通过内置函数 time 调用它可以告诉你运行的时间：

```
(time (slow-calc 5 7))
"Elapsed time: 1000.097 msecs"
;=> 35
```

现在，可以使用内置的 memoize 函数加快它的速度：

```
(def fast-calc (memoize slow-calc))
```

为了让 memoize 起作用，用一组参数（假定为 5 和 7）调用 fast-calc 一次。你会注意到，这次运行似乎比以前更慢，结果只在这次调用中被缓存。现在，再一次通过 time 调用该函数：

```
(time (fast-calc 5 7))
"Elapsed time: 0.035 msecs"
;=> 35
```

结果相当不错！在完全没有做任何其他工作的情况下，显著提高了这个函数的速度。

但是，对于 memoize 有一点需要小心：支持 memoize 的缓存没有限定大小，因而会不停地缓存输入和结果。因此，memoize 只应该用于有少量可能输入的函数，否则最终会将把内存耗尽。如果需要更高级的内存化功能（如有限制的大小或者回收策略），则可以研究更强大的 clojure.core.memoize 库（https://github.com/clojure/core.memoize）。以上介绍的是高阶函数能力的一些例子，它们只是 Clojure 标准库中所包含函数的一小部分。接下来，你将更深入地学习在较小函数的基础上构造复杂函数的有关知识。

3.3.4　编写高阶函数

你可以各种方法组合现有函数，从而创建新函数来计算预想的结果。例如，考虑这样的情况：你需要对给定的用户账户列表进行排序，其中的每个账户由一个哈希映射表示，每个映射包含用户名、账户余额和用户注册日期。程序如下：

程序清单3-3　用高阶函数进行函数组合

```
(def users
  [{:username     "kyle"
    :firstname    "Kyle"
    :lastname     "Smith"
    :balance      175.00M              ; Use BigDecimals for money!
    :member-since "2009-04-16"}
   {:username     "zak"
    :firstname    "Zackary"
    :lastname     "Jones"
    :balance      12.95M
    :member-since "2009-02-01"}
   {:username     "rob"
    :firstname    "Robert"
    :lastname     "Jones"
    :balance      98.50M
    :member-since "2009-03-30"}])
```

```
(defn sorter-using [ordering-fn]
  (fn [collection]
    (sort-by ordering-fn collection)))
(defn lastname-firstname [user]
  [(user :lastname) (user :firstname)])
(defn balance [user] (user :balance))
(defn username [user] (user :username))
(def poorest-first (sorter-using balance))
(def alphabetically (sorter-using username))
(def last-then-firstname (sorter-using lastname-firstname))
```

这里，`user` 是一个哈希映射向量。具体地说，它包含 3 个用户：Kyle、Zak 和 Rob。假定想要按照用户名排序，可以使用 `sort-by` 函数：这是一个高阶函数，它的第一个参数是一个键函数。这个键函数必须接受你要排序的项目中的一个，并返回一个对其进行排序的键。让我们一步一步地来观察这个程序。如果对每个用户调用 `username`，会得到每个用户的名称：

```
(map username users)
;=> ("kyle" "zak" "rob")
(sort *1)
;=> ("kyle" "rob" "zak")
```

记住，*1 表示
"由 REPL 返回
的最后一个结果"

这是 `sort-by` 在排序项目时将会看到的列表。`sort-by` 将排序这些项目，就像排序一个用 (map key-function items) 创建的列表。将上述函数组合起来：

```
(sort-by username users)
;=> ({:member-since "2009-04-16", :username "kyle", ...}
     {:member-since "2009-03-30", :username "rob", ...}
     {:member-since "2009-02-01", :username "zak", ...})
```

注意，用户的顺序现在变成 Kyle、Rob 和 Zak。

但是，如果你想创建始终以特定顺序排序的函数，而又不指定排序函数，那么该怎么做？这就是 `sorter-using` 函数的功能。它接受一个键函数 ordering-fn，并返回一个函数，这个函数接受一个集合，该集合将总是用 `sort-by` 和原始的 ordering-fn 进行排序。再一次观察 `sorter-using` 的例子：

```
(defn sorter-using [ordering-fn]
  (fn [collection]
    (sort-by ordering-fn collection)))
```

将 `sorter-using` 定义为一个高阶函数，它接受另一个函数 ordering-fn 作为参数，这个函数将用作 `sort-by` 的参数。注意，`sorter-using` 返回一个由前面见过的 fn 特殊形式定义的函数。最后，定义两个预想的函数 `poorest-first` 和 `alphabetically`，它们根据 `:balance` 和 `:username` 排序输入列表。这和调用 `sorter-using` 一样简单：

```
(def poorest-first (sorter-using balance))
```

上述代码等同于以下形式：

```
(defn poorest-first [users] (sort-by balance users))
```

两者都生成根据账户余额排序的用户序列：

```
(poorest-first users)
;=> ({:username "zak",   :balance  12.95M, …}
     {:username "rob",   :balance  98.50M, …}
     {:username "kyle", :balance 175.00M, …})
```

但是，你也许想要按照两个条件排序：首先按照每个用户的姓氏，如果两个用户的姓氏相同，则按照名字排序。你可以提供一个排序集合作为某个项目的排序键：序列通过按顺序比较每个成员进行排序。例如，lastname-firstname 函数返回一个由用户姓氏和名字组成的向量：

```
(map lastname-firstname users)
;=> (["Smith" "Kyle"] ["Jones" "Zackary"] ["Jones" "Robert"])
(sort *1)
;=> (["Jones" "Robert"] ["Jones" "Zackary"] ["Smith" "Kyle"])
```

你可以用 last-then-firstname 函数排序整个用户记录：

```
(last-then-firstname users)
;=> ({:lastname "Jones", :firstname "Robert",  :username "rob", …}
     {:lastname "Jones", :firstname "Zackary", :username "zak", …}
     {:lastname "Smith", :firstname "Kyle",    :username "kyle", …})
```

username 和 balance 这两个函数用于其他地方，所以这样定义它们是没问题的。如果创建它们的唯一理由是为了将其用于 poorest-first 和 alphabetically 的定义，那么就可能有点混乱了。你将看到几种避免单用途函数引发混乱的方法，首先是下一小节中的匿名函数。

3.3.5　匿名函数

正如你在前一节所看到的，有些时候可能不得不创建一次性的函数。常见的例子是一个高阶函数接受另一个函数作为其参数，如前面定义的 sorter-using 函数。这种一次性函数不需要名称，因为没有其他地方会调用它。因此，可以创建匿名函数，而不是创建其他地方都不调用的常规命名函数。

前面你已经看到过匿名函数了，只是我们没有指出来。考虑本章前面的如下代码片段：

```
(def total-cost
  (fn [item-cost number-of-items]
    (* item-cost number-of-items)))
```

前面已经讨论过，这段代码将一个值赋予名为 total-cost 的变量，这是用 fn 宏创建的函数。更确切地说，是一个没有名称的函数；相反，你使用名为 total-cost 的变量引用该函数。函数本身是匿名的。概括起来讲，匿名函数可以用 fn 形式创建。我们来考虑一种情况：需要一个成员加入的日期序列（可能是用于报表）。可以使用 map 函数完成这一任务：

```
(map (fn [user] (user :member-since)) users)
;=> ("2009-04-16" "2009-02-01" "2009-03-30")
```

这里，将匿名函数（它从 users 映射中查找 :member-since 键）传递到 map 函数中，以收集日期。这是相当简单的用例，但是在一些场合下很有用。

在我们继续之前，先来看一个帮助创建匿名函数的读取器宏。

匿名函数快捷方式

我们在第 2 章中谈到过读取器宏。Clojure 提供的一个读取器宏可以快速、简易地创建匿名函数。这个读取器宏就是 #(。

下面将用这个读取器宏改写用于收集成员加入日期列表的代码：

```
(map #(% :member-since) users)
;=> ("2009-04-16" "2009-02-01" "2009-03-30")
```
相同结果！

上述代码短多了！#(% :member-since) 等价于前一节用到的匿名函数。让我们更详细地研究这个形式。

#() 创建一个匿名函数，函数体出现在圆括号内。% 符号表示一个参数。如果函数需要接受超过一个参数，则可以使用 %1、%2，…。除了用另一个 #() 读取器宏嵌套匿名函数定义之外，函数体可以包含几乎任何代码。还可以使用 %& 表示可变参数函数的"其余"参数：其余参数是除最明确引用的 % 参数之外的参数。下面的例子将说明这一点：

```
(#(vector %&) 1 2 3 4 5)
;=> [(1 2 3 4 5)]
(#(vector % %&) 1 2 3 4 5)
;=> [1 (2 3 4 5)]
(#(vector %1 %2 %&) 1 2 3 4 5)
;=> [1 2 (3 4 5)]
(#(vector %1 %2 %&) 1 2)
;=> [1 2 nil]
```

现在，你将看到编写这种函数的另一种方法——这种方法将产生更简短的代码。

3.3.6   关键字和符号

关键字是以冒号开始的标识符——如 :mickey 和 :mouse。在第 2 章中你已经学习了关键字和符号的相关知识，它们是 Clojure 代码中最常使用的值，而且还有一个有趣的属性。它们也是函数，在 Clojure 中经常以函数形式使用。

关键字函数接受一个或者两个参数。第一个参数是一个映射，关键字在这个映射中查找自己。例如，考虑之前的一个用户映射：

```
(def person {:username "zak"
             :balance 12.95
             :member-since "2009-02-01"})
```

要找出对应的用户名，可以这样做：

```
(person :username)
;=> "zak"
```

现在，你已经知道关键字可以函数形式表现，因此可以这样编写相同的程序：

```
(:username person)
;=> "zak"
```

上述代码也返回相同的结果 "zak"。为什么你想做这样奇怪的事情？为了理解这一点，考虑前面编写的收集全部用户注册日期列表的代码，也就是上一个例子：

```
(map #(% :member-since) users)
;=> ("2009-04-16" "2009-02-01" "2009-03-30")
```

这段代码简短，也容易理解，但是现在将关键字作为函数可以让它变得更清晰：

```
(map :member-since users)
;=> ("2009-04-16" "2009-02-01" "2009-03-30")
```

这样的代码比之前的好多了！确实，这是处理映射和此类情况的惯用方法。我们前面说过，关键字函数可以接受第二个可选参数。这个参数在映射中没有与关键字相关的值时返回。考虑下面两个函数调用的示例：

```
(:login person)
;=> nil
(:login person :not-found)
;=> :not-found
```

第一个调用返回 nil，因为 person 没有与 :login 关联的值。但是如果 nil 对哈希映射中的某些键来说是个合法值，你就无法知道它是返回那个值，还是表示没有找到相关值。为了避免这样的歧义，可以使用上面的第二种形式，返回值将是 :not-found。这个返回值清楚地告诉你没有和键 :login 关联的值。

符号

现在，我们来谈谈符号。在 Clojure 中，符号是表示某个值的标识符。前面用来表示用户列表和一个函数的 users 和 total-cost 就是两个例子。符号是一个表示值的名称。我们使用词典的类比，词典中的词就是符号，而词的定义是词与特定含义的绑定。词和它的定义并不相同——例如，一个词可以有多种定义，或者在不同时间有不同的定义。符号也适用相同的原则：user 符号总是和另一个符号 user 相同，但是它们可以指向（也就是绑定到）不同的值。例如，一个 user 可以指向包含一个函数的变量，而另一个可以是指向一个用户哈希映射的局部变量。

通常，当 Clojure 看到一个符号（如 users）时，它自动求值该符号，并使用符号所代表的值。但是，你可能希望按照原样使用符号。你可能想将符号本身当成值使用，例如，作为映射（或者某种符号计算）中的键。为此，应该给符号加上引号。在其他方面，符号和关键字的工作方式相同，包括作为函数的表现。下面是使用一个哈希映射的例子：

```
(def expense {'name "Snow Leopard" 'cost 29.95M})
;=> #'user/expense
(expense 'name)
;=> "Snow Leopard"
('name expense)
;=> "Snow Leopard"
('vendor expense)
;=> nil
('vendor expense :absent)
;=> :absent
```

你可以看到，这里的符号与关键字有类似的表现。正如 Clojure 关键字的例子中那样，可选的参数作为默认返回值。

而且，正如在本章前面和上一个例子中所看到的，映射和向量有另一个有趣的属性，它们也是函数。哈希映射是它们的键的函数，所以它们返回与传递给它们的参数相关的值。考虑之前的一个例子：

```
(person :username)
;=> "zak"
```

person 是一个哈希映射，这一形式能够正常工作是因为它也是一个函数，它返回 "zak"。附带说一句，哈希映射也接受可选的第二个参数，在键没有找到的时候返回该值，例如：

```
(person :login :not-found)
;=> :not-found
```

向量的表现也相同；它们是自身索引的函数。考虑如下例子：

```
(def names ["kyle" "zak" "rob"])
;=> #'user/names
(names 1)
;=> "zak"
```

调用 names 返回 "zak"，这是因为 names 向量是一个函数。这里要注意，向量函数不接受第二个参数，如果指定的索引不存在，则抛出一个异常：

```
(names 10)
IndexOutOfBoundsException    clojure.lang.PersistentVector.arrayFor
    (PersistentVector.java:107)
(names 10 :not-found)
ArityException Wrong number of args (2) passed to: PersistentVector
    clojure.lang.AFn.throwArity (AFn.java:429)
```

当代码设计时考虑了函数组合，向量和哈希映射是函数这一事实就很有益处了。这些数据结构不需要编写包装器函数，自身就可以作为函数使用。这就能得到更清晰、更简短的代码。

本节中探讨的各种思路值得花更多的时间去试验，因为任何有实质作用的 Clojure 程序都使用这些概念。精通 Clojure 这类语言主要依靠的是对函数式编程的理解与掌握。函数式编程语言是以自底向上的方法设计的绝佳工具，因为小的函数很容易组合成更复杂的函数。每个小函数可以增量开发和测试，这对快速原型化方法也有很大的帮助。开发许多小的通用函数，然后将其组合成特定领域问题的解决方案，也是实现灵活性的一种重要手段。

了解了函数的工作原理，你就为应对 Clojure 程序设计的另一个重要元素做好了准备：作用域规则。在下一小节，我们将研究作用域。作用域规则确定"什么"在"何地"可见，理解这一规则对 Clojure 程序的编写和调试至关重要。

3.4 作用域

你已经了解了定义函数的基本知识，我们将稍微偏离这个主题，看看 Clojure 中的作用域。众所周知，作用域是名称解析为相关值的封闭环境。Clojure 的作用域可以粗略地分为两类：静态（或者词法）作用域和动态作用域。词法作用域是 Java 和 Ruby 之类的编程语言提供的类型。词法作用域变量只在定义它的文本块中可见（这就是使用词法一词的原因），可以在编译时确定（这就是使用静态一词的原因）。

大部分编程语言只提供词法作用域，这是最熟悉的作用域类型。Lisp 系列总是提供遵循不同动态作用域规则的特殊变量。本节我们将介绍这两种作用域。首先探索变量以及将它们作为具有动态作用域的特殊变量使用的方法。然后，我们将介绍词法作用域和如何创建新的词法作用域绑定。

3.4.1 变量和绑定

Clojure 中的变量在某种程度上类似于其他语言中的全局变量。变量在任何命名空间的最高级别上用 def 特殊形式定义。下面是一个例子：

```
(def MAX-CONNECTIONS 10)
```

在这次调用后，变量 MAX-CONNECTIONS 可用于程序的其他部分。记住，不管在哪里调用，def 总是在所在命名空间级别上创建变量。例如，即使从函数内部调用 def，它也仍然在命名空间级别上创建变量。对于局部变量，需要 let 形式，前面你已经看到了这种形式，我们很快将再次加以说明。变量的值由其绑定决定。在这个例子中，MAX-CONNECTIONS 与数值 10 绑定，这样的初始绑定称作根绑定。定义变量时可以没有任何初始绑定，形式如下：

```
(def RABBITMQ-CONNECTION)
```

这里，RABBITMQ-CONNECTION 被称为"未绑定"变量。如果另一部分代码试图使用它的值，将会抛出异常，说明该变量未绑定。为了设置未绑定变量的值或者改变变量的绑

定值，Clojure 提供了 binding 形式。遗憾的是，正如前面所定义的那样，调用 binding
将抛出一个异常，告诉你不能动态绑定非动态变量。要重新绑定变量，它们必须是动态的，
这可以用如下元数据声明实现：

```
(def ^:dynamic RABBITMQ-CONNECTION)
(binding [RABBITMQ-CONNECTION (new-connection)]
    (
        ;; do something here with RABBITMQ-CONNECTION
    ))
```

绑定形式的一般结构以符号 binding 开始，然后是偶数个表达式组成的向量。向量中
每一对表达式中的第一个是变量，它被绑定到第二个元素指定的表达式值。绑定形式可以
嵌套，可以在绑定内部创建新的绑定。很快，你就将在我们讨论 ^:dynamic 的含义时看
到一个运行实例。

顺便说一句，如果你试图重新绑定没有声明为动态的变量，会看到如下异常：

```
java.lang.IllegalStateException:
Can't dynamically bind non-dynamic var: user/RABBITMQ-CONNECTION
```

这应该能够提示你需要在问题中的变量中使用 ^:dynamic 元数据。

正如你在本章前面所看到的，defn 宏展开为一个 def 形式，这也就意味着用 defn
定义的函数保存在变量中。因此，函数也可以用 binding 形式重新定义。这对于实现面向
方面编程或者单元测试的"打桩"（stubbing）行为很有用。

1. 特殊变量

关于变量有一点需要注意：用 ^:dynamic 元数据声明变量时，它们变成动态作用域
变量。要理解这一概念的含义，再次考虑如下的变量：

```
(def ^:dynamic *db-host* "localhost")
```

如果你现在调用一个函数（如 expense-report），该函数内部使用 *db-host* 连
接到某个数据库，就会看到数值从本地数据库读出。现在，用一个将绑定打印到控制台的
函数进行测试：

```
(defn expense-report [start-date end-date]
    (println *db-host*)) ;; can do real work
```

现在，一旦你测试后感到满意，就可以通过设置一个对应的绑定将相同的代码连接到
生产数据库：

```
(binding [*db-host* "production"]
    (expense-report "2010-01-01" "2010-01-07"))
```

这将运行定义于 expense-report 函数中的相同代码，但是会连接到一个生产数据
库。你可以运行上述代码证明这一点；你将会看到控制台上打印出 "production"。

这里要注意，你可以改变 expense-report 函数的功能，而不改变传递给它的参数（该函数连接到由 *db-host* 变量指定的数据库）。这称为远程行为（action at a distance），必须小心使用，原因是这类似于使用可能更改底层数据的全局变量编程。但要小心使用，它是改变函数行为的方便手段。

这种需要在使用前正确绑定的变量称为特殊变量。为了使这一意图更清晰，使用了一种命名约定：这些变量名称以星号开始和结束。实际上，如果你打开警告，用星号命名一个变量且没有将其声明为动态变量，Clojure 将发出可能出现麻烦的警告。

2. 动态作用域

你已经了解了一般变量（以及特殊变量）与不同值绑定的情况。现在，我们将探索前面所说的不受词法作用域规则控制的变量。我们将实现一个面向方面编程的简单形式——在函数被调用时添加一条日志记录。你将看到，在 Clojure 中实现这一功能相当简单，这归功于动态作用域。

作用域确定哪些名称在代码中的某一位置可见，哪些名称会遮蔽其他名称。词法作用域规则很容易理解；你可以通过观察程序文本说出所有词法作用域变量的可见性（因此使用术语词法）。Ruby 和 Java 都采用词法作用域。

动态作用域不依赖于代码的词法结构；相反，变量的值取决于程序采用的执行路径。如果一个函数用 binding 形式重新绑定一个变量，则对于该绑定形式中执行的所有代码（包括可能被调用的其他函数），这个变量的值都会变化。这也以嵌套方式工作。如果一个函数之后在调用栈中使用另一个绑定，则从那时起，所有代码将看到变量的第二个值。当第二个绑定形式完成（执行退出）时，前一个绑定再次接管，用于从那时起执行的所有代码。观察如下程序清单中的人为例子：

程序清单3-4　动态作用域示例

```
(def ^:dynamic *eval-me* 10)
(defn print-the-var [label]
  (println label *eval-me*))
(print-the-var "A:")
(binding [*eval-me* 20] ;; the first binding
  (print-the-var "B:")
  (binding [*eval-me* 30] ;; the second binding
    (print-the-var "C:"))
  (print-the-var "D:"))
(print-the-var "E:")
```

运行上述代码将打印如下结果：

```
A: 10
B: 20
C: 30
D: 20
E: 10
```

我们仔细观察这些代码。首先，创建一个名为 *eval-me* 的变量，根绑定为数值 10。print-the-var 函数打印 A：10。第一个绑定形式将绑定改为 20，导致接下来打印 B：20。然后，第二个绑定起作用，结果为 C：30。此时，由于第二个绑定形式退出，前一个绑定 20 恢复，导致打印 D：20。此后第一个绑定退出，根绑定恢复，打印 E：10。

我们将在下一节比较这种表现和 let 形式。与此同时，你将实现一个函数调用的面向方面日志记录功能。考虑如下代码。

程序清单3-5　用于面向方面日志的高阶函数

```
(defn ^:dynamic twice [x]
  (println "original function")
  (* 2 x))

(defn call-twice [y]
  (twice y))

(defn with-log [function-to-call log-statement]
  (fn [& args]
    (println log-statement)
    (apply function-to-call args)))

(call-twice 10)

(binding [twice (with-log twice "Calling the twice function")]
  (call-twice 20))

(call-twice 30)
```

运行这段代码，输出如下：

```
original function
20
Calling the twice function
original function
40
original function
60
```

with-log 是一个高阶函数，接受另一个函数和一条日志记录。它返回一个新函数，调用这个新函数会将日志记录打印到控制台，然后以任何传入的参数调用原函数。注意 twice 函数的远程行为改良。它甚至不知道对自己的调用此时正被记录到控制台上，实际上，它也不需要知道。使用 twice 的任何代码也可以忘记这一行为变化，正如 call-twice 所显示的，一切都正常工作。注意，当 binding 形式退出时，恢复 twice 的原始定义。这样，用 binding 形式只能更改某些部分代码（更确切地说，某些调用链）。我们将在第 10 章的 Clojure 单元测试模拟和打桩框架中使用这种远程行为概念。

现在，我们将研究绑定的另一个属性。

3. 线程局部状态

我们在第 1 章中提到过，Clojure 具有语言级的安全并发性语义。它支持编写无锁多线程程序。Clojure 提供多种管理程序并发运行部分间状态的方法，变量就是其中之一。我们将在第 6 章中更详细地说明 Clojure 的无锁并发性支持。与此同时，我们将研究与线程局部存储相关的变量动态作用域属性。

变量的根绑定对所有线程可见，除非在特定线程中被一个绑定形式覆盖。如果一个线程通过调用 binding 宏覆盖根绑定，则该绑定对任何其他线程都不可见。同样，线程可以创建嵌套绑定，这些绑定在线程退出执行之前都存在。你将在第 6 章中看到 binding 和线程的更多交互。

4. 惰性和特殊变量

在第 1 章中，我们提到过 Clojure 的惰性序列以及 map 等函数的惰性。这种惰性可能是无法理解动态变量之间相互影响时令人沮丧的根源。考虑如下代码：

```
(def ^:dynamic *factor* 10)
(defn multiply [x]
  (* x *factor*))
```

这个简单的函数接受一个参数，并用 *factor* 的值（由当前绑定确定）与之相乘。你将用如下语句收集几个乘积：

```
(map multiply [1 2 3 4 5])
```

上述语句返回包含 5 个元素的列表：(10 20 30 40 50)。现在，你将使用一个绑定调用将 *factor* 设置为 20，并重复 map 调用：

```
(binding [*factor* 20]
  (map multiply [1 2 3 4 5]))
```

奇怪的是，尽管很明显地将 *factor* 绑定设置为 20，但仍然返回 (10 20 30 40 50)，如何解释这个现象？

答案是，对 map 的调用返回一个惰性序列，这个序列在需要之前并未实现。每当发生这种情况（在这个例子中是 REPL 试图打印的时候），执行不再发生于绑定形式内，所以 *factor* 恢复到根绑定 10。这就是与上一个例子得到相同答案的原因。要解决这个问题，你必须在绑定形式内强制实现惰性序列：

```
(binding [*factor* 20]
  (doall (map multiply [1 2 3 4 5])))
```

这将返回预期的 (20 40 60 80 100)，说明混合使用特殊变量和惰性形式时必须谨慎。doall 是强制实现惰性序列的 Clojure 函数，它在这种情况下非常有价值。当然，有些时候不希望实现整个序列，特别是在序列很大的情况下，因此对此要很小心。通常的解决方案是，在生成序列元素的函数内局部地重新确定你所关心变量的绑定。

在本节中，我们研究了动态作用域和相关的 binding。接下来，我们将再一次研究前面见过的 let 形式。因为 let 和 binding 看起来很相似，所以还将探讨它们之间的区别。

3.4.2 重温 let 形式

我们在第 2 章中简短地研究过 let 形式，当时用它来创建局部变量。下面看一个使用该形式的例子：

```
(let [x 10
      y 20]
  (println "x, y:" x "," y))
```

这里的 x 和 y 是局部绑定的值。这是因为创建这些变量的词法代码块限制了它们的可见性和范围（它们存在的时间）。当执行离开局部代码块，它们就不再可见，可能被垃圾收集机制清除。

Clojure 允许在词法作用域 let 形式内部局部定义函数。

下面是一个例子：

```
(defn upcased-names [names]
  (let [up-case (fn [name] (.toUpperCase name))]
    (map up-case names)))
;=> #'user/upcased-names
(upcased-names ["foo" "bar" "baz"])
;=> ("FOO" "BAR" "BAZ")
```

这里，upcased-names 是一个函数，它接受一个名称列表，并返回相同名称的全大写列表。up-case 是一个局部定义的函数，它接受一个字符串并返回其大写版本。.toUpperCase 函数（有一个前导句点）是 Clojure 调用 Java 对象（在这里是一个字符串）的成员函数 toUpperCase 的方式。你将在第 5 章中学习关于 Java 互操作的知识。

现在，我们来研究结构上类似的 let 和 binding 形式之间的差别。为此，你将首先通过使用 *factor* 重新研究绑定行为：

```
(def ^:dynamic *factor* 10)
(binding [*factor* 20]
  (println *factor*)
  (doall (map multiply [1 2 3 4 5])))
```

正如预期的那样，上述代码打印 20，然后返回 (20 40 60 80 100)。现在，用 let 形式进行相同的尝试：

```
(let [*factor* 20]
  (println *factor*)
  (doall (map multiply [1 2 3 4 5])))
```

运行上述代码打印出 20，这符合预期，但是返回的是 (10 20 30 40 50)。这是因为，尽管 let 在其形式主体内将 *factor* 设置为 20，但是对 *factor* 变量的动态作用域毫无影响。只有 binding 形式能够影响变量的动态作用域。

你现在已经知道了 let 形式的工作原理及其用途，下面我们来了解一个 Clojure 的有用特性，这个特性可能归功于两点：词法作用域和 let 形式。

3.4.3　词法闭包

我们从一个自由变量的理解开始探索词法闭包。如果一个变量在某个形式的词法作用域内没有发生绑定，这个变量就被称为该形式内的自由变量。考虑如下例子：

```
(defn create-scaler [scale]
  (fn [x]
    (* x scale)))
```

例子中，在返回的匿名函数内部，scale 没有发生任何类型的绑定——具体地说，它不是一个函数参数，也不是在 let 形式中创建的。因此，在这个匿名函数中，scale 是一个自由变量。只有词法作用域变量才可能是自由变量，它们所在形式的返回值取决于它们在闭包创建时的值。包围自由变量的形式（如前面看到的匿名函数）称为闭包（closure）。闭包是 Clojure 之类语言中极其强大的一个特性——实际上，Clojure 的名称便是来自于这个词。

如何使用闭包？考虑如下代码：

```
(def percent-scaler (create-scaler 100))
```

这里，我们将 percent-scaler 变量与 create-scaler 调用返回的函数对象绑定。这个匿名函数对象掩盖了 scale 参数，此时存在于 percent-scaler 闭包中。当调用 percent-scaler 函数时，可以看到如下的情况：

```
(percent-scaler 0.59)
;=> 59.0
```

这个简单的例子说明闭包有多么容易创建和使用。闭包是 Clojure 中的一个重要结构（这种语言的名称与闭包这个词如此相似，绝非巧合！）。它可用于信息隐藏（封装），因为从闭包外部无法触及它所掩盖的变量。由于 Clojure 数据结构是不可变的（减少了私有成分的需求），因此宏、闭包和多重方法实现了创建程序的强大范式。它使传统的面向对象思路（如 Java 或者 C++ 的方法）显得很有局限性。你将在第 4 章中学习多重方法，在第 7 章中学习更多关于宏的知识。我们还将在第 8 章中更深入地研究闭包和函数式编程的概念。

现在，你已经理解了编写 Clojure 代码的几个基本结构特征，我们将介绍 Clojure 的一个组织结构：命名空间。对命名空间使用方法的理解将有助于编写较大的程序，这些程序为了实现模块性和可管理性，需要分解成多个部分。

3.5　命名空间

当一个程序大到超出少数几个函数时，计算机语言允许程序员将其分解成多个部分。这种机制的一个例子是 Java 中的包系统。Clojure 提供的命名空间概念用于相同的目的。程序可以分解成多个部分，每个部分是代码（函数、变量等）的一个逻辑集合。

命名空间的另一个用处是避免程序不同部分的名称冲突。想象编写一个处理学生、测试和成绩的程序。如果此后使用的外部单元测试库也使用测试这个词，那么 Clojure 可能通知你出现了重复定义！这种问题可以通过在各自的命名空间中编写代码来处理。

3.5.1　ns 宏

Clojure 中有一个核心变量 *ns*。这个变量与当前活跃的命名空间绑定。因此，你可以为这个变量设置相应的值，从而影响后续代码所在的命名空间。ns 宏完成的就是这项工作——它将当前命名空间设置为你所指定的任何值。下面是 ns 宏的常规语法：

```
(ns name & references)
```

如前所述，name 是要设置的当前命名空间的名称。如果该命名空间不存在，则创建之。名称后面的 reference 是可选的，可以是以下几个单词之一：use、require、import、load 或 gen-class。你将在本节和介绍 Java 互操作的第 5 章中看到一些实例。首先，我们来看一个定义命名空间的例子：

```
(ns org.currylogic.damages.calculators)
(defn highest-expense-during [start-date end-date]
 ;; (logic to find the answer)
)
```

highest-expense-during 现在是一个存在于 org.currylogic.damages.cal-culators 命名空间的函数。如果要在这个命名空间之外使用它，代码必须（直接或者间接）调用 use、require 或者 imoport（如果该库编译为一个 JAR 的话），或者用完全限定名称 org.currylogic.damages.calculators/highest-expense-during 调用。我们现在将通过例子来做进一步的探索。

公共函数与私有函数

在进入下一节之前，我们先来简略地了解私有函数与公共函数的差别。在 Clojure 中，所有函数都属于一个命名空间。defn 宏创建公共函数，这些函数可以从任何命名空间调用。为了创建私有函数，Clojure 提供了 defn- 宏，其工作方式完全相同，但是这些函数只能从定义它们的命名空间中调用。defn- 本身只是为变量添加元数据的 {:private true} 的简写形式。

1. use 和 require

想象你要编写一个 HTTP 服务，以响应关于用户支出的查询。更进一步，你将处理 XML 和 JSON。你可以使用 Clojure 在 clojure.xml 命名空间中提供的 XML 函数来处理 XML。

至于 JSON 的处理，理想的情况下不需要编写代码来处理这种格式。Clojure 生态系统已经有出色的库函数 clojure.data.json 可用于此目的。

　　程序清单 3-6 展示了选择所需的这两个库的代码。记住，为了让它们正常工作，需要在 project.clj 中的 Lein 配置上添加依赖性，具体的做法是在 :dependencies 列表中添加 [org.clojure/data.json "0.2.1"]。（关于设置 Leiningen 项目和添加依赖性的更多信息，请参见附录 A）还需要重启 REPL，使类路径包含新的依赖。

程序清单3-6　通过调用use使用外部库

```
(ns org.currylogic.damages.http.expenses)
(use 'clojure.data.json)
(use 'clojure.xml)

(declare load-totals)

(defn import-transactions-xml-from-bank [url]
  (let [xml-document (parse url)]
    ;; more code here
))

(defn totals-by-day [start-date end-date]
  (let [expenses-by-day (load-totals start-date end-date)]
    (json-str expenses-by-day)))
```

　　这里，parse 和 json-str 是来自 clojure.xml 和 clojure.data.json 库的函数。你能够使用它们，是因为在它们的命名空间上调用了 use。use 从命名空间中取得所有公共函数，并将其包含在当前命名空间中。结果是，那些函数就像在当前命名空间中编写的一样。虽然这很容易——有时候很可取——但是从了解函数定义位置的角度看，这往往使代码不太容易理解。下列程序清单中的 require 解决了这个问题。

程序清单3-7　通过调用require使用外部库

```
(ns org.currylogic.damages.http.expenses)
(require '(clojure.data [json :as json-lib]))
(require '(clojure [xml :as xml-core]))

(declare load-totals)

(defn import-transactions-xml-from-bank [url]
  (let [xml-document (xml-core/parse url)]
    ;; more code here
))

(defn totals-by-day [start-date end-date]
  (let [expenses-by-day (load-totals start-date end-date)]
    (json-lib/json-str expenses-by-day)))
```

　　和 use 一样，require 使函数可在当前命名空间使用，但是加入它们的方式不同。它们必须用完整的命名空间名称或者 as 子句指定的命名空间别名引用，如程序清单 3-7 所示。这清楚地说明了函数的实际来源，改善了可读性。

　　最后，虽然使用 require（和 use）的方式工作得很好，但惯用的方法如下一个程序清单所示。

程序清单3-8　通过调用require使用外部库

```
(ns org.currylogic.damages.http.expenses
  (:require [clojure.data.json :as json-lib]
            [clojure.xml :as xml-core]))

(declare load-totals)

(defn import-transactions-xml-from-bank [url]
  (let [xml-document (xml-core/parse url)]
    ;; more code here
))

(defn totals-by-day [start-date end-date]
  (let [expenses-by-day (load-totals start-date end-date)]
    (json-lib/json-str expenses-by-day)))
```

注意 require 子句是如何插入命名空间声明中的。对 :use 和 :import 可以使用类似的方法。一般来说，require 是首选，因为它避免了 use 可能发生的别名问题。例如，如果使用的一个库突然引入一个函数与你的命名空间中的另一个函数同名，则可能破坏你的代码。使用 require 避免了这个问题，而且使需要的每个函数的来源非常清晰。

在继续进行之前，我们来看看在 REPL 上使用命名空间时的一种辅助手段。

2. reload 和 reload-all

在第 1 章中曾经说明过，Clojure 中的典型编程工作流是以增量方式积累函数的。在编写或者编辑函数时，它们所述的命名空间往往需要在 REPL 中重新加载。你可以用如下命令完成：

```
(use 'org.currylogic.damages.http.expenses :reload)
(require '(org.currylogic.damages.http [expenses :as exp]) :reload)
```

可以用 :reload-all 代替 :reload 来加载指定库直接或者间接使用的所有库。顺便说一句，这些函数在开发时很有用，特别是使用 REPL 时。在程序为运行而部署时，命名空间都在编译时加载，这种活动只进行一次。

在结束关于命名空间的这一小节之前，我们将探索 Clojure 提供的以编程方式处理它们的选项。

3.5.2　使用命名空间

除了命名空间为保持代码模块化（并避免命名冲突）所提供的方便性之外，Clojure 命名空间还可以编程方式访问。在本节中，我们将介绍几个用于这项工作的函数。

1. create-ns 和 in-ns

create-ns 函数接受一个符号，并创建一个以此为名称的命名空间（如果它不存在的话）。in-ns 函数接受一个符号作为参数，将当前命名空间切换到以该符号命名的命名空间。如果该命名空间不存在，则创建之。

2. all-ns 和 find-ns

all-ns 函数没有参数，它返回当前加载的所有命名空间的一个列表。fine-ns 函数接受一个符号作为参数（不能使用通配符），检查它是不是一个命名空间的名称。如果是，返回 true，否则返回 nil。

3. ns-interns 和 ns-publics

ns-interns 函数接受一个参数作为命名空间名称的一个符号，并返回一个映射，该映射包含来自指定命名空间中符号与变量的映射关系。ns-publics 与 ns-interns 类似，但是它不返回包含关于命名空间中所有变量的信息，只返回公共变量的信息。

4. ns-resolve 和 resolve

ns-resolve 函数接受两个参数：代表命名空间名称的一个符号和另一个符号。如果第二个参数可以解析为指定命名空间中的一个变量或者一个 Java 类，则返回该变量或者类。如果无法解析，则该函数返回 nil。resolve 是一个方便的函数，它接受一个符号参数，并试图在当前命名空间解析它（所以称为 ns-resolve）。

5. ns-unmap 和 remove-ns

ns-unmap 接受一个代表命名空间名称的符号和另一个符号。指定符号的映射被从指定的命名空间中删除。remove-ns 接受一个代表命名空间名称的符号，并将其完全删除。这不适用于 clojure.core 命名空间。

以上就是 Clojure 提供的用于编程方式处理命名空间的函数。它们在控制某些代码执行环境时很有用。关于领域特定语言的第 11 章将介绍一个这方面的例子。

到现在为止，你已经了解了许多 Clojure 的基础知识，应该可以理解和编写有相当复杂度的程序了。在下一小节，你将看到在 Java 和 Ruby 等语言中没有见过的一个特性——解构。

3.6　解构

许多编程语言提供了称为模式匹配的功能，这是根据参数结构化模式（而不是数量或者类型）重载函数的一种形式。Clojure 有一种不那么常规的模式匹配方式——解构（destructuring）。在 Clojure 中，解构让程序员将名称只绑定到数据结构上他们关心的部分。为了解解构的工作原理，观察下面这段没有使用解构的代码：

```
(defn describe-salary [person]
  (let [first  (:first-name person)
        last   (:last-name  person)
        annual (:salary      person)]
    (println first last "earns" annual)))
```

这里，let 形式并没有做太多有用的工作——它为输入的 person 序列各部分建立局部名称。通过使用 Clojure 的解构功能，可以消除这种混乱的代码：

```
(defn describe-salary-2 [{first  :first-name
                          last   :last-name
                          annual :salary}]
    (println first last "earns" annual))
```

这里，输入的序列（例子中是一个映射）被解构，其中有用的部分在该函数的参数 – 绑定形式中绑定到不同的名称。实际上，从内部映射提取出某些键值很常见，Clojure 为此提供了更方便的方法。你将在 3.6.2 节中看到更多解构映射的方法，但是在此之前，我们先介绍向量的解构。

3.6.1　向量绑定

向量解构支持实现 nth 函数的任何数据结构，包括向量、列表、序列、数组和字符串。这种解构形式由一个名称向量组成，其中每个名称被指派给对应的表达式元素，通过 nth 函数查找。下面用一个例子说明：

```
(defn print-amounts [[amount-1 amount-2]]
    (println "amounts are:" amount-1 "and" amount-2))
(print-amounts [10.95 31.45])
amounts are: 10.95 and 31.45
```

print-amounts 函数的上述实现简短且清晰：你可以阅读参数列表，看到单个参数将被分解为两个名为 amount-1 和 amount-2 的部分。另一种方法是在函数体内用一个 let 形式去设置 amount-1 和 amount-2，将它们与输入向量的第一个和最后一个值绑定。

使用向量绑定有多种选择。想象一个以包含两个或者更多个（而不只是这个人为例子中的两个）向量为参数的 print-amounts 函数。下面说明如何应对这种情况。

1. 使用 & 和 :as

考虑如下解构示例：

```
(defn print-amounts-multiple [[amount-1 amount-2 & remaining]]
    (println "Amounts are:" amount-1 "," amount-2 "and" remaining))
```

如果这样调用函数：

```
  (print-amounts-multiple [10.95 31.45 22.36 2.95])
```

Clojure 将打印如下内容：

```
Amounts are: 10.95 , 31.45 and (22.36 2.95)
```

可以看到，在 & 符号之后的名称绑定到一个序列，该序列包含被解构的序列中剩下的所有元素。

另一个有用的选项是 :as 关键字。下面是另一个例子：

```
(defn print-all-amounts [[amount-1 amount-2 & remaining :as all]]
    (println "Amounts are:" amount-1 "," amount-2 "and" remaining)
    (println "Also, all the amounts are:" all))
```

当如下调用这个函数时：

```
(print-all-amounts [10.95 31.45 22.36 2.95])
```

将会在控制台上打印如下内容：

Amounts are: 10.95 , 31.45 and (22.36 2.95)
Also, all the amounts are: [10.95 31.45 22.36 2.95]

注意，通过 :as 解构选项引入的 all 将绑定到整个传入参数。

向量解构方便了向量内部数据的处理。而且，Clojure 还允许解构绑定中的向量嵌套。

2. 嵌套向量

假定有一个"向量的向量"。每个内层向量是一对数据——第一个是费用类别，第二个是总额。如果想打印第一个费用总额的类别，可以这么做：

```
(defn print-first-category [[[category amount] & _ ]]
  (println "First category was:" category)
  (println "First amount was:" amount))
```

用一个示例数据运行，如

```
(def expenses [[:books 49.95] [:coffee 4.95] [:caltrain 2.25]])
(print-first-category expenses)
```

Clojure 将打印如下内容：

First category was: :books
First amount was: 49.95

注意，在 print-first-category 的参数列表中，用 & 忽略你不关心的其余向量元素。需要记住的是，解构可以在任何绑定形式中进行，包括函数参数列表和 let 形式。另外还要记住，向量解构适用于支持 nth 和 nthnext 函数的任何数据类型。例如，在实践中，如果想实现 ISeq 接口并创建自己的序列数据类型，那么不仅能够原生使用所有 Clojure 的核心函数，还可以使用这类解构。

在结束关于解构的这一部分之前，让我们来看看解构绑定的另一种使用形式——使用映射。

3.6.2　映射绑定

你已经看到，将向量解构为相关的部分且只绑定那些部分而不是整个向量是多么方便的做法。Clojure 支持映射的类似解构功能。具体地说，Clojure 支持任何关联数据结构的解构，包括映射、字符串、向量和数组。如你所知，映射可以有任何键，而字符串、向量和数组使用整数型的键。解构绑定形式看起来和前面的类似；是一个键 – 表达式的映射，每个键名绑定到对应的初始化表达式值。

看看本章前面的例子：

```
(defn describe-salary-2 [{first  :first-name
                          last   :last-name
                          annual :salary}]
    (println first last "earns" annual))
```

如前所述，first、last 和 annual 绑定到传递给 describe-salary-2 的映射中的对应值。现在，假如你还想绑定一个奖金比例，这个值可能存在也可能不存在。Clojure 在映射解构绑定中提供了一个方便的选项，可以用 :or 关键字处理这种可选值：

```
(defn describe-salary-3 [{first  :first-name
                          last   :last-name
                          annual :salary
                          bonus  :bonus-percentage
                          :or {bonus 5}}]
    (println first last "earns" annual "with a" bonus "percent bonus"))
```

当调用的参数包含解构的所有键时，它的工作情况与上一个例子类似：

```
(def a-user {:first-name      "pascal"
             :last-name       "dylan"
             :salary          85000
             :bonus-percentage 20})
(describe-salary-3 a-user)
```

这将在控制台上打印如下信息：

pascal dylan earns 85000 with a 20 percent bonus

下面是以不包含奖金的参数调用函数的情况：

```
(def another-user {:first-name "basic"
                   :last-name  "groovy"
                   :salary     70000})
(describe-salary-3 another-user)
```

上面的代码将把 bonus 绑定到通过 :or 选项指定的默认值。输出将是

basic groovy earns 70000 with a 5 percent bonus

最后，和向量的情况类似，映射绑定可以用 :as 选项将整个哈希映射绑定到一个名称。下面是一个例子：

```
(defn describe-person [{first  :first-name
                        last   :last-name
                        bonus  :bonus-percentage
                        :or {bonus 5}
                        :as p}]
    (println "Info about" first last "is:" p)
    (println "Bonus is:" bonus "percent"))
```

下面是使用这个函数的一个例子：

```
(def third-user {:first-name "lambda"
                 :last-name  "curry"
                 :salary     95000})
(describe-person third-user)
```

这将导致控制台回显如下信息：

```
Info about lambda curry is: {:first-name lambda,
                             :last-name curry,
                             :salary 95000}
Bonus is: 5 percent
```

这些做法都相当方便，可以产生简短、容易理解的代码。Clojure 提供了几种选项，令映射的解构更加简易：即关键字 :keys、:strs 和 :syms。下面是使用 :keys 编写一个小函数问候用户的例子：

```
(defn greet-user [{:keys [first-name last-name]}]
   (println "Welcome," first-name last-name))
```

运行上述函数，first-name 和 last-name 与参数映射内的 :first-name 和 :last-name 值绑定。你可以尝试一下：

```
(def roger {:first-name "roger" :last-name "mann" :salary 65000})
(greet-user roger)
```

输出将是这样的：

```
Welcome, roger mann
```

如果你的键是字符串或者符号（而不是这些例子中的关键字），则可以使用 :strs 或 :syms。顺便说一句，在第 7 章中，我们将使用映射解构为 Clojure 语言增加关键字参数。

我们介绍了 Clojure 将大型复杂数据结构解构成各个组成部分的不同方法。这是很有用的功能，因为它可以使代码更简短、更清晰。解构改善了优良代码的自文档特性，因为解构绑定准确地告诉读者输入数据结构的哪些部分用于后续的代码。

3.7　读取器字面量

在编程语言中，字面量是代表固定值的源代码。例如，字符串 "clojure" 和数值 42 都是字面值。大部分语言都有支持字符串和数值的数据字面量，有一些则更进一步。例如，许多语言有支持向量和映射的字面量，表达如下为 [1 2 3 4] 和 [:a 1 :b 2]。

有些编程语言支持更多种字面量，但是几乎没有任何语言让程序员添加更多字面量。Clojure 可以通过读取器字面量达到这一程度。

你已经见过读取器宏了。读取器字面量是让读取器为你构建特定数据类型的一种方法，就像数据读取器函数所定义的那样。例如，想象你要在程序中使用 UUID。最简单的构建方法是通过 java.util.UUID/randomUUID 方法：

```
(java.util.UUID/randomUUID)
;=> #uuid "197805ed-7aa2-4ff8-ae66-b94a838df2a8"
```

现在，想象你在测试中要控制生成的 UUID。下面是接受 UUID 的前 8 个字符，并为它加上其余部分的函数：

```
(ns clj-in-act.ch3.reader
  (:import java.util.UUID))
(defn guid [four-letters-four-digits]
  (java.util.UUID/fromString
    (str four-letters-four-digits "-1000-413f-8a7a-f11c6a9c4036")))
```

现在，你无须在苦苦挣扎于无法控制的随机 UUID，而是可以随意创建（或者重新创建）已知的 UUID：

```
(use 'clj-in-act.ch3.reader)
;=> nil
(guid "abcd1234")
;=> #uuid "abcd1234-1000-413f-8a7a-f11c6a9c4036"
```

可以想象，通用唯一标识符（UUID）的已知值在编写处理 UUID 的测试时非常有用。但是，每次调用 guid 函数太容易引起混乱，如果能够清除它会是个很好的事情。这时 Clojure 的读取器字面量就可以派上用场了。

你将创建一个名为 data_readers.clj 的文件，并将其放在类路径的根目录。因为使用 Leiningen，所以文件所在位置将是项目目录的 src 文件夹。在 data_readers.clj 文件中，可以有包含读取器字面量语法及对应处理函数的映射。例如，下面是只有一个条目的 data_readers.clj 文件内容：

```
{G clj-in-act.ch3.reader/guid}
```

现在，每当你想要一个已知的 UUID，只需要这么做：

```
#G "abcd1234"
;=> #uuid "abcd1234-1000-413f-8a7a-f11c6a9c4036"
```

这样得到的代码远比上面的例子清晰得多，尤其是在创建许多 UUID 的情况下。请注意 G 之前的 #。虽然这说明了读取器字面量的工作原理，但是不能对读取器字面量使用未限定语法。换言之，G 本身没有被任何命名空间限定，所以它可能与其他相同的名称冲突。因此，最好采用如下以命名空间限定的版本：

```
{clj-in-act/G clj-in-act.ch3.reader/guid}
```

使用的形式如下：

```
#clj-in-act/G "abcd1234"
;=> #uuid "abcd1234-1000-413f-8a7a-f11c6a9c4036"
```

通过为读取器字面量加上命名空间，可以保证它们不会与其他名称冲突。读取器字面量应该谨慎使用，但是它们可以简化数据类型的处理，也能够改善代码的可读性。

3.8　小结

又是漫长的一章！我们探索了编写 Clojure 代码的几个重要方面。本章首先介绍了元数据和异常处理；然后，向我们展示了组成该语言基础的函数，以及几种创建和组合函数的方法。我们还研究了作用域——词法和动态——及其在 Clojure 中的工作原理。接着，我们说明了在程序变大时可以用命名空间分解和组织它们。最后，我们研究了 Clojure 的解构能力——在编写函数或者 let 形式时很方便的一种功能。本章以 Clojure 读取器字面量的介绍作为结束。

在上一章和本章中，我们介绍了 Clojure 语言的大部分基本特征。你可以用目前所学编写相当复杂的程序了。接下来的几章专注于 Clojure 的几种独特功能——如 Java 互操作性，并发支持，多重方法，宏系统等。

下一章，你将学习关于多重方法的知识。你将看到，基于继承的多态性是实现多态行为方法中极其有局限性的一种，多重方法是一种开放型系统，你可以用它创建自己的多态性版本，以适应你的问题域。将下一章中的思路和本章中研究的主题（如高阶函数、词法闭包和解构）相结合，可以建立相当强大的抽象。

Chapter 4 第4章

多重方法多态

本章内容:

❏ 多态及其类型

❏ 用于随意多态的 Clojure 多重方法

❏ 使用多分派（dispatch）

❏ 查询、修改和创建分派层次

你应该知道如何使用 Clojure 的类型和函数，甚至如何编写一些相当高级的高阶函数，但是仍可能不知道如何用函数式编程构建较大的系统。在本章中，你将学习如何使用 Clojure 为在大程序中创建及使用抽象而提供的最强大且最灵活的工具：多重方法。

4.1 多态及其类型

多态（polymorphism）是将多种类型当成相同类型使用的一种能力——也就是说，可以编写相同代码来操作许多不同类型。这种抽象使得可以替换不同类型或者实现，而不需要更改接触此类对象的所有代码。多态可以减少程序不同部分之间的接触面，轻松地用一些部分替换其他部分，这种能力在较大系统中是不可或缺的。在某种意义上，多态提供了让你创建自己的抽象的能力。

有多种方法能够实现多态，其中三种是许多语言共有的：参数化、随意（ad hoc）和子类多态。我们将集中研究 Clojure 中在不使用多重方法的情况下如何实现这些多态，同时浏览其他语言实现同类多态的方法。

4.1.1　参数化多态

你实际上已经接触过 Clojure 中的多态。在第 2 章中，get、conj、assoc、map、into、reduce 等函数接受许多不同类型的参数，但是总能完成正确的操作。Clojure 集合也具有多态性，因为它们可以容纳任何类型的项目。这类多态称为参数化多态，因为这种代码只提及参数，而没有提到类型。参数化多态在动态类型语言中很常见，因为它们的特性往往不明确提及类型。不过，在某些静态类型编程语言中也存在此类现象，包括 Java 和 C#（在这种语言里称为泛型）等面向对象语言，以及 ML 和 Haskell 等函数式编程语言。

这类多态在 Clojure 中通常不可见：你只要使用内建函数和集合类型，Clojure 运行时环境将推算出应该发生的情况，在类型不能使用该函数时抛出异常（或者常常返回 nil）。Java 类和接口在底层检查类型，实现多态。在 Clojure 中，可以结合 Java 互操作和用户定义的 Clojure 类型创建可使用 conj 等内建函数的新类型，我们将在第 9 章中阐述这种技术。

但是在 Clojure 中，如果想创建自己的参数化多态函数，就必须用其他类型的多态去实现。这听起来很奇怪：如何用一类多态实现另一类多态？一段代码如何同时体现两类多态？多态常常是视角问题：从调用代码（使用函数和类型的代码）的角度，你的代码可能像是参数化多态——那往往就是目标；但在调用者不可见的内部，你的代码可能明确使用某种类型的多态。这就是其他两种多态的作用所在。

4.1.2　随意多态

随意（ad hoc）多态就是枚举一个函数可以使用的各种可能类型并为每个类型编写一个实现。你很容易在 Clojure 中发现这种模式：有些函数调用时根据参数产生一个分派值，cond、case 或 condp 用匹配的分派值选择一个实现以生成结果。下面是返回参数类型名称字符串的多态函数：

```
(defn ad-hoc-type-namer [thing]           以 thing 为参数调
  (condp = (type thing)                    用 type，返回其类型
    java.lang.String                "string"
    clojure.lang.PersistentVector "vector"))
;=> #'user/ad-hoc-type-namer               分派适合于类型的实现；在
(ad-hoc-type-namer "I'm a string")         这个例子中，类型特定实现是
;=> "string"                               简单的字符串 "string"
(ad-hoc-type-namer [])
;=> "vector"
(ad-hoc-type-namer {})                     如果有该函数不知道如何
IllegalArgumentException No matching clause: class   处理的类型，则抛出异常
clojure.lang.PersistentArrayMap  user/ad-hoc-type-namer (NO_SOURCE_FILE:2)
```

随意多态就是"函数重载"

其他语言通常将随意多态称为函数重载，并有一些支持此类多态的特殊语法。例如，在 Java 中可以重复方法，但是以不同的方式注释参数类型；Java 虚拟机（JVM）此后将在编译时不可见地分派正确的方法。下面是等价于 Clojure 函数 ad-hoc-type-namer 的一个简短示例：

```java
public class TypeNamer extends Object {
    // ...
    public String typeName(String thing) { return "string"; }
    public String typeName(PersistentVector thing) {
        return "vector";
    }
}
```

注意，这个随意多态示例不允许调用代码"训练"ad-hoc-type-namer 函数，以理解新类型——你不能在不改写函数的情况下为 condp 表达式添加新子句。这种属性称为封闭式分派，因为可用实现（也就是可以分派的实现）列表无法从外部改变。但是，可以通过将实现放在类型命名函数之外来实现开放式分派：

```clojure
(def type-namer-implementations
  {java.lang.String                (fn [thing] "string")
   clojure.lang.PersistentVector (fn [thing] "vector")})
;=> #'user/type-namer-implementations
(defn open-ad-hoc-type-namer [thing]
  (let [dispatch-value (type thing)]
    (if-let [implementation
             (get type-namer-implementations dispatch-value)]
      (implementation thing)
      (throw (IllegalArgumentException.
              (str "No implementation found for " dispatch-value))))))
;=> #'user/open-ad-hoc-type-namer
(open-ad-hoc-type-namer "I'm a string")
;=> "string"
(open-ad-hoc-type-namer [])
;=> "vector"
(open-ad-hoc-type-namer {})
IllegalArgumentException No implementation found for class
clojure.lang.PersistentArrayMap  user/open-ad-hoc-type-namer
(NO_SOURCE_FILE:5)
(def type-namer-implementations
  (assoc type-namer-implementations
    clojure.lang.PersistentArrayMap (fn [thing] "map")))
;=> #'user/type-namer-implementations
(open-ad-hoc-type-namer {})
;=> "map"
```

将实现抽出，放入单独的可重定义映射中

如果找到分派值对应的实现，则使用它并返回结果

用分派值作为实现映射的键

否则和之前一样抛出异常

以前的常规情况仍然有效

但是仍然不理解映射

因此，重新定义实现映射，添加一个用于 PersistentArrayMap 的情况

open-ad-hoc-type-namer 现在可以理解映射

随意多态很简单，容易理解，但是它是从使用类型的实现角度而不是从被使用类型的角度完成的。下一种多态类型更多的是从类型的角度解决问题。

4.1.3 子类多态

到目前为止，我们集中于多态函数，但是类型也可以是多态的。子类多态就是一种类型可以被另一种类型替换的多态，这样，任何可使用某种类型的函数都可以安全地使用其他类型。简言之，一种类型声明是另一种类型的"一个种类"，理解更通用类型的函数将自动正确处理同一个总类之下的特定事物。

子类多态是面向对象语言中占据统治地位的多态类型，在这些语言里它表现为类或者接口层次结构。例如，如果一个 Person 类从 Animal 类中继承（或者扩展），则用于 Animal 对象的任何方法应该也可以自动用于 Person 对象。有些动态的面向对象语言还允许不使用明确结构或者继承的子类多态（称为结构化子类）。这种多态中的方法被设计为可以处理任何有必要结构的对象，例如有正确名称的属性或者方法。Python、Ruby 和 JavaScript 都可以实现这种子类，它们称此为鸭子类型（Duck Typing）。

Clojure 可以通过其 Java 互操作性使用 Java 类和接口，Clojure 的内建类型也参与 Java 接口和类层次结构。例如，你是否记得，在第 2 章的脚注中我们曾经提到过，Clojure 映射字面量在规模较小时可能是数组映射，但是在增大之后将会变成哈希映射？在 Java 中，有一个这两种类型共享的抽象类，可以在如下的例子中看到：

```clojure
(defn map-type-namer [thing]
  (condp = (type thing)            ; 首先尝试随意多态，显式检查每个类型
    clojure.lang.PersistentArrayMap "map"
    clojure.lang.PersistentHashMap  "map"))   ; 注意重复的实现
;=> #'user/map-type-namer
(map-type-namer (hash-map))
;=> "map"
(map-type-namer (array-map))
;=> "map"
(map-type-namer (sorted-map))          ; 遗漏了一种情况
IllegalArgumentException No matching clause: class
clojure.lang.PersistentTreeMap   com.gentest.ConcreteClojureClass/map-type-
namer (NO_SOURCE_FILE:2)
(defn subtyping-map-type-namer [thing]
  (cond                                   ; 第二次尝试使
    (instance? clojure.lang.APersistentMap thing)    "map"   ; 用子类多态
    :else (throw (IllegalArgumentException.
                   (str "No implementation found for ") (type thing)))))
;=> #'user/subtyping-map-type-namer
(subtyping-map-type-namer (hash-map))
;=> "map"
(subtyping-map-type-namer (array-map))
;=> "map"                                  ; 函数现在可用于
(subtyping-map-type-namer (sorted-map))    ; 任何类映射类型
;=> "map"
```

使用 instance? 查询 Java 的类层次结构；APersistent-Map 是 Clojure 中所有类映射对象的 Java 超类

通过编写知道如何使用 APersistentMap 的代码可以确定，它可以用单一实现处理

任何子类，它甚至可以处理不存在的类型，只要这些类型扩展 APersistentMap。

　　Clojure 也提供一些用多重方法层次结构（我们将在本章后面介绍）或者协议（将在第9章中讨论）创建自定义子类的方法，但是除此之外，Clojure 没有提供严格的子类定义。这样做的原因是，子类虽然很强大，可以减少函数实现的编写工作，但是如果使用过于广泛也会造成局限，因为往往没有一种普遍适用的类型编排。例如，如果编写一段几何学的代码，则对于某些函数来说，将圆看成椭圆的特例可能较为简单，但是对其他函数可能应该将椭圆看成圆的特例。你还可能拥有某种同时属于多个不重叠类型层次结构的事物：对物理学家来说，人是一种物质实体，而对于生物学家来说，人是一种动物。更重要的是，Clojure 的焦点是数据和值，而不是类型：用于包含某种信息的编程语言类型（如映射、列表或者语言）取决于问题领域类型（如动物、蔬菜或者矿物），后者才应该是重点。但是这也就意味着，你自己的代码（而不是采用的编程语言）必须区分表示动物的映射和表示矿物的映射，或者知道一种动物可以表现为列表形式还是映射形式。

　　多重方法提供了表达随意多态和子类多态的功能，甚至可以同时表达多种不同类型的子类多态。现在让我们将多态的理论抛在脑后，更具体地研究多重方法是如何帮助你编写多态代码的。

4.2　用多重方法实现多态

　　在本章余下的部分里，我们将专门研究如何使用多重方法编写多态代码，以满足一个假想的费用跟踪服务的要求。

4.2.1　不使用多重方法时的情况

　　考虑你编写的费用跟踪服务已经变得很流行的情况。你已经启动了一个联盟计划，如果推介商家让用户注册你的服务，你将向它们支付费用。不同的联盟成员有不同的费用。从你有两个联盟成员的情况开始，它们是 mint.com 和 google.com。

　　你将创建一个函数，计算向联盟成员支付的费用。为了举例方便，我们决定你将向联盟成员支付用户年薪的一定比例。你将向 Google 支付年薪的 0.01%，向 Mint 支付 0.03%，向其他成员支付 0.02%。首先编写不使用多态的如下程序（你将以简单数字的形式接受百分比值，然后在函数中将其乘以 0.01）：

```
(def example-user {:login "rob" :referrer "mint.com" :salary 100000})
;=> #'user/example-user
(defn fee-amount [percentage user]
  (with-precision 16 :rounding HALF_EVEN
    (* 0.01M percentage (:salary user))))
;=> #'user/fee-amount
(defn affiliate-fee [user]
  (case (:referrer user)
```

因为处理的是金额，所以使用 BigDecimal 类型

```
    "google.com" (fee-amount 0.01M user)
    "mint.com"   (fee-amount 0.03M user)
    (fee-amount 0.02M user)))
;=> #'user/affiliate-fee
(affiliate-fee example-user)
;=> 30.0000M
```

应该可以看出，affiliate-fee 是随意多态封闭式分派的一个例子，以 :referrer 作为分派函数。如果没有找到匹配的实现，它还可以使用一个默认实现。

affiliate-fee 函数的最大问题是封闭式分派：如果不改写 affiliate-fee，就不能添加联盟成员。现在让我们来看看如何用多重方法解决这个问题。

4.2.2　使用多重方法实现随意多态

在用多重方法实现相同功能之前，我们花一点时间来理解它们的语法。多重方法使用一对宏：defmulti 定义一个多重方法以及生成用于寻找实现的分派值的方法。defmethod 宏为特定分派值定义一个实现。换言之，defmulti 起到 case 表达式中第一个子句的作用，每个 defmethod 作为 case 表达式的一个测试 – 结果对。下面是用多重方法实现的 affiliate-fee：

1. defmulti

多重方法用 defmulti 声明。下面是这个宏的一般简化形式：

```
(defmulti name docstring? attr-map? dispatch-fn & options)
```

name 是用于 defmethod 调用及添加实现的多重方法名称。docstring? 和 attr-map? 是可选的文档和元数据参数——和 defn 中相同。必需的 dispatch-fn 函数是一个常规 Clojure 函数，接受多重方法调用时传入的相同参数。dispatch-fn 的返回值是用于选择实现的分派值。options 是提供可选规格的键 – 值对。只有两种选项：:default 选择新的默认分派值，:hierarchy 使用一个自定义分派值层次结构。下面是具有自定义默认值的例子：

```
(defmulti affiliate-fee :referrer :default "*")
;=> nil
(ns-unmap 'user 'affiliate-fee)
;=> nil
(defmulti affiliate-fee :referrer :default "*")
;=> #'user/affiliate-fee
(defmethod affiliate-fee "*" [user]
    (fee-amount 0.02M user))
;=> #<MultiFn clojure.lang.MultiFn@7eafa7a7>
(affiliate-fee example-user)
;=> 20.0000M
```

defmulti 返回 nil 意味着它没有重新定义，参见下面的补充说明

分派函数 :referrer，选项 :default "*"

现在是默认的情况

默认情况：因为重新定义了 affiliate-fee，所以 "mint.com" 情况消失了

在我们继续之前，有几点需要说明一下。首先要注意，可以使用普通关键字 :referrer 作为分派函数：这是一种常见的惯用做法，defmethod 的参数总是一个映射，你应该通过映射中的一个键值进行分派。其次，因为必须重新定义 defmulti，所以现有的所有 defmethods 丢失：围绕 defmulti 重新定义的问题将在下面的补充说明中进行更详细的讨论。我们将在后面介绍 :hierarchy：它用于子类多态。

重定义 defmulti

Clojure 中的一个大问题是 defmulti 宏使用 defonce 定义保存多重方法的变量。这意味着，如果你试图改变一个多重方法的分派函数或者选项，则重新声明的 defmulti 将没有效果，你将继续使用旧的多重方法。这在正常运行的代码中很少发生，但是在经常进行试验性更改和修订的读取－求值－打印循环（REPL）中可能令人非常头疼。

重新定义的 defmulti 将返回 nil，而不是像 #'user/mymulti 这样的变量。如果你注意到这个 nil（或者你没有注意到，但是多重方法似乎没有接受你的修改），则可以像上一个代码示例那样，在重新声明 defmulti 形式之前使用 (ns-unmap 'namespace 'defmultiname)。

另一个相关的问题是，redef-ed 多重方法将丢失所有的 defmethod 实现。这是因为多重方法是 Clojure 中罕见的突变实例：每个 defmethod 实际上在其分派表中添加新项目，从而改变了 defmulti 创建的原始对象（这就是 defmulti 首先使用 defonce 的原因：这样分派表中的变化不会因为意外的重新定义而丢失）。创建一个新的多重方法，旧的方法将被清除。你可以用 methods 和 remove-method 查看和操纵这个分派表，我们很快将讨论这些功能。

2. defmethod

在 defmulti 声明的多重方法中，实现用 defmethod 宏添加，除了名称和参数之间的一个分派值之外，这个宏看起来就像常规的 (docstring-less) defn：

```
(defmethod multifn dispatch-value & fn-tail)
```

这为前面定义的多重方法创建了一个具体实现。multifn 标识符应该与前一次调用 defmulti 时的 name 匹配。dispatch-value 将与之前的 dispatch-fn 返回值比较，以确定执行哪一个方法。fn-tail 是实现的主体，接受你放在（fn ⋯）形式中的任何内容，包括参数解构。正常情况下，这就是一个参数向量，后跟函数体，但是也可使用不同数量的参数：

```
(defmethod my-multi :default [arg] "body")
(defmethod my-many-arity-multi :default
  ([] "no arguments")
  ([x] "one argument")
  ([x & etc] "many arguments"))
```

defmethod 从其函数体创建一个常规的函数，并改变原始的 defmulti 对象，从而将这个函数添加到其分派映射中的 dispatch-value 键下。你可以用 get-method 和 methods 函数检查多重方法的分派映射。get-methods 取得一个多重方法和一个分派值，返回在与直接调用多重方法相同的分派逻辑下该分派值得到的实现函数。methods 返回多重方法的整个分派映射。我们用前面的 affiliate-fee 多重方法作为一个例子。

获得分派值对应的实现

```
(defmethod affiliate-fee "mint.com" [user]
  (fee-amount 0.03M user))
;=> #<MultiFn clojure.lang.MultiFn@7eafa7a7>
(defmethod affiliate-fee "google.com" [user]
  (fee-amount 0.01M user))
;=> #<MultiFn clojure.lang.MultiFn@7eafa7a7>
(methods affiliate-fee)
;=> {"mint.com" #<user$eval8117$fn__8118 user$eval8117$fn__8118@36e433f1>,
    "*" #<user$eval6380$fn__6381 user$eval6380$fn__6381@2ebfd12f>,
    "google.com" #<user$eval8123$fn__8124 user$eval8123$fn__8124@2ad71f9f>}
(get-method affiliate-fee "mint.com")
;=> #<user$eval8117$fn__8118 user$eval8117$fn__8118@36e433f1>
(get (methods affiliate-fee) "example.org")
;=> nil
(get-method affiliate-fee "example.org")
;=> #<user$eval6380$fn__6381 user$eval6380$fn__6381@2ebfd12f>
((get-method affiliate-fee "mint.com") example-user)
;=> 30.0000M
```

"*" 实现

- 首先添加 redef 之后丢失的方法
- 获取多重方法的整个分派映射
- get-method 不只是 get（获取）：它理解分派逻辑
- 分派映射中的条目是常规函数

你可以用 remove-method 和 remove-all-methods 删除多重方法实现。remove-method 删除某个分派值对应的实现。注意，和 get-method 不同，要删除的分派值必须是一个精确匹配。最后，remove-all-methods 删除多重方法的所有实现。

我们已经介绍了用单分派值选择匹配实现以用于随意多态的多重方法的基础知识。现在，你将看到多重方法如何考虑用多个分派值选择一个实现。

4.2.3　多分派

想象一下，你的费用跟踪服务比以前更加成功，联盟计划也成效显著。实际上，由于这一计划太成功了，你希望为较为有利可图的用户支付更高的费用。这对于联盟网络和你的服务来说是一个双赢的局面。下面是用 :rating 键表示用户利润率的几个用户示例：

```
(def user-1 {:login "rob"     :referrer "mint.com"   :salary 100000
             :rating :rating/bronze})
(def user-2 {:login "gordon"  :referrer "mint.com"   :salary 80000
             :rating :rating/silver})
(def user-3 {:login "kyle"    :referrer "google.com" :salary 90000
             :rating :rating/gold})
(def user-4 {:login "celeste" :referrer "yahoo.com"  :salary 70000
             :rating :rating/platinum})
```

现在，让我们来考虑表 4-1 所示的业务规则。

表 4-1　联盟营销费率业务规则

联盟成员	利润评级	营销费率（工资百分比）
mint.com	bronze（铜）	0.03
mint.com	silver（银）	0.04
mint.com	gold/platinum（金 / 白金）	0.05
google.com	gold/platinum（金 / 白金）	0.03

从规则中可以清楚地看到，费用比例根据两个值计算：推介商家和利润评级。在某种意义上，这两个值的组合就是联盟营销费率的类型。因为你希望根据这个由两个值组成的虚拟类型进行分派，所以将创建一个函数计算这对数值：

```
(defn fee-category [user]
  [(:referrer user) (:rating user)]))
;=> #'user/fee-category
(map fee-category [user-1 user-2 user-3 user-4])
;=> (["mint.com"   :rating/bronze]
     ["mint.com"   :rating/silver]
     ["google.com" :rating/gold]
     ["yahoo.com"  :rating/platinum])
```

你将使用 fee-category 作为另一个多重方法 profit-based-affiliate-fee 的分派函数：

```
(defmulti profit-based-affiliate-fee fee-category)
(defmethod profit-based-affiliate-fee ["mint.com" :rating/bronze]
  [user] (fee-amount 0.03M user))
(defmethod profit-based-affiliate-fee ["mint.com" :rating/silver]
  [user] (fee-amount 0.04M user))
(defmethod profit-based-affiliate-fee ["mint.com" :rating/gold]
  [user] (fee-amount 0.05M user))
(defmethod profit-based-affiliate-fee ["mint.com" :rating/platinum]
```

多重方法使用
fee-category
函数创建分派值

```
      [user] (fee-amount 0.05M user))
(defmethod profit-based-affiliate-fee ["google.com" :rating/gold]
      [user] (fee-amount 0.03M user))
(defmethod profit-based-affiliate-fee ["google.com" :rating/platinum]
      [user] (fee-amount 0.03M user))
(defmethod profit-based-affiliate-fee :default
      [user] (fee-amount 0.02M user))
```

即使用多分派，默认值
也总是单个值，而不是
[:default :default]

这段代码看上去很像业务规则表，添加新规则仍然相当方便，而且不需要修改任何现有代码。但是在实践中此类代码的工作情况如何呢？

```
(map profit-based-affiliate-fee [user-1 user-2 user-3 user-4])
;=> (30.0000M
     32.0000M
     27.0000M
     14.0000M)
```

mint.com bronze 得到
100 000 美元的 0.03%

mint.com silver 得
到 80 000 美元的 0.04%

google.com gold 得
到 90 000 美元的 0.04%

yahoo.com platinum
得到默认值: $70 000 的
0.02%

表 4-1 中的所有业务规则都应用了，如果用户的推介商家和利润评级组合没有对应的联盟计划，则使用默认的费用比例。但是要注意，你必须重复一些代码：业务规则对利润评级为"金"和"白金"的处理相同，但是仍然必须为它们编写单独的方法（使用相同的实现）。重复仅有分派值不同的 defmethod 强烈暗示着，那些分派值是同一类事物。这不是随意多态能够起作用的场合，但子类多态很适合于删除冗余实现。幸运的是，在下一节你将会看到，多重方法可以利用子类多态。

4.2.4　使用多重方法实现子类多态

你的利润评级（profit rating）基础架构已经就绪，但是仍然有某些想要摆脱的重复代码。也就是，mint.com 及 google.com 的 gold 和 platinum 评级实现相同。当你向业务同仁指出这一点时，他们煞费苦心地解释道，评级实际上是一种层次结构：bronze 和 silver 是基本（basic）水平，gold 和 platinum 是较高（premier）水平。换言之，bronze 和 silver 都属于基本水平利润评级"种类"，而 gold 和 platinum 是较高水平利润评级"种类"，如图 4-1 所示。

图 4-1　业务同仁解释的利润评级层次结构。你可以用这个外向型分类定义反映该结构的分
　　　　派层次结构，从而简化代码

这里所说的 "种类" 很明确地提示你将用子类多态来处理。多重方法使你可以用一组函数来构建和查询自己的类型层次结构（用命名空间关键字表示）：derive、underive、isa?、parents、ancestors 和 descendants。

1. 构建和查询类型层次结构

derive 函数用于建立两个类型之间的 "种类" 或者子类关系。多重方法将类型表示为关键字或者 Java 类。

derive 的一般形式有两个参数：代表类型的一个关键字和另一个表示其父类的关键字。（可以用 "x 派生自 y"、"x 是 y 的一种" 或者 "x 是 y 的子类" 等方式来记忆参数顺序）在双参数形式中，derive 将改变一个全局层次结构，从而建立类型关系。因为改变的是一个全局层次结构，所以 derive 要求你的关键字有一个命名空间，以降低命名冲突的概率（这种要求对于独立的层次结构有所放松，后面将做解释）。下面是实现图 4-1 描述的层次结构的一个例子：

```
(derive :rating/bronze :rating/basic)      ←  nil 返回值表
;=> nil                                         示发生了突变
(derive :rating/silver :rating/basic)      ←
(derive :rating/gold :rating/premier)          为了简洁，忽略
(derive :rating/platinum :rating/premier)      了其他 nil 值
(derive :rating/basic :rating/ANY)         ←
(derive :rating/premier :rating/ANY)           使用 :rating/ANY
                                               作为所有评级的根类型
```

如果你犯了错误，或者只是想更改层次结构，则可以使用 underive 函数删除类型关系：它的参数与 derive 的相同。

现在，你已经创建了自己的层次结构，如何查看它呢？最重要的函数是 isa?，它是多重方法内部用于确定为某个分派值选择哪个方法的函数。你可以使用 parents、ancestors 和 descendants 更直接地检查层次结构。下面是使用你刚刚建立的层次结构的一个例子：

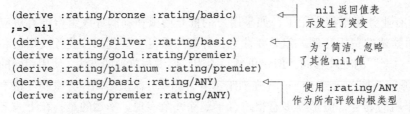

```
(isa? :rating/gold :rating/premier)        │  isa? 也理
;=> true                                       解传递关系
(isa? :rating/gold :rating/ANY)            ←
;=> true                                       类型总是
(isa? :rating/ANY :rating/premier)             自身的一种
;=> false
(isa? :rating/gold :rating/gold)           ←   parents 返回一个集合（不是单个
;=> true                                       项目），因为具有多个父类是合法的
(parents :rating/premier)                  ←
;=> #{:rating/ANY}                             ancestors 返回父类以
(ancestors :rating/gold)                   ←   及它们的父类，以此类推
;=> #{:rating/ANY :rating/premier}
(descendants :rating/ANY)                  ←   descendants 返回子类
;=> #{:rating/basic :rating/bronze :rating/gold :rating/premier :rating/
     silver :rating/platinum}                  以及它们的子类，以此类推
```

> **多重方法与 Java 层次结构的互操作**
>
> 多重方法理解用于分派目的的 Java 类和接口层次结构，这里介绍的所有函数（isa?，parents 等）都可以使用 Java 类型。但是，不能用 derive 修改 Java 层次结构！不过，你仍然可以将 Java 类型组合在某些非 Java 父类型中，例如（derive java.lang.String ::stringy-things）。
>
> 尽管 isa? 可以处理 Java 类型，当如果不需要考虑多重方法层次结构时，则应该使用速度快得多的 instance?。

现在，你可以在一个简单的示例中使用这个层次结构，多重方法根据用户利润评级返回对应的问候语：

```
(defmulti greet-user :rating)
;=> #'user/greet-user
(defmethod greet-user :rating/basic [user]
  (str "Hello " (:login user) \.))
;=> #<MultiFn clojure.lang.MultiFn@d81fe85>
(defmethod greet-user :rating/premier [user]
  (str "Welcome, " (:login user) ", valued affiliate member!"))
;=> #<MultiFn clojure.lang.MultiFn@d81fe85>
(map greet-user [user-1 user-2 user-3 user-4])
;=> ("Hello rob." "Hello gordon." "Welcome, kyle, valued affiliate member!"
     "Welcome, celeste, valued affiliate member!")
```

注意，即使只提供两个方法实现，多重方法也能考虑你用 derive 定义的子类关系来正确地处理全部 4 种利润评级。这能帮助你从 profit-based-affiliate-fee 方法中删除一些重复的代码吗？当然可以！

2. 子类和多分派

多重方法可以组合多分派和类型层次结构。如果你从分派函数中返回一个向量，则多重方法将在寻找匹配实现时用 isa? 单独考虑向量中的每一项。这样，你最终可以清理你的 profit-based-affiliate-fee 代码，以删除那些令人烦恼的重复：

首先删除重复的方法

```
(remove-method profit-based-affiliate-fee ["mint.com" :rating/gold])
;=> #<MultiFn clojure.lang.MultiFn@5d98c6f3>
(remove-method profit-based-affiliate-fee ["mint.com" :rating/platinum])
;=> #<MultiFn clojure.lang.MultiFn@5d98c6f3>
(remove-method profit-based-affiliate-fee ["google.com" :rating/gold])
;=> #<MultiFn clojure.lang.MultiFn@5d98c6f3>
(remove-method profit-based-affiliate-fee ["google.com" :rating/platinum])
;=> #<MultiFn clojure.lang.MultiFn@5d98c6f3>
(defmethod profit-based-affiliate-fee ["mint.com" :rating/premier]
  [user] (fee-amount 0.05M user))
;=> #<MultiFn clojure.lang.MultiFn@5d98c6f3>
```

现在，添加两个方法匹配 :rating/premier 以代替原来的 4 个

```
(defmethod profit-based-affiliate-fee ["google.com" :rating/premier]
  [user] (fee-amount 0.03M user))
;=> #<MultiFn clojure.lang.MultiFn@5d98c6f3>
(map profit-based-affiliate-fee [user-1 user-2 user-3 user-4])
;=> (30.0000M 32.0000M 27.0000M 14.0000M)
```

检查是否得到相同结果

你做到了!

你不仅删除了一些重复的代码,还更精确地捕捉到了业务规则的意图,保证代码能够应对未来利润评级的更改。这样,子类多态帮助你共享实现,减少了代码重复(这是它特别擅长的一项工作),但也引入了一些复杂性,你将在下一小节学习控制这种复杂性。

多分派与 :default

:default 的微妙之处在于,它只在整个分派都失败时使用;它不是多分派向量中单独值的替代品。原因是,对于任何 x(除了 :default 自身以外),(isa? x :default)总为真,所以你不能指定一个像 ["mint.com" :default] 的分派值并希望它不匹配其他更为具体的评级。相反,必须明确地将该值与某个基础类型链接,就像用 :rating/ANY 指定的那样,并将其作为多分派中的备用情况。

这还意味着,不能为 :referrer 指定一种默认情况(例如 "mint.com"),因为你使用的是字符串。你必须调用 (derive "mint.com" :referrer/ANY) 创建一种默认情况,但是只能使用关键字、符号和类,而不能使用字符串。变通方法是在分派函数中动态创建一个用于匹配的关键字(例如 (keyword "site" (:referrer user))),或者让 :default 实现调用 (get-method profit-based-affiliate-fee [:site/ANY (:rating user)]),以强制一个特定分派值,并调用返回的匹配方法。

3. 解决方法歧义问题

使用多分派子类有一个缺点:它可能引发歧义。最好用一个例子来说明。假定你的费用跟踪服务非常受欢迎,因此扩展为一个巨大的多玩家在线角色扮演游戏。你仍然有用户和利润评级,但是现在希望用户能够在进入对战之前估计其他用户的情况。下面是 size-up 多重方法的初稿,它以两个用户为参数——一个观察者和另一个被观察者——返回观察者对被观察者的描述:

```
(defmulti size-up (fn [observer observed]
  [(:rating observer) (:rating observed)]))
;=> #'user/size-up
(defmethod size-up [:rating/platinum :rating/ANY] [_ observed]
  (str (:login observed) " seems scrawny."))
;=> #<MultiFn clojure.lang.MultiFn@50e0a48d>
(defmethod size-up [:rating/ANY :rating/platinum] [_ observed]
  (str (:login observed) " shimmers with an unearthly light."))
;=> #<MultiFn clojure.lang.MultiFn@50e0a48d>
(size-up {:rating :rating/platinum} user-4)
IllegalArgumentException Multiple methods in multimethod 'size-up' match
dispatch value: [:rating/platinum :rating/platinum] -> [:rating/ANY :rating/
platinum] and [:rating/platinum :rating/ANY], and neither is preferred
clojure.lang.MultiFn.findAndCacheBestMethod (MultiFn.java:182)
```

每个人在白金用户面前都显得很"瘦小"

但是如果一个白金用户观察另一个同级用户时会发生什么?

白金用户对每个人来说都应该显得很威风

这里的问题是，这个类型系统和多分派相结合对应该使用的方法实现产生了歧义：白金级别用户对另一个同级用户是否显得"瘦小"？或者，它们和自己一样闪烁着神秘的光芒吗？

假定你决定白金用户应该在其他白金用户面前"闪闪发光"，而不是"瘦小"。有几种方法可以消除歧义。首先，可以避免在瘦小的 defmethod 中使用 :rating/ANY，而是枚举每一种白金以外的评级。但这意味着又重复了代码：你至少需要对 :rating/basic 和 :rating/gold 使用 defmethod，这两个 defmethod 的主体相同。而且，如果将来增加更多的利润评级，则必须记得添加更多情况。第二种可能性是添加显式的 [:rating/platinum :rating/platinum] 方法，但是这也意味着你必须重复"闪闪发光"的代码。

Clojure 提供了第三种可能性：可以用 prefer-method 函数明确说明某种实现优先于另一种。这个函数取得多重方法和一对分派值，命令多重方法在两个分派值之间存在歧义时优先使用第一个分派值。下面是一个例子：

```
(prefer-method size-up [:rating/ANY :rating/platinum]
  [:rating/platinum :rating/ANY])
;=> #<MultiFn clojure.lang.MultiFn@50e0a48d>
(size-up {:rating :rating/platinum} user-4)
;=> "celeste shimmers with an unearthly light."
(prefers size-up)
;=> {[:rating/ANY :rating/platinum] #{[:rating/platinum :rating/ANY]}}
```

当 size-up 无法在这两个分派值中做出决定时，优先选择第一个

现在 Celeste 闪闪发光！

prefers 显示多重方法的所有首选值

使用 prefer-method 既可以避免重复代码，又可以适应未来对评级层次结构的修改。

除了最后一个较少使用的功能之外，你已经学习了关于多重方法的所有知识，下面我们就来介绍这一个功能。

4. 用户定义的层次结构

目前为止，我们定义的所有多重方法和你所得到的层次结构都是检查和改变一个程序范围内的全局层次结构。在大部分情况下，这样做就可以了，但是 Clojure 的多重方法还允许你创建自己的空白层次结构，并显式使用它代替不可见的全局层次结构。本章介绍的大部分宏和函数也接受一个可选的层次结构参数，你可以用 make-hierarchy 函数创建它。下面简单介绍一下它的用法：

```
(def myhier (make-hierarchy))
;=> #'user/myhier
myhier
;=> {:parents {}, :descendants {}, :ancestors {}}
(derive myhier :a :letter)
;=> {:parents {:a #{:letter}}, :ancestors {:a #{:letter}},
     :descendants {:letter #{:a}}}
myhier
;=> {:parents {}, :descendants {}, :ancestors {}}
(def myhier (-> myhier
```

层次结构就是普通的映射

三个参数的 derive 不会返回 nil

必须重新定义以"改变"层次结构

不像两个参数的 derive，它不做改变

```
                          (derive :a :letter)
                          (derive :b :letter)                    注意没有命名
                          (derive :c :letter)))                  空间的关键字
   isa?        ;=> #'user/myhier
也可以取得     (isa? myhier :a :letter)
一个层次结    ;=> true                                    …parents、ancestors、
构……          (parents myhier :a)                        descendants 和 underive 也可以
              ;=> #{:letter}
              (defmulti letter? identity :hierarchy #'myhier)
              ;=> #'user/letter?                             defmulti 有一
              (defmethod letter? :letter [_] true)            个 :hierarchy
              ;=> #<MultiFn clojure.lang.MultiFn@17c26ef7>     选项，该选项以一
              (letter? :d)                                     个变量为参数
              IllegalArgumentException No method in multimethod 'letter?' for dispatch
              value: :d  clojure.lang.MultiFn.getFn (MultiFn.java:160)
              (def myhier (derive myhier :d :letter))
              ;=> #'user/myhier                                取得一个变
              (letter? :d)                                     量允许变化
              ;=> true
```

这段代码使用显式层次结构，这与你目前为止编写的使用全局层次结构的代码有着一些重要的区别。首先，调用 make-hierarchy 以创建新（空）层次结构。层次结构实际上只是一个映射，包含 3 个熟悉的键——没有什么特别之处。其次，derive 和 underive 有 3 参数的形式，接受一个层次结构，但是不像两个参数的形式那样返回 nil。相反，它们返回一个新的层次结构映射，不改变现有映射。第三，注意 derive 的 3 参数形式不要求带有命名空间的关键字，因为这个层次结构是空的和孤立的，所以不需要像全局命名空间里那样担心类型名称冲突。第四，通过调用带有 :hierarchy 关键字选项的 defmulti 多重方法，创建一个多重方法，使用自定义层次结构。你必须以变量形式而不是普通映射形式传递层次结构。如果传递一个普通（不可变）映射，以后就不可能改变类型层次结构了。作为替代，你传递一个包含层次结构映射的变量，多重方法在每次需要调用 isa? 时重新定义它。这在上一段代码中做了演示，定义方法之后在层次结构里增加了 :d 类型。注意，通过 letter? 可以看到更改后的情况。

为什么想要创建自己的层次结构？主要原因有二。首先是层次结构隔离：如果你使用独立层次结构，就永远也不会有其他人的代码在操纵全局层次结构时意外更改你的类型关系的危险。实际上，你甚至有可能使类型层次结构专属于自己的程序库，其他命名空间无法访问，从而使该结构完全无法扩展（例如，使用 ^:private 或者闭包）。自定义层次结构允许其他代码添加自己的方法而不是自己的类型，有些时候，这是很可取的做法。因为层次结构是孤立的，derive 的 3 参数形式也放松了你的类型需要命名空间的要求，所以你可以仅用 :letter 之类的关键字命名类型。不过要注意，你自己的层次结构与 Java 类型层次结构并不相互隔离！(isa? (make-hierarchy) java.lang.String java.lang.Object) 仍然返回 true！

需要自定义层次结构的第二个原因是多个方法共享相同类型，但是根据不同的（可能相互矛盾的）类型层次结构进行分派。圆和椭圆是个经典的例子：area（面积）函数可能认

为 :circle 是 :ellipse 的一种，并使用相同的公式（$2\pi wh$）计算两者的面积，而 stretch 函数可能需要做相反的假设，将椭圆的拉伸作为圆拉伸的特例⊖。单独的多重方法层次结构在 Clojure 中很少使用，但是如果你需要，可以利用它们。

4.3　小结

本章从多态的定义开始：多态是将多个类型当成同一种类型使用的能力——用某种类型替换另一种类型而不需要更改代码。然后，我们区分了三种不同的多态：参数化、随意和子类。参数化多态中完全不提及类型；随意多态中的多种实现明确地提及类型，但是提供参数化的接口；子类多态中类型被放在一个层次结构里，可以透明地共享实现。

然后，我们在随意多态的背景下介绍了多重方法，并说明它们是如何实现类型与实现的显式映射（通过分派函数和值）同时仍然可以从外界扩展新类型（称为开放式分派）的。接着，说明了如何同时用多个不同值分派（称为多分派）。

接下来，我们讨论了多重方法所具备的子类多态特性，这是因为它们允许你用与 isa? 匹配的 derive 构建自己的类型层次结构。你可以将子类多态与多分派相结合，以消除重复代码。但是这引入了分派值具有歧义方法实现的可能性，你可以用 prefer-method 解决歧义。最后，你了解到每种多重方法可以有自己的独立类型层次结构。

本章介绍了 Clojure 的一个有趣特性，在合适的情况下使用它将使你的程序更加丰富。下一章将专注于 Clojure 的另一项出色功能：与 Java 代码的无缝互操作性。

⊖　圆是不是椭圆的一种（或者相反）的讨论在子类多态和面向对象编程中非常经典，以至于有了自己的名称——圆 - 椭圆问题，参见 http://en.wikipedia.org/wiki/Circle-ellipse_problem。

Chapter 5 | 第 5 章

探索 Clojure 和 Java 互操作

本章内容：

❏ 介绍 Clojure 的 Java 互操作功能

❏ 从 Clojure 调用 Java

❏ 将 Clojure 编译为字节码

❏ 从 Java 调用 Clojure

Java 是新的 COBOL。几年以来，每年都有人这么说，但是并没有实现。Java 最初设计于 20 世纪 90 年代初，90 年代中期正式发布，成为所在时代里最重要的技术之一。今天，Java 栈是行业中最为流行的，这种情况不会很快改变。

由于生产环境中的 Java 代码数量巨大（每天还有更多代码在编写中），因此任何一种现代编程语言如果不与它互操作，就没有希望取得成功。Rich Hickey 选择 Java 虚拟机（JVM）作为 Clojure 语言的宿主是明智之举。不仅 Clojure 从这种最新的技术中获益（原始性能、HotSpot、即时编译、自适应优化、垃圾收集等），而且也更容易无缝实现 Java 互操作性。结果是，Java 与 Clojure 的互操作既优雅又易于学习。我们将在本章中探索这一机制。

我们首先将演示从 Clojure 代码中使用 Java 类。Clojure 提供了许多方便的宏，使得到的代码简单清晰。此后，我们将介绍通过 Clojure 提供的编译机制将 Clojure 代码转换成 Java 字节码的方法。在结束本章之前，我们将简要介绍从 Java 程序调用 Clojure 代码的方法。

本章讨论 Clojure 提供的多个宏。你已经看到了一些宏，但是我们还没有详细地介绍它们。现在，你可以将这些宏当成程序本身的特性。在第 7 章中学习编写自定义宏的方法之后，你将能更深刻地体会到宏的优雅之处。无论如何，在本章结束时，你将掌握 Clojure 的另一种极其强大的特性——从 Clojure 程序中使用大量的 Java 程序库。

5.1　从 Clojure 中调用 Java

是否有一组好的标准程序库可能造就或者毁灭一种编程语言。这就是 Clojure 具有如此巨大优势的原因；托管在 JVM 上意味着程序立刻可以访问数千种程序库和框架。这就像一种特权，你可以在 Clojure 的高级环境里度过编程生涯的大部分时间，而且可以在必要的时候择优选取任何 Java 程序库。

几乎可以在 Clojure 里完成需要在 Java 中做的任何事情。我们将在接下来的章节中探索你可能需要完成的最常见任务，包括：

- ❏ 创建 Java 类的新实例
- ❏ 访问 Java 对象的方法和域
- ❏ 实现接口和扩展类
- ❏ 编译 Clojure 代码

首先，我们将学习在程序中使用外部 Java 类的方法，以此开始探索 Clojure 的 Java 互操作特性。

5.1.1　将 Java 类导入 Clojure

在任何语言中编写大型程序很快就会碰到需要将代码组织成逻辑单元的时候。这是控制复杂性的一种简单方法，因为逻辑单元可以将事物分解成更容易理解的代码块。在 Clojure 中，代码组织的基本单元是命名空间，我们在第 3 章中已经介绍过。我们还介绍了用 require 和 use 操作命名空间的方法。在 Java 中，类似的代码组织单元称为包（package）。import 宏用于将整个包或者包中的特定类导入需要它们的 Java 程序。与此一致，Clojure 也提供了 import 函数。下面是该函数的一般形式：

```
(import & import-symbols-or-lists)
```

如你所知，import 取可变数量的参数。每个参数可以是

- ❏ 一个序列，列表的一部分是 Java 包名，然后是你希望从包中导入的类名
- ❏ 指定 Java 包限定类名的符号

下面是一个例子：

```
(import 'java.util.Date 'java.text.SimpleDateFormat)
```

上述代码使 Date 和 SimpleDateFormat 类可用于命名空间的其余代码。注意，引号（'）读取器宏指示运行时环境不要求值该符号。类似地，下面的代码从 java.util 包导入 Date 和 Set 类：

```
(import '[java.util Date Set])
```

将 Java 类导入某个命名空间的建议方式是在命名空间声明中使用 :import 选项：

```
(ns com.clojureinaction.book
  (:import (java.util Set Date)))
```

一般来说，当你使用读取 – 求值 – 打印循环（REPL）时，可以采用直接导入的形式，然后在真正的源文件中做好准备编写代码时，将 Java 类转换成刚才看到的命名空间形式。一旦导入了这些类，它们在其余的代码中就很容易使用。

5.1.2 创建实例

下面将创建一个 Java 类的新实例。考虑如下代码：

```
(import '(java.text SimpleDateFormat))
(def sdf (new SimpleDateFormat "yyyy-MM-dd"))
```

调用 def 之后，名为 sdf 的变量有一个根绑定，那是一个 SimpleDateFormat 类的新实例。new 特殊形式的工作方式与 Java 中的 new 关键字类似：接受一个类名和应用到匹配构造程序的参数。

Clojure 还有一种替代方法，通过对包含句点（.）符号的特殊标记法支持使用 new 形式。如果列表中的第一个符号以句点结束，该符号就被当作一个类名，该调用被视为对该类构造程序的调用。其余符号被当作匹配构造程序的参数。这种形式被转换为等价的 new 形式。

下面是用这种宏语法改写的前一个例子：

```
(def sdf (SimpleDateFormat. "yyyy-MM-dd"))
```

注意 SimpleDateFormat. 最后的句点。

你已经知道如何创建新的 Java 对象了，让我们来研究访问其成员的方法。

5.1.3 访问方法和域

在 Java 中，成员访问指的是访问对象的方法和域。从 Clojure 内部这样做很容易，因为 Clojure 提供另一个方便的句点宏。考虑如下的代码：

```
(defn date-from-date-string [date-string]
  (let [sdf (SimpleDateFormat. "yyyy-MM-dd")]
    (.parse sdf date-string)))
```

首先和前面一样创建一个 SimpleDateFormat 对象。为了调用该对象上的 parse 方法，使用了句点形式，在 parse 符号之前加上一个句点。该形式的第一个操作数是要调用的 parse 方法。其余操作数是 parse 实例方法的参数。

1. 静态方法

调用类上的静态方法略有不同，但同样简单：

```
(Long/parseLong "12321")
```

这里，parseLong 是 Long 类上的一个静态方法，接受一个包含长数值的字符串。这个例子以 java.lang.Long 实例的形式返回 12321。注意，没有必要导入 java.lang. Long 类。这是因为 java.lang.* 类已经由 Clojure 运行时环境加载。调用静态方法一般采用如下方式：

```
(Classname/staticMethod args*)
```

这个列表的第一个元素是一个类名和静态方法的组合，如 Long/parseLong，其余元素是传递给方法的参数。

2. 静态域

访问静态域与调用静态方法类似。下面是一个例子：假定想用 Java 日期完成工作。在这个例子中，将访问 Calendar 类中的 JANUARY 和 FEBRUARY 静态域：

```
(import '(java.util Calendar))
;=> java.util.Calendar
Calendar/JANUARY
;=> 0
Calendar/FEBRUARY
;=> 1
```

这两个例子访问 Calendar 类的静态域 JANUARY 和 FEBRUARY。

现在，你已经知道访问 Java 对象与类中的常规方法、静态方法和静态域有多么容易了。接下来，让我们看看 Clojure 提供的句点特殊形式是如何简化 Java 访问的。

5.1.4　宏和句点特殊形式

在 Clojure 中，所有底层 Java 访问都通过句点特殊形式完成。我们刚刚讨论的宏形式转换成使用这种句点特殊方式的形式。Clojure 文档中说明，句点特殊形式可以理解成"在……范围内"。这意味着，成员访问发生在第一个符号值的范围内。

让我们研究一下这种形式的工作原理。考虑如下两个一般形式：

```
(. ClassnameSymbol methodSymbol args*)
(. ClassnameSymbol (methodSymbol args*))
```

这些形式可以在类上调用第一个参数指定的静态方法。下面是以上两种形式的使用示例：

```
(. System getenv "PATH")
(. System (getenv "PATH"))
```

这两种形式都以字符串形式返回系统路径。第二种形式将调用的方法名称放在圆括号内。这在从其他宏内部调用时很方便。一般在代码中，如果直接使用句点特殊形式，则首选第一种形式，但是在宏内部或者在生成代码时，第二种形式也可以。我们已经在上一节中描述了使用这种形式的惯用代码。

现在，我们来介绍另一个类似的例子，但不是在 Java 类而是在 Java 类实例（对象）上操作。下面是一般形式：

```
(. instanceExpr methodSymbol args*)
(. instanceExpr (methodSymbol args*))
```

假定你要编写一个返回 0~10 之间随机数的函数。下面的例子展示了这两种形式：

```
(import '(java.util Random))
;=> java.util.Random
(def rnd (Random.))
;=> #'user/rnd
(. rnd nextInt 10)
;=> 4
(. rnd (nextInt 10))
;=> 3
```

有额外圆括号的第二种形式在从其他宏内部调用时很有用。正如前一小节中所指出的那样，这样使用句点特殊形式时，首选第一种选项。上个小节描述的形式是访问 Java 对象的惯用方法。

最后，考虑如下两个一般形式：

```
(. ClassnameSymbol memberSymbol)
(. instanceExpr memberSymbol)
```

这些形式访问来自类或者类实例的公共域。下面是之前你所看到的 Calendar 类静态域访问示例，用句点特殊形式进行了改写：

```
(. Calendar DECEMBER)
```

现在，你已经知道了句点特殊形式的工作方式，值得重申的是，使用这些常规形式的惯用方法在前一节中已经做了描述。句点特殊形式通常用在宏内部。现在，我们将介绍另外两个方便的宏：点 – 点宏（两个句点）和 doto。

1. . . (点 – 点)

Java 代码往往过于冗长。这不仅是语法的问题；可变状态、面向对象思路和缺乏高阶函数都是引起这种冗长代码的因素。常见的一种模式是，必须将一系列点方法调用链接起来，每个调用都在前一个调用的结果上操作。. . （点 – 点）宏有助于解决这个问题。

考虑如下代码片段：

```
(import '(java.util Calendar TimeZone))
;=> java.util.TimeZone
(. (. (Calendar/getInstance) (getTimeZone)) (getDisplayName))
;=> "Pacific Standard Time"
```

在你的系统上可能有些不同

但是，编写那样的代码有些烦琐——句点和括号可能引起混淆。想象一下，如果还要进行另一个方法调用会是什么样的情景！你可以像前面描述的那样，使用不带额外圆括号的形式来简化这种工作，使其变得更清晰一些：

```
(. (. (Calendar/getInstance) getTimeZone) getDisplayName)
```

上面的代码有所改善，但是变化不大。这是点 – 点形式起作用的场合。这个很方便的宏能将方法调用链接起来。上述代码可以改写为：

```
(.. (Calendar/getInstance) (getTimeZone) (getDisplayName))
```

这段代码还可以简化（不使用额外的圆括号，因为不向 getTimeZone 或 getDisplay
Name 方法传递任何参数）成如下形式：

```
(.. (Calendar/getInstance) getTimeZone getDisplayName)
```

如果使用接受参数的方法签名，则可以按照如下的做法：

```
(.. (Calendar/getInstance)
  getTimeZone
  (getDisplayName true TimeZone/SHORT))
```

上述代码可能返回类似 "PDT" 的信息，这同样取决于你所在的位置。注意，这段代码更容易理解，因为方法调用的顺序更清晰。介绍了这个方便的宏之后，让我们来研究这种情况下编写更清晰代码的另一种方法。

2. doto

doto 宏帮助你编写调用同一个 Java 对象上多个方法的代码。考虑下面这个人为的函数，该函数首先用 java.util.Calendar 对象的方法根据当前时间求出最近的午夜：

```
(import '(java.util Calendar))
(defn the-past-midnight-1 []
  (let [calendar-obj (Calendar/getInstance)]
    (.set calendar-obj Calendar/AM_PM Calendar/AM)
    (.set calendar-obj Calendar/HOUR 0)
    (.set calendar-obj Calendar/MINUTE 0)
    (.set calendar-obj Calendar/SECOND 0)
    (.set calendar-obj Calendar/MILLISECOND 0)
    (.getTime calendar-obj)))
```

如你所见，这个代码里重复的 calendar-obj 符号很乏味。doto 宏可以消除这类重复。下面是一个例子：

```
(defn the-past-midnight-2 []
  (let [calendar-obj (Calendar/getInstance)]
    (doto calendar-obj
      (.set Calendar/AM_PM Calendar/AM)
      (.set Calendar/HOUR 0)
      (.set Calendar/MINUTE 0)
```

```
          (.set Calendar/SECOND 0)
          (.set Calendar/MILLISECOND 0))
    (.getTime calendar-obj)))
```

一般来说，doto 宏接受一个符号，然后是一个形式主体。符号与没有 doto 的形式相结合。在 Clojure 代码中，这种用于消除重复的宏相当常见。

5.1.5 有助于使用 Java 的 Clojure 宏

在结束本节之前，让我们来研究几个简化 Java 代码处理的宏。首先介绍 memfn，这是将 Java 实例方法转换为 Clojure 函数的方便手段。然后介绍 bean，这个极其方便的宏可以将 Java bean 对象转换成一个 Clojure 映射。

1. memfn

假定想要收集组成几个字符串的字节数组。下面是可能的做法：

```
(map (fn [x] (.getBytes x)) ["amit" "rob" "kyle"])
```

使用匿名函数的读取器宏，可以将上述代码简化为

```
(map #(.getBytes %) ["amit" "rob" "kyle"])
```

创建这个匿名函数是必要的，因为 getBytes 这样的实例方法不能作为常规的 Clojure 高阶函数。原因是，在读取代码时，Clojure（和 Java）不知道名称 getBytes 代表的是哪个方法——它可能来自于任何用该名称定义方法的类，甚至是使用不同参数数量或者类型的一个方法。（记住，在 Java 中，String.getBytes()、String.getBytes(Charset charset) 和 String.getBytes(String string) 都是不同的方法！）为了消除歧义，指定 getBytes 为 java.lang.String 的无参数方法，Clojure 必须在运行时看到一个对象实例，或者用类型提示在编译时知道它是哪一个 Java 类。

但是，有一个方便的宏 memfn（是成员函数 member-as-function 的简写）可以简易地将实例成员调用转换为一个 Clojure 函数。前面使用的高阶函数映射是这种用法的典型例子。下面是使用 memfn 的一个例子。

```
(memfn getBytes)
```

Clojure 将于运行时在它看到的实例上用 Java 反射确定调用的方法。但是如果你包含了一个类型提示，则 Clojure 将避免使用运行时反射，直接在编译时调用正确的方法，以提高性能。下面是使用反射的一个例子：

```
(memfn ^String getBytes)
```

例如，在映射上下文中使用的方式类似于

```
(map (memfn getBytes) ["amit" "rob" "kyle"])
```

memfn 还可以处理接受不止一个参数的成员函数。考虑如下对 String 对象成员函数 subSequence 的调用：

```
(.subSequence "Clojure" 2 5)
;=> "oju"
```

使用可选类型提示的等价形式如下：

```
((memfn ^String subSequence ^Long start ^Long end) "Clojure" 2 5)
;=> "oju"
```

调用 (memfn subSequence start end) 返回的 Clojure 函数可在所有常规结构中当成一个正常函数来使用。现在，我们将介绍另一个在使用 Java 代码时很有用的函数——bean。

2. bean

bean 是一个方便的函数，在处理 Java 代码时很有用，特别是 JavaBeans——遵循一个简单标准，通过取值方法和设值方法输出数据的类。你不需要通过前面描述的宏调用取值方法（如果处理的是大的对象，这种做法很快就会变得乏味），而是可以使用 Clojure 提供的 bean 函数，将对象转换为一个哈希映射。考虑如下的例子：

```
(bean (Calendar/getInstance))
```

上述代码返回包含所有 bean 属性的 Clojure 映射。作为一个 Clojure 数据结构，这个映射是不可变的，它看起来是这样的：

```
{:timeInMillis 1257466522295,
 :minimalDaysInFirstWeek 1,
 :lenient true,
 :firstDayOfWeek 1,
 :class java.util.GregorianCalendar
;; other properties
}
```

与调用原始对象上的取值方法相比，这个映射的处理容易多了。下面，我们将介绍 Clojure 处理数组的机制。

括号的数量

人们常常谈到 Clojure 使用的大量括号。虽然这种语法提供了一些优点，但是第一次使用 Clojure 的程序员可能觉得代码有些难以理解。

有些好笑的是，与 Java 代码相比，Clojure 代码使用的括号往往更少，它们的使用和放置都采用一致、规则的方式。括号的位置确实不一样，这是值得注意的一点。

3. 数组

Java 数组是容纳同类值的一个容器对象。这是一个以整数为键的随机访问数据结构。

虽然不像标准 Java 库中的容器类那么常用，但数组在 Java 程序中也相当常见。Clojure 有处理 Java 数组的原生支持。考虑如下代码片段：

```
(def tokens (.split "clojure.in.action" "\\."))
```

tokens 是一个 Java 字符串对象数组。

现在，我们来介绍几个 Clojure 提供的函数，它们有助于 Java 数组的处理：

❑ (alength tokens)——alength 返回数组的大小，在这个例子中返回 3。

❑ (aget tokens 2)——aget 返回数组指定索引的元素，这个例子中返回字符串 "action"。

❑ (aset tokens 2 "actionable")——这个函数改变 tokens 数组，使最后一个标记现在变成 actionable。

此时，需要记住的是，和任何 Clojure 核心数据结构不同，Java 数组是可变的——这和 Java 中的大部分对象一样。你将在第 6 章中看到，可变性在多线程程序中是如何造成问题的，你还将学习 Clojure 处理并发性的方法。

Clojure 提供了可将序列转换成 Java 数组（to-array、to-array-2d 和 into-array）的多种函数以及一种创建任意新 Java 数组的函数（make-array）。前面已经介绍过的 map 和 reduce 函数还有数组专用的版本，称为 amap 和 areduce。

这些函数都很容易使用 Java 数组。话虽如此，因为数组需要特殊处理且与常规序列相比有些奇怪，所以应该将它们限制在绝对必需的场合中使用。

我们已经介绍了 Clojure 与 Java 代码世界互操作的多个方面。我们几乎就要完成这方面的研究了，最后要讨论的是从 Clojure 代码中实现 Java 接口和扩展 Java 类的方法。到下一节结束时，你将能掌握大部分 Java 互操作工具。

5.1.6 实现接口和扩展类

使用 Java 程序库和框架时，常常需要定义实现某些接口或者扩展某些类的新类。如果这些工作里需要编写 Java 代码，那将是种耻辱。幸运的是，Clojure 有一个 proxy 宏，使得可以从 Clojure 代码中完成上述工作。

1. MouseAdapter

例如，考虑历史悠久的 MouseAdapter。你可能在用 Java 创建 GUI 程序时使用过这个类。这是一个适配器类，可实现多种事件监听接口，这些接口都有默认（不做任何操作）的实现。这个类在用抽象窗口工具（AWT）库创建 GUI 程序时有用。让我们来探索该类上的如下方法：

```
void mousePressed(MouseEvent e)
```

下面是创建 MouseAdapter 类实现的一个简单例子：

```
(import 'java.awt.event.MouseAdapter)
(proxy [MouseAdapter] []
  (mousePressed [event]
    (println "Hey!")))
```

proxy 宏的一般形式为

```
(proxy [class-and-interfaces] [args] fs+)
```

这说明，proxy 形式接受一个由 Java 类及接口组成的向量，然后是传递给超类构造函数的参数向量（可能为空）以及定义的任何方法。在上述例子中，指定了 MouseAdapter 接口，并实现了 mousePressed 方法。

2. reify

实现 Java 接口的另一种方法是使用 reify 宏。我们将在第 9 章中更详细地研究这个宏，下面是它的接口的简化版本：

```
(reify specs*)
```

这里，specs 由一个接口名称后跟 0 个或者多个方法体组成。例如，下面是创建 Java FileFilter 接口实例的一个例子：

```
(reify java.io.FileFilter
  (accept [this f]
    (.isDirectory f)))
```

你可以在一次 reify 调用中放入任意数量的接口和方法体定义。同样，reify 完成很多工作，你很快就会看到它的实际例子。

本节内容相当多，充满了许多细节！你现在应该可以在 Clojure 程序中使用任何类型的 Java 库。这是 Clojure 语言的一个优秀特性，对现实中编写程序相当关键。

既然已经理解了 Clojure 的 Java 互操作性支持，你便将从 Clojure 代码中生成一些静态 Java 类。

5.2　将 Clojure 代码编译为 Java 字节码

你在第 1 章中已经知道，Clojure 没有解释程序。代码一次求值一个 s- 表达式。在这个过程中，如果需要编译，Clojure 运行时环境将完成这项工作。最终，由于 Clojure 托管在 JVM 上，一切都在执行之前转换成 Java 字节码，程序员不需要操心这在何时以及如何实现。

Clojure 提供了一个机制来完成这种预先（AOT）编译。AOT 编译有一些优势。代码打包让你可以将其作为类文件（不包含源代码）交付，供其他 Java 应用使用，而且加速了程序的启动。在本节中，我们将解释 AOT 编译 Clojure 代码的方式。

5.2.1 示例：两个计算器的故事

我们下面要研究的代码实现了两种财务计算器，你可以用它来管理库存和债券投资。为了方便组织，我们将代码放在一个目录中——这是 Clojure 世界的惯用方法。图 5-1 展示了这种组织。

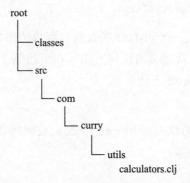

图 5-1　典型的 Clojure 项目组织。src 目录包含源代码，以与 Java 包类似的方式组织

注意，calculators.clj 位于 src/com/curry/utils 目录中，这个文件包含我们当前感兴趣的命名空间。下面是这个文件的内容：

```
(ns com.curry.utils.calculators
  (:gen-class))
(defn present-value [data]
  (println "calculating present value..."))
```

命名空间声明中的 :gen-class 指令用于在编译时为这个命名空间生成一个命名类。你可以从将 classes 和 src 目录放入类路径的 REPL 编译这段代码。compile 函数用于完成编译，它接受的参数是要编译的命名空间：

```
(compile 'com.curry.utils.calculators)
```

如果编译成功，该函数返回编译好的命名空间名称。现在，我们来介绍这个编译过程的输出、生成的类文件和它们所在的位置。

1. 生成的类

如前所述，compile 函数编译指定的命名空间。在这个例子中，它为 com.curry.utils.calculators 命名空间生成类文件。这里生成的三个类是 calculators_init.class、calculators.class 和 calculators$present_value__xx.class，它们位于 classes/com/curry/utils 目录。

> **用 Leiningen 生成的类**
>
> 这里描述的生成类路径是原始 Clojure REPL 的默认路径。如果你像我们在附录 A 中所建议的那样，通过 Leinngen 使用 Clojure，则生成的类将有相同的路径，但是在

> target/ 目录下，而不是在根目录下。例如，生成的类不会出现在 classes/com/curry/utils
> （原始 Clojure REPL），而将出现在 target/classes/com/curry/utils 目录下。这种差异由
> *compile-path* 动态变量管理，我们将很快介绍这个变量。

系统为每个 Clojure 函数创建一个类文件。在本例中，present-value 函数导致了
calculators$present_value__xx.class 文件的创建，该文件的名称将在命名空间重编译时变
化（因为这是一个生成的名称）。为每个 gen-class 也会生成一个类文件，本例中对应于
calculators.class 文件。

最后，名称中有 __init 的类文件包含一个加载器类，每个 Clojure 源文件都会生成一
个这样的文件。通常，这个加载器类不需要直接引用，因为 use、require 和 load 在被
调用时都知道使用哪个文件。

:gen-class 有许多选项，可以控制生成代码的不同方面。这些选项将在 5.2.2 小节
中探索。现在，我们已经介绍了编译的基本知识，你将尝试编译分布在不同文件中的命名
空间。

2. 附加的文件

现在，你将在 calculators 命名空间中再添加两个计算器。你将创建两个文件来完
成这一任务，每个文件用于一个新的计算器函数。得到的文件结构如图 5-2 所示。

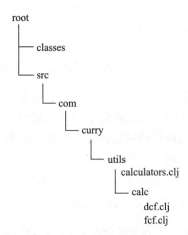

图 5-2　在 utils 子目录中添加两个新文件 dcf.clj 和 fcf.clj，该目录下包含了同一个 com.
　　　　curry.utils.calculators 命名空间的代码

dcf.clj 文件的内容如下：

```
(in-ns 'com.curry.utils.calculators)
(defn discounted-cash-flow [data]
  (println "calculating discounted cash flow..."))
```

fcf.clj 文件的内容如下：

```
(in-ns 'com.curry.utils.calculators)
(defn free-cash-flow [data]
  (println "calculating free cash flow..."))
```

注意，上述两个文件都使用 in-ns，以确保它们都属于同一个命名空间。calculators.clj 做了如下修改：

```
(ns com.curry.utils.calculators
  (:gen-class))
(load "calc/fcf")
(load "calc/dcf")
(defn present-value [data]
  (println "calculating present value..."))
```

注意，load 使用相对路径，这是因为 fcf.clj 和 dcf.clj 文件都在 utils 的 calc 子目录中。正像前面所做的那样，调用 compile 造成 classes 目录中生成新的类文件。在 classes/com/curry/utils/calc 目录中，生成 dcf__init.class 和 fcf__init.class 两个文件。为新函数 discounted-cash-flow 和 free-cash-flow 也创建了新文件，位于 classes/com/curry/utils 目录。

3. *compile-path*

你可能感到好奇，为什么生成的代码输出到 classes 目录，这是因为全局变量 *compile-path* 的默认值就是该目录。这很容易改变，可以通过调用 set! 修改变量值，或者在一个绑定形式内调用 compile，将 *compile-path* 绑定到对应的路径。需要记住的是，指定的目录必须存在，而且应该在类路径上。

5.2.2 用 gen-class 和 gen-interface 创建 Java 类和接口

Clojure 在 gen-class 和 gen-interface 宏中也提供了单独的 Java 类及接口生成工具。（gen-interface 和 gen-class 的工作方式类似，但是因为它仅限于定义接口，所以选项较少）当包含这些调用的代码被编译时，为指定的类或者接口生成字节码，并将其写入类文件，和你前面看到的一样。

在本节中，你将看到 gen-class 的工作示例。考虑如下程序清单 5-1，这是一个人为的例子，我们将用一个 Java 抽象类说明 gen-class。

程序清单5-1　用于说明gen-class的Java抽象类

```
package com.gentest;
public abstract class AbstractJavaClass {
    public AbstractJavaClass(String a, String b) {
        System.out.println("Constructor: a, b");
    }
    public AbstractJavaClass(String a) {
        System.out.println("Constructor: a");
    }
    public abstract String getCurrentStatus();
```

```
public String getSecret() {
    return "The Secret";
  }
}
```

一旦用javac AbstractJavaClass.java 编译 AbstractJavaClass，AbstractJava Class.class 文件就必须在 Clojure 的类路径和与包规格相匹配的子目录下。例如，如果 target/classes/ 在类路径中，则这个类文件必须在 target/classes/com/gentest/AbstractJava Class.class。确保 Clojure 运行时可以找到该类之后，就可以像如下程序清单中那样使用 gen-class 了。

程序清单5-2　　gen-class生成一个Java类以引用AbstractJavaClass

```
(ns com.gentest.gen-clojure
  (:import (com.gentest AbstractJavaClass))
  (:gen-class
    :name com.gentest.ConcreteClojureClass
    :extends com.gentest.AbstractJavaClass
    :constructors {[String] [String]
                   [String String] [String String]}
    :implements [Runnable]
    :init initialize
    :state localState
    :methods [[stateValue [] String]]))
(defn -initialize
  ([s1]
    (println "Init value:" s1)
    [[s1 "default"] (ref s1)])
  ([s1 s2]
    (println "Init values:"  s1 "," s2)
    [[s1 s2] (ref s2)]))
(defn -getCurrentStatus [this]
  "getCurrentStatus from - com.gentest.ConcreteClojureClass")
(defn -stateValue [this]
  @(.localState this))
(defn -run [this]
  (println "In run!")
  (println "I'm a" (class this))
  (dosync (ref-set (.localState this) "GO")))
(defn -main []
  (let [g (new com.gentest.ConcreteClojureClass "READY")]
    (println (.getCurrentStatus g))
    (println (.getSecret g))
    (println (.stateValue g)))
  (let [g (new com.gentest.ConcreteClojureClass "READY" "SET")]
    (println (.stateValue g))
    (.start (Thread. g))
    (Thread/sleep 1000)
    (println (.stateValue  g))))
```

现在，我们来通读程序清单 5-2 中的代码，以理解发生的情况。对 ns 的调用应该很熟悉了。它用 `:import` 从程序清单 5-1 中导入 `AbstractJavaClass`。这就是该文件必须在类路径上的原因。下一个选项 `:gen-class` 是我们最感兴趣的。该宏可以取多个选项，其中有些在本例中使用了，有些则没有使用。表 5-1 描述了程序清单 5-2 中使用的选项。

表 5-1　用于程序清单 5-2 中的 gen-class 选项

选　项	描　述
`:name`	编译这个命名空间时将生成的类名
`:extends`	超类的完全限定名称
`:constructors`	通过一个映射明确构造程序规格，每个键是指定构造程序签名的一个类型向量。值是类似的向量，指明超类构造程序的签名
`:implements`	类实现的 Java 接口向量
`:init`	将以构造程序的参数调用的函数名称。必须返回一个有两个元素的向量，第一个是传递给超类构造程序的参数向量，第二个是包含当前实例状态的对象（通常是一个 atom 类型对象）
`:methods`	指定生成类的附加方法参数。对于继承接口或者超类中定义的公共方法不需要：gen-class 将自动声明那些方法

`-initialize`、`-getCurrentStatus` 和 `-run` 实现或者覆盖接口或者超类方法。它们带有破折号（`-`）前缀，因此可以按照约定辨认。这个前缀可以用 `:prefix` 选项更改（见表 5-2）。现在，你已经理解了示例中每个选项的作用，可以准备运行它了。

1. 运行示例

和前一个例子相同，从 REPL 运行 `(compile 'com.gentest.gen-clojure)` 将创建 Concrete-ClojureClass.class 文件。类路径中需要有 clojure.jar 及 AbstractJavaClass.class、ConcreteClojure-Class.class 的位置，下面的命令假定 CLASSPATH 环境变量已经正确设置。测试生成类的命令如下：

```
java com.gentest.ConcreteClojureClass
```

这将向控制台输出如下内容：

```
Init value: READY
Constructor: a
getCurrentStatus from - com.gentest.ConcreteClojureClass
The Secret
READY
Init values: READY , SET
Constructor: a, b
SET
In run!
I'm a com.gentest.ConcreteClojureClass
GO
```

正如以上代码所示，你已经使用两个构造程序签名创建了生成类的实例。你还调用了超类方法 `getSecret`，并重载了 `getCurrentStatus` 方法。最后，你将第二个实例作为一个线程运行，并检查了 `localState` 的突变状态（从 `SET` 变为 `GO`）。表 5-2 展示了 `gen-class` 的其他可用选项。

表 5-2 更多 `gen-class` 选项

选 项	描 述
`:post-init`	按名指定一个函数，每当创建一个实例时，在所有构造程序运行之后调用，该函数以新创建的实例为第一个参数，返回值被忽略
`:main`	指定是否应该生成一个主方法，使该类可以作为命令行的一个应用程序入口点。默认为 `true`
`:factory`	指定与构造程序有相同签名的工厂函数名称。还将创建一个该类的最终公共实例。还需要一个 `:init` 函数以提供初始状态
`:exposes`	输出从超类继承的保护域。该值为一个映射，其中键是保护域名称，值是指定取值方法和设值方法的映射。格式如下： `:exposes {protected-field-name {:get name :set name}, ...}`
`:exposes-methods`	通过指定名称输出超类的重载方法。格式如下： `:exposes-methods {super-method-name exposed-name, ...}`
`:prefix`	默认值为破折号（`-`）。调用 `getCurrentStatus` 之类的方法时，通过在前面加上该值查找（例如 `-getCurrentStatus`）
`:impl-ns`	寻找方法实现的命名空间名称。默认值为当前命名空间。但是如果实现或者重载的方法在不同命名空间，可以在此指定
`:load-impl-ns`	生成的 Java 类在初始化时是否加载其 Clojure 实现。默认为 `true`；如果需要单独加载 Clojure 或者生成的 Java 类，则可以改为 `false`（这是一个专用设置，不太可能需要）

这是相当完备的选项集，让程序员可以影响生成代码的几乎每个方面。

2. Leiningen 和 Java 项目

用于创建 `ConcreteClojureClass` 类的 Java 和 Clojure 代码是 Clojure-Java 混合项目的一个例子。Leiningen 大大简化了此类项目的管理。可以创建如程序清单 5-3 所示的 project. clj 文件，而不手工调用 `java`、`javac` 和 Clojure 的 `compile` 函数。有了 Leiningen，你所需要做的就是将源代码放在正确的目录中，并从命令行执行 `lein run`：这条命令将自动编译 AbstractJavaClass.java，用 gen-class 生成 gen-clojure.clj 中的 `ConcreteClojureClass`，并运行 `ConcreteClojureClass` 的 `main` 方法。

Leiningen 可以避免 Clojure 项目管理中的许多混乱和单调乏味的情况，尤其是项目混合了 Java 和 Clojure 代码的情况。如果你还没有使用它，附录 A 中有安装 Leiningen 的更多信息。

程序清单5-3 `ConcreteClojureClass`的Leiningen项目文件

```
(defproject gentest "0.1.0"
  :dependencies [[org.clojure/clojure "1.6.0"]]

  ; Place our "AbstractJavaClass.java" and "gen-clojure.clj" files under
  ; the src/com/gentest directory.
```

```
:source-paths ["src"]
:java-source-paths ["src"]

; :aot is a list of clojure namespaces to compile.
:aot [com.gentest.gen-clojure]

; This is the java class "lein run" should execute.
:main com.gentest.ConcreteClojureClass)
```

现在，你已经知道如何从 Clojure 源代码编译和生成 Java 代码，这为下一步做好了准备。现在，你将了解如何从另一个方向入手：从 Java 程序中调用 Clojure 函数。这将使你可以用 Clojure 语言提供的所有机制以这种语言编写应用程序的一些部分，然后从其他 java 代码中使用它。

5.3 从 Java 调用 Clojure

大部分托管在 JVM 上的语言都有一个很大的优势，即它们可以嵌入其他 Java 程序。这在需要编写较大系统时很有用。下面我们来研究从 Java 代码调用 Clojure 函数的方法。

考虑如下的 Clojure 函数，它是在 `clj.script.examples` 命名空间中定义的：

```
(ns clj.script.examples)
(defn print-report [user-name]
  (println "Report for:" user-name)
  10)
```

如果这段 Clojure 代码在名为 clojure_script.clj 的文件之中，则可以从一个 Java 方法中调用 `print-report` 函数，如以下代码所示：

```
import clojure.lang.RT;
import clojure.lang.Var;
public class Driver {
    public static void main(String[] args) throws Exception {
        RT.loadResourceScript("clojure_script.clj");
        Var report = RT.var("clj.script.examples", "print-report");
        Integer result = (Integer) report.invoke("Siva");
        System.out.println("Result: " + result);
    }
}
```

你需要导入 `clojure.lang.RT` 和 `clojure.lang.Var`，这段代码才能正常工作。这里，RT 是表示 Clojure 运行时的类。可通过调用 RT 类上的静态方法 `loadResource Script` 来初始化它。该方法接受 Clojure 脚本文件名称，并加载其中定义的代码。RT 类还有一个 var 静态方法，接受命名空间名称和一个变量名称（两者都为字符串），查找指定的变量并返回一个 var 对象，该对象以后可以用 invoke 方法调用。invoke 方法可以接受任意数量的参数。

你已经看到，从 Java 调用 Clojure 的基本方式相当简单。这是设计造成的；Clojure 在创建时就接受了 JVM，以无缝、用户友好的方式与之对接。

5.4　小结

本章探索了 Clojure 对 Java 互操作性的出色支持。这是一个重要的特性，因为它使程序员立刻可以访问数以千计的程序库和框架。在本书后面的部分中将会看到，这在 Clojure 中构建实际应用系统时是个巨大的优势。你可以在 Clojure 中编写应用特定的代码，而对于基础架构相关的要求则使用久经考验的生产级 Java 程序库——例如，访问 HBase（Google BigTable 的开源实现）和使用 RabbitMQ（极其快速的消息传递系统）。

可以使用大量久经考验的程序库和框架给 Clojure 这样的语言带来了巨大的不同。除了从 Clojure 中使用所有这些功能性之外，Java 互操作还使编写在 Java 系统中共存且利用现有投资的代码成为可能。这使 Clojure 以增量方式进入各种环境和组织中。最后，这种优雅的互操作方式可以从 Clojure 中轻松地使用 Java 代码。这些因素都使 Clojure 与 Java 平台的结合成了考虑采用该语言时的巨大加分项。实际上，一旦熟悉了 Clojure 为创建和使用 Java 类及对象而提供的所有方便特性，你可能会觉得，从 Clojure 中使用 Java 代码比 Java 自身还要容易！

在下一章中，我们将了解 Clojure 处理状态和并发性的特性。

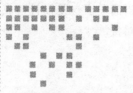

状态和并发的世界

本章内容：

❑ 可变状态存在的问题

❑ Clojure 的状态处理方法

❑ 引用、代理、原子和变量

❑ 未来的前景

状态——你们的做法是错的。

——Rich Hicey ⊖

上述引言来自 Rich Hickey 在讨论 Clojure 的并发性和状态处理方法时的一次讲话。他的意思是，大部分语言采用不是很有效的方法来建立状态模型。准确地说，当计算机还不那么强大且程序以单线程方式运行时，旧的方法曾经是有效的，但是今天的世界，多核和多 CPU 计算机越来越多，这种模型已经崩溃了。Java 和 C++ 等典型面向对象语言编写无 bug 多线程代码十分困难便证明了这一点。程序员仍然在继续尝试，因为当今对软件的要求很高，必须利用所有可用的 CPU 核心。随着软件需求复杂度的增长，并行性也成了隐含的要求。

本章的内容与并发程序和它们处理状态时面对的问题有关。我们将首先了解这些问题，然后研究传统的解决方案。接着，我们将介绍 Clojure 处理这些问题的方法，说明在试图解决困难的问题时，有时候值得重新开始。

⊖ 来自 2012 年波士顿 Lisp 会议上的演讲，http://www.youtube.com/watch?v=7mbcYxHO 0nM&t= 00h21m04s。

6.1 状态存在的问题

状态是与程序中不同事物相关的当前值集。例如，工资表程序可能处理员工对象。每个员工对象代表着员工的状态，每个程序通常有许多此类状态。状态本身甚至状态的突变都没有问题。现实世界充满了可感知的变化：人的变化、计划变化、天气变化、银行账户余额变化。问题发生在不同线程中的并发（多线程）程序共享这类状态并试图对其做出更新的时候。当单线程执行的假象被打破时，代码就会遭遇各种不一致的数据。在本节中，我们将介绍这个问题的一个解决方案。但在此之前，让我们来回顾在共享数据上进行操作的并发程序所面对的问题。

6.1.1 共享状态的常见问题

多线程程序的大部分问题都是因为对共享数据的更改没有得到正确的保护。本章中，我们将概述下面的问题。

1. 丢失或者隐藏的更新

丢失更新发生在两个线程相继更新相同数据的时候。第一个线程所做的更新将丢失，因为第二个更新覆盖了它。一个经典的例子是两个线程递增一个当前值为 10 的计数器。因为线程的执行是交织的，所以两个线程可能读取计数器，认为它的值为 10，然后都将其递增为 11。问题是，最终值应该为 12，一个线程所做的更新丢失了。

2. 读"脏"数据和不可重复读

读"脏"数据发生在线程读取另一个线程正在更新中的数据时。在一个线程完全更新数据之前，其他线程读到了不一致（脏）的数据。类似地，不可重复读发生在这种情况下：一个线程读取某个特定数据集，但由于其他线程正在对该数据集进行更新，因此线程永远不能再进行一次看到相同数据的读操作。

3. 幻读

幻读（phantom read）发生在线程读取已经被删除的数据（或者添加更多数据）时。我们说读线程进行了一次"幻读"，是因为它读取的数据不再存在。

Brian Goetz 的《Java Concurrency in Practice》（Addison-Wesley Professional, 2006）一书出色地解读了这些问题。该书用 Java 举例，所以不能直接利用，但仍然强烈建议阅读本书。

6.1.2 传统解决方案

对上述问题，最显而易见的解决方案是对处理此类可变共享数据的那部分代码进行一定程度的控制。这通过锁来完成，锁是控制各部分代码执行的一个结构，它确保某个时候只有单个线程运行锁保护的代码段。使用锁时，线程只有在先得到相关锁的情况下才能执行用锁保护的破坏性方法（使数据发生突变的方法）。如果线程试图在其他线程持有锁的情况下执行此类代码，它会被阻塞，直到锁再次可用。被阻塞线程只有在以后获得锁，才能恢复执行。

这种方法看起来可能合理，但是在不止一个可变数据需要协调更改时会变得很复杂。发生这种情况时，每个需要做出更改的线程必须获取多个锁，这导致更多争用，从而造成并发性问题。必须处理多个可变数据结构的多线程程序的正确性难以确保。而且，由于多线程程序固有的不确定性，发现和修复此类程序中的 bug 很难。

但是，人们已经用锁编写了复杂度极高的程序。为确保程序按照预想工作花费了更多的时间和金钱，为确保程序更改之后能够继续正常工作的维护预算也变得更高。这令人们感到疑惑：就没有更好的方法能解决这个问题吗？

本章要介绍的就是这样一种方法。在进入核心内容之前，我们将解释一些概念。首先，我们将介绍在多线程程序中使用锁的缺点。然后，我们将简单概述因为锁的存在而引发的新问题。

1. 锁的劣势

锁的最明显劣势是，代码的多线程特性不如引入锁之前。当一个线程获得并持有锁时，其他任何一个线程都不能执行加锁的代码，这导致其他线程不得不等待。这可能引起浪费，降低了多线程应用的吞吐能力。

而且，锁是一种过度的解决方案。考虑一个线程只需要读取某些可变数据的情况。为了确保没有其他线程在该线程工作时更改数据，读取器线程必须为关心的所有可变数据加锁。这不仅导致写入线程阻塞，其他读取器线程也同样如此，从而引发了毫无必要的浪费。

最后，锁的另一个劣势是，程序员必须记得加锁、对正确的部分加锁、以正确的顺序加锁。如果某人引入了与忘记加锁有关的 bug，则可能很难跟踪与修复。除了程序以意料之外的方式表现之外，没有任何自动化机制能够标记出这种情形，也没有与这类情况相关的编译时或者运行时警告！为什么加锁和以何种顺序加锁（以便锁能够以相反的顺序释放）的知识无法在程序代码中表达——通常，这些知识记录在技术文档中。软件业中的每个人都深知如何制作文档。

不幸的是，这并不是使用锁的唯一缺点；它还会造成新的问题。我们现在就来研究一些此类问题。

2. 锁的新问题

当一个线程需要更改超出一个可变数据时，它需要获取与此数据相关的所有锁。这是基于锁的解决方案确保协调更改多个数据项的唯一方法。线程需要获得锁才能完成其工作的事实造成了对这些锁的争用。这种争用造成了一些问题，通常可以分成表 6-1 中所示的类别。

表 6-1　使用锁产生的问题

问　题	描　述
死锁	两个或者更多个线程等待其他线程释放它们所需锁的情况。这种循环依赖导致所有相关线程无法继续
饥饿	这种情况发生在一个线程无法分配完成工作的足够资源时，导致它"饥饿"而永远无法完成
活锁	这是饥饿的一种特例，发生在两个线程继续执行（更改它们的状态）但是无法推进到其最终目标时。想象一下两个人在走廊相遇双方都试图从对方身边经过的情况。如果两个人都等待另一个人先移动，就会造成死锁。如果两个人都向对方方向移动，最终仍然会因为阻塞而无法通过。这种情况就造成了活锁，因为线程都在工作并改变状态，但是仍然无法取得进展
竞争	这是一种普遍的情况，线程的交替执行造成不希望得到的计算结果。这种 bug 很难调试，因为竞争发生的情况相对少

使用锁有以上这些缺点和问题，你肯定想知道有没有更好的并发性和状态问题解决方案。对此我们将在下一节探讨，首先是对状态建模的新颖看法。

6.2　标识与值的分离

我们已经探索了并发程序和共享状态的一些常见问题，包括流行的锁解决方案，这为研究不同的观点做好了准备。我们将首先重新检查一下大部分流行编程语言提供的状态处理结构——对象。Java、C++、Ruby 和 Python 等面向对象语言提供了包含状态及其相关操作的类的概念。它们的思路是提供封装手段，分离不同抽象间的职责，实现更清晰的设计。这是一个很高尚的目标，甚至可能曾经实现过。但是大部分语言在这种哲学上有缺陷；当同样的程序需要作为多线程应用运行时产生了问题。大部分程序最终需要多线程能力——因为需求的变更或者为了利用多核 CPU。

这些语言的缺陷在于将 Rich Heckey 所称的标识和状态这两个概念合并起来了。考虑一个人最喜欢的电影。在儿时，这个人最喜欢的电影可能包括迪士尼和皮克斯公司制作的电影。随着个人的成长，最喜欢的电影中可能包含了其他电影，例如 Tim Burton 或者 Robert Zemeckis 导演的电影。这个实体由随时间变化的 favorite-movies 表示。真的是这样吗？

在现实中，有两组不同的电影。在一个时候（较早），favorite-movies 指的是包含儿童电影的电影集；在另一个时候（较晚），它指的是包含其他电影的不同集合。因此，随时间变化的并不是集合本身，而是实体 favorite-movies 所指向的电影。而且，在任何给定时点，一组电影本身是不会变化的。这条时间轴需要在不同时点上包含不同电影的不同集合，尽管有些电影出现在不止一个集合里。

简言之，重要的是要意识到，我们谈到的是两个截然不同的概念。第一个是标识——某人最喜欢的电影。这是相关程序中所有行动的主题。第二个是程序运行期间标识指向的值序列。这两个概念为我们提供了状态的有趣定义——某个标识在特定时点的值。这种分离可以在图 6-1 中看到。

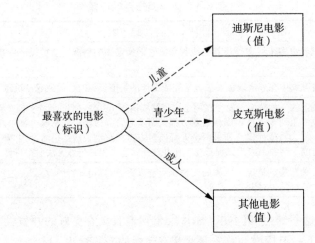

图 6-1 重要的是理解我们所谈论的（如最喜欢的电影，这是一个标识）主题和该标识值之
间的分离。标识本身永远不会改变，但是随着时间的推移而指向不同的值

状态的这种概念不同于面向对象语言传统实现提供的现成概念。例如，在 Java 或者
Ruby 等语言中，从定义有状态域和破坏性方法（更改对象某一部分的方法）的一刻起，并
发性问题就开始蔓延，可能导致前面讨论的许多问题。这种状态处理方法在几年前的单线
程世界里是有效的，但情况已经不再是这样的。

现在，你已经理解了一些相关的术语，接下来我们将研究使用一系列不可变值建立标
识状态的思路。

6.2.1 不可变值

不可变对象是创建之后就不能更改的对象。为了模拟改变，必须创建一个全新的对象来
代替旧对象。按照目前为止的讨论，这意味着 favorite-movies 标识模型建立之后，它
应该定义成对不可变对象（在本例中是一个集合）的引用。随着时间的推移，引用将指向不
同的（也是不可变的）集合。这应该适用于任何类型的对象，而不仅仅是集合。多种编程语
言已经在某些数据类型中提供了这一机制，例如数值和字符串。例如，考虑如下赋值语句：

```
x = 101
```

大部分语言将数值 101 当成不可变值处理。例如，各种语言都不提供完成如下操作的结构：

```
x.setUnitsDigit(3)
x.setTensDigit(2)
```

没有人认为这样的代码能够发生作用，也没有人认为这是将 101 变成 123 的一种途
径。相反，你可能这么做：

```
x = 101 + 22
```

这一次，x 指向值 123，这是一个全新的值，也是不可变的。有些语言将这种行为扩充到其他数据类型。例如，Java 字符串也是不可变的。在以上程序中，x 代表的标识随时间推移指向不同（不可变）数值。这类似于不同时间指向不同不可变集合的 favorite-movies。

6.2.2 对象和时间

如你所见，要让程序处理发生的某些情况，对象（如 x 或者 favorite-movies）不一定要发生变化。前面已经讨论过，它们的模型可以是随时间指向不同对象的引用。这是大部分面向对象语言的缺陷：它们将标识（x 或者 favorite-movies）与标识的值混同了。大部分此类语言不区分 favorite-movies 这样的标识和保存与标识相关数据的内存位置。例如，kyle 变量可能直接指向包含某个 Person 类实例数据的内存位置。

在典型的面向对象语言中，当破坏性方法（或者过程）执行时，它直接修改所存储实例的内存内容。注意，在同种语言处理原始变量（如数值或者字符串）时不会发生这样的情况。似乎没有人注意到这种行为上的差别，原因是大部分语言都已经让程序员们习惯地认为复合对象不同于字符串和数值那样的原始变量了。但是，这样的处理并不是必需的，还有另一种方法。程序应该只有一个对不可变对象的特殊引用，而不是让程序通过 favorite-movies 之类的指针直接访问内存。它们唯一应该可以更改的就是这个特殊引用本身，让它指向一个完全不同的构造合适的对象，而这个对象仍然是不可变的。图 6-2 说明了这个概念。

这应该是所有数据类型的默认行为，而不仅仅是数值或者字符串等。程序员定义的自定义类也应该以这种方式工作。

现在，我们已经说明了这种让对象随时间改变的新方法，让我们来看看对不可变对象的这种引用有什么用处和特殊性。

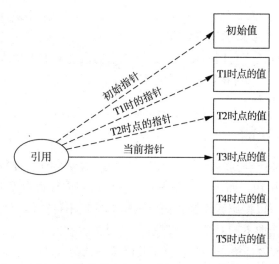

图 6-2 随时间推移指向完全不同的不可变值的一个引用

6.2.3 不可变性和并发性

需要牢记的是，并发性的麻烦只发生在多个线程试图更新相同的共享数据时。在本章的第一部分，我们回顾了多线程场景下不正确地改变共享数据所造成的问题。突变的问题可以分成两种一般形式：

❑ 丢失更新（或者更新不一致数据）

❑ 读取不一致的数据

如果所有数据都是不可变的，那么就消除了第二个问题。当一个线程读取某个数据时，可以保证在使用中该数据绝不会改变。相关的线程可以完成其业务，用数据做任何需要的事情——计算、显示信息或者将其用作其他功能的输入。以"最爱电影"为例，一个线程可以在给定时点读取某人的最爱电影集，将其用于有关流行电影的报告中。与此同时，第二个线程可以更新某人的最爱电影。在这种情况下，因为电影集是不可变的，所以第二个线程将创建一个新的电影集，给第一个线程留下有效、一致（只是陈旧了）的数据。

我们已经简略地介绍了确保上述方案可行的一些技术，在下面的几个小节中将更详细地介绍 Clojure 的方法。特别是，即便另一个线程更新了一些或者全部数据，其他线程也应该能够正确执行重复读取。假定情况真的如此，也可以认为多线程下的读取问题已经得到了解决。现在剩下的唯一问题就是两个或者多个线程试图同时更新同一个数据了。

解决这个问题需要通过语言运行时环境进行某种形式的管理，也是引用特殊性质起作用的地方。因为没有任何标识能够直接访问不同内存位置的内容（这些位置包含数据对象），所以语言运行时环境就有机会进行有助于写入管理的某些工作。具体地说，因为如前所述，标识是以特殊引用为模型的，所以语言可以提供允许有监督更改这些间接引用的结构。这些结构可以具备并发性语义，从而有可能使多个线程正确更新共享数据。此类语义不仅可以确保安全写入；它们还可以在写入失败时通知错误，或者在写入时实施某些其他约束。

上述技术在当今的大部分其他流行语言中是不可能实现的，因为它们允许直接访问（改变）内存位置。满足两个要求的语言才有希望解决并发性问题：第一个要求是标识不直接指向内存位置，而是通过托管引用间接指向，第二个要求是数据对象本身是不可变的。标识和状态的分离是个关键。你将在接下来的几个小节中看到 Clojure 风格的此类方法。

6.3 Clojure 的方法

正如你在前一小节所看到的，建立标识及其状态的模型有一种替代方法。标识可以是指向不可变值的托管引用，而不是简单引用（直接访问内存位置及其内容）。在程序执行的过程中，这个引用可以按照程序逻辑的要求指向其他不可变值。如果状态以这种方式建模，则允许托管引用指向不同对象的编程语言机制就能够支持并发语义——它们可以检查修改后的数据、实施有效性检查、强制使用其他编程结构（如事物），等等。这就是 Clojure 的方法。

如前所述，Clojure 提供对状态的托管引用。它提供四种不同类型的托管引用，分别适用于不同的情况。它还提供了帮助改变这些引用指向的语言级结构。而且，为了协调对超过一个引用的更改，Clojure 展示了一个有趣的软件事务性内存（STM）系统。我们将在讨论性能问题之后详细解释这几种技术。

6.3.1　不可变性与性能

对于采取此类方法（托管引用、不可变对象）的任何语言，必须满足一个重要的要求——性能。对这种状态与突变模型的处理必须像旧的原地突变一样快。对这个问题的传统解决方案不令人满意，但 Clojure 以优雅的方式解决了。

1. 以复制实现不可变性

让我们再次考虑有关电影和多线程的例子。想象第一个线程处理 Rob 儿时最爱的电影。如果第二个线程想将他的最爱电影更新为一个新的集合，则第一个线程看到的数据应该仍然是有效的。一种实现方法是制作被更新的对象的一个拷贝，这样在写入者将数据更新为新对象时，读取者仍然拥有有效的（旧）数据。

这种方法的问题在于，简单地以这种方式复制数据极其低效。此类复制操作的时间往往随着被复制对象的规模而呈线性增长。如果每次写入都涉及代价这么高的操作，就不可能用于生产环境。因此，鉴于这种方法包含了不可行的盲目复制，替代的方法必须涉及数据结构的共享。具体地说，新的更新对象必须在某种程度上指向旧值，同时进行更新所需的额外更改。

更确切地说，性能方面的需求就是，这种实现必须有和旧的可变实现大致相同的性能特征。例如，哈希表必须在固定时间（或者很接近的时间）内处理。这种性能保证必须得到满足，此外还要满足前面提到的约束——旧版本仍然可用。这样，在更新之前已经读取数据的其他线程可以继续它们的工作。总之，不可变结构必须完成如下工作：

❑ 在突变的时候保持旧版本可用
❑ 满足与可变版本相同的性能特征

现在，你将看到 Clojure 是如何满足这些要求的。

2. 持久性数据结构

持久性（persistence）在计算机科学中常用来指将数据保存在非易失性存储系统（如数据库）中。但是这一术语还有另一种用法，在函数式编程领域相当常见。持久性数据结构是在修改时保留自身前一个版本的数据结构。此类数据结构的旧版本在更新之后存续。本质上，持久性数据结构是不可变的，因为更新操作每次都得到新值。

Clojure 提供的所有核心数据结构都是持久的，包括映射、向量、列表和集合。这些持久性数据结构的性能极佳，因为它们没有使用复制，而是在需要更新时共享结构。具体地说，它们几乎保持了这些数据结构所保证的性能——与 Java 语言提供的类似数据结构相当或者极其接近。实现了这一点，Clojure 就有了为突变状态提供托管引用该模型的手段。我们将在下一小节中研究。

6.3.2 托管引用

由于 Clojure 高效地实现了持久化数据结构，因此通过托管引用处理状态模型变得可行了。Clojure 在这一领域提供了 4 种不同的方法，每个都适合于某些场景。表 6-2 概述了可用的选项，我们将在后面的几个小节里按照这个顺序讨论每种类型。

表 6-2　Clojure 提供了 4 种不同类型的托管引用

托管引用类型	用　　途
引用（ref）	共享、同步、非协调更改
代理（agent）	共享、同步、非协调更改
原子（atom）	共享、同步、非协调更改
变量（var）	独立更改

Clojure 为编写多线程程序时遇到的不同情况提供了托管引用，涵盖了从需要在线程中隔离任何更改到不同线程需要协调涉及多个共享数据结构的更改的不同情况。在下面几节中，我们将依次加以介绍。

在本章的第一节中，我们介绍了多线程程序涉及共享数据时所面对的问题。这些问题通常用锁来处理，我们也研究了与锁有关的问题。

托管引用和语言级并发语义支持提供了锁的替代方案。在下一节中，我们将研究第一种 Clojure 托管引用——引用（ref）——并说明这种语言如何提供无锁并发性支持。

6.4　引用

Clojure 用"引用"（ref，reference 的简写）提供了一种特殊结构，创建可以同步、协调更改可变数据的托管引用。ref 保存可以同步、协调方式更改的值。作为例子，我们来考虑一个费用跟踪问题域。

6.4.1 创建引用

首先，创建一个引用，以保存假想系统中的所有用户。下面是一个例子，引用初始化为一个空映射：

```
(def all-users (ref {}))
```

此时，all-users 是一个指向空映射初始值的引用。可以用 deref 函数解除引用，该函数返回引用内的当前值：

```
(deref all-users)
;=> {}
```

Clojure 还提供了一个方便的读取器宏来解除托管引用：@ 字符。下面的代码与调用 deref 等效：

```
@all-users
;=> {}
```

顺便说一句，如果只是想要查看 all-users 引用的值，将看到如下结果：

```
all-users
;=> #<Ref@227e9896: {}>
```

这就是引用本身，所以在查看底层值时，记得一定要解除引用。现在，你已经知道如何创建和读取引用了，下面做好准备，看看如何更改它的指向。

6.4.2 引用突变

现在，你将编写一个函数，在现有用户集中添加新用户。Clojure 的引用可以用 ref-set、alter 或 commute 函数更改。

1. ref-set

ref-set 是这些函数中最简单的；它接受一个引用和新值，然后用新值代替旧值。尝试如下代码：

```
(ref-set all-users {})
IllegalStateException No transaction running
clojure.lang.LockingTransaction.getEx (LockingTransaction.java:208)
```

因为引用用于多个线程需要协调更改的情况，所以 Clojure 运行时要求在 STM 事务中改变 ref。STM 事务可以与数据库事务类比，但是更改的是内存中的数据结构。我们将在下一个小节中介绍更多 Clojure STM 系统的相关知识；现在，将用内建宏 dosync 启动一个 STM 事务。

可以用上一个 ref-set 调用来检查 STM 事务的工作情况，但这一次在 dosync 的范围内进行：

```
(dosync
  (ref-set all-users {}))
;=> {}
```

上述代码的表现符合预期，你可以这样使用 ref-set 重置用户列表。对任何改变引用的函数，dosync 都是必要的，包括前面提到的其他两个函数 alter 和 commute。

2. alter

通常，改变引用的方法是取得当前值、对其应用一个函数，并保存新值。这种读取 –

处理 – 写入操作是常见的场景，Clojure 提供的 `alter` 函数可以将这三步当成一个原子操作来完成。这个函数的一般形式为：

```
(alter ref function & args)
```

`alter` 的第一个和第二个参数是需要改变的引用和用于得到引用新值的函数。调用这个函数时，第一个参数将是引用的当前值，其余参数在 `alter(args)` 调用中指定。

在介绍 commute 函数之前，我们先回到编写将新用户添加到已有用户列表中的函数的意图。首先，下面是创建新用户的函数：

```
(defn new-user [id login monthly-budget]
  {:id id
   :login login
   :monthly-budget monthly-budget
   :total-expenses 0})
```

上述代码用一个 Clojure 映射表示用户——需要传统对象时常用的模式。我们有意地保持表示法的简洁；在现实生活中，你的用户可能要真实得多。接下来是 `add-user` 函数：

```
(defn add-new-user [login budget-amount]
  (dosync
    (let [current-number (count @all-users)
          user (new-user (inc current-number) login budget-amount)]
      (alter all-users assoc login user))))
```

注意 `dosync` 的使用。如前所述，它启动了一个 STM 事务，你可以在其中使用 `alter`。在上述代码片段中，`alter` 得到了传入的 `all-users`，这是将要改变的引用。传入的函数是 `assoc`，该函数的参数是一个映射、一个键和一个值，返回的是一个新映射，包含该值和与之相关连的键。在本例中，新创建的 `user` 将和 `login` 名称关联。注意，`alter` 的第一个参数是 `all-users` 引用本身，而 `assoc` 将接受 `all-users` 的当前值。

还要注意的是，这段代码在 `dosync` 启动的事务内包含了整个 `let` 形式。另一种方法是在 `dosync` 内只调用 `alter`。Clojure 不会报告错误，因为在事务中不需要解除 `@all-users` 的引用。这么做是为了确保看到一致的用户集。你希望避免隐藏更新问题——两个线程读取计数器，一个线程提交了新用户（增加了实际的计数器），导致其他线程提交新用户时使用重复的 ID。下面是实际的运行情况：

```
(add-new-user "amit" 1000000)
;=> {"amit" {:id 2, :login "amit", :monthly-budget 1000000, :total-expenses 0}}
```

注意，`alter` 返回引用的最终状态。如果现在再次调用，会看到如下输出：

```
(add-new-user "deepthi" 2000000)
;=> {"deepthi" {:id 3, :login "deepthi", :monthly-budget 2000000,
                :total-expenses 0},
     "amit" {:id 2, :login "amit", :monthly-budget 1000000,
             :total-expenses 0}}
```

如你所见，引用的突变和预期的一样。最后说明一下：除了 :id 值，在前一个例子中以任何顺序添加用户并不重要。如果两个线程都试图向系统中添加用户，则不用关心它们添加的顺序。这样的操作被称为可交换操作，Clojure 已经优化了这方面的支持。

3. commute

当两个线程试图用 ref-set 或者 alter 改变一个引用且其中一个成功（导致另一个失败）时，第二个线程将以引用的最新值重新开始。这确保了事务不会提交不一致的值。这种机制的效果是，一个事务可能尝试多次。

对于引用的大部分现值不重要（只要它是一致和最新的）的情况，Clojure 提供了 commute 函数。这个名字源于函数的可交换属性——你可能记得在中学数学课上学过。如果一个函数的参数应用顺序没有关系，那么这个函数就是可交换的。例如，加法是可交换的，而减法不是：

```
a + b = b + a
a - b != b - a
```

commute 函数在函数应用顺序不重要的场合下很有用。例如，想象在一个事务中递增某个数值。如果两个线程并行操作，则在两个事务结束时，哪一个线程先提交操作并不重要。结果将是该数值被递增两次。

应用 alter 函数时，它会检查引用的值是否已经因为另一个提交事务而更改。这导致当前事务失败并重试。commute 函数的表现不同；相反，程序继续执行，对 commute 的所有调用将在事务结束时处理。commute 的一般形式与 alter 类似：

```
(commute ref function & args)
```

前面已经解释过，传递给 commute 的函数应该是可交换的。与 alter 类似，commute 函数也在一次原子操作中执行读取－应用－写入操作。

现在，你已经了解了改变引用的三种方法。在说明这些方法时，我们多次提到了 STM 事务。在下一小节中，你将学习更多关于 Clojure STM 系统实现的知识。

6.4.3　软件事务内存

共享数据和多线程问题的常见解决方案是（谨慎地）使用锁。但是我们已经讨论过，这种方法遇到了许多问题，这些问题使锁的使用变得混乱和容易出错，而且使基于锁的代码难以调试。

STM 是一种并发控制机制，工作的方式与数据库事务类似。但它控制的不是对存储在磁盘上的表和行中数据的访问，而是对共享内存的访问。使用 STM 系统为多线程程序提供了许多好处，最明显的是无锁解决方案。你可以将其看成获得使用锁的所有好处，同时又没有任何问题。因为这和本质上悲观的锁方法相比是一种乐观的方法，所以也能够提高并发性。

在本节中，你将对 STM 的概念及工作原理有一个概略的了解。

1. STM 事务

基于锁的解决方案阻止超过一个线程执行受保护的部分代码。只有获得一组对应锁的线程才能执行用那些锁区别使用的代码。其他所有想要执行相同代码块的线程阻塞，直到第一个线程完成并释放那些锁。

STM 系统采用几乎相反的方法。首先，需要改变数据的代码被放在一个事务中。在 Clojure 中，这意味着使用 dosync 宏。完成这一步后，语言运行时环境采用一种乐观的方法让线程执行该事务。可以有任意数量的线程开始执行事务。在事务中对 ref 的更改被隔离，只有做出更改的线程才能看到更改后的值。

第一个完成事务代码块执行的线程可以提交更改后的值。一旦线程提交，当其他线程试图提交时，该事务中止并回滚更改。

事务成功时执行的提交具有原子特性。这意味着，即使一个事务对多个引用进行了更改，对外部世界而言，它们似乎都是同时发生的（在事务提交的时候）。STM 系统还可以选择重试失败的事务，许多系统会一直这么做，直到事务成功。Clojure 也支持自动重试失败的事务，直到达到内部限值。

现在，你已经粗略知道了事务的工作原理，我们将扼要地介绍 STM 系统的一组重要属性。

2. 原子性、一致性、隔离性

Clojure STM 系统具有 ACI 属性（原子性、一致性、隔离性）。STM 不支持耐久性，因为它不是一个持久性系统，而是基于内存中的易失性数据。具体地说，如果一个事务改变了多个引用，则更改在一个瞬间内就可见于外部世界。所有更改要么全部发生，要么（如果事务失败）回滚、不发生任何更改。这就是 STM 系统对原子性的支持。

在事务中更改 ref 时，更改后的数据称为事务内（in-transaction）值。这是因为它们仅可见于在事务中做出更改的线程。这样，事务隔离了它们内部的更改（直到提交）。

如果在事务过程中任何引用出现了变化，则整个事务将重试。STM 系统以这种方式支持一致性。为了实现额外的保护，Clojure 的引用（以及代理和原子）在创建时接受验证函数。这些函数用于在数据更改时检查其一致性。如果验证函数失败，事务将回滚。

在继续介绍 Clojure 的其他托管引用类型之前，我们将说明 STM 的最后一个要点。

3. MVCC

Clojure 的 STM 系统实现多版本并发控制（MVCC）。这是多种数据库系统（如 Oracle 和 PostgreSQL）支持的并发类型。在 MVCC 系统中，每个争用者（在 Clojure 中是线程）在其启动事务时得到可变世界的一个快照。

对快照的任何更改都不可见于其他争用者，直到事务成功结束时才提交这些更改。但是由于这种快照模型，读取者永远不会阻塞写入者（或者其他读取者），增加了系统能够支持的固有并发性。实际上，由于同样的隔离原理，写入者也永远不会阻塞读取者。这与旧的加锁模型形成了鲜明的对比，在旧模型中，读取者和写入者在完成自己的工作时会阻塞对方。

了解了 Clojure 中托管引用和相关的 STM 机制的工作原理，你就可以编写需要协调共享数据更改的多线程程序了。在下一节中，我们将研究以非协调方式更改数据的一种方法。

6.5　代理

Clojure 提供一种称为代理（agent）的特殊结构，可以对共享可变数据进行异步和独立更改。例如，你希望在执行一些感兴趣的代码时计算 CPU 用时。在本节中，你将看到如何创建、改变和读取代理。agent 函数可以创建代理，代理中保存的是可以用特殊函数更改的值。Clojure 提供两个函数 send 和 send-off，用于改变代理的值。这两个函数都接受需要更新的代理，以及用于计算新值的函数。该函数的应用在晚些时候于单独的线程上进行。不难推论，代理也可用于在不同线程上运行一个任务（函数），函数的返回值成为代理的新值。发送给代理的函数称为动作（action）。

6.5.1　创建代理

创建代理与创建引用类似。如前所述，agent 函数可以用来创建代理：

```
(def total-cpu-time (agent 0))
```

和使用 ref 类似，解除代理的引用可以得到其当前值：

```
(deref total-cpu-time)
;=> 0
```

Clojure 也支持用 @ 读取器宏以解除代理引用，所以下面的代码和调用 deref 等价：

```
@total-cpu-time
;=> 0
```

创建一个代理之后，我们来看看如何实现代理的突变。

6.5.2　代理突变

正如上一段所描述的，代理在对特定状态的更改必须以异步方式进行时很有用。这些更改通过发送一个动作（常规的 Clojure 函数）给代理进行，这个动作将在以后于单独的线程上运行。下面是两种风格的做法——send 和 send-off，我们将分别进行介绍。

1. send

send 函数的一般形式如下：

```
(send the-agent the-function & more-args)
```

举个例子，考虑将前面创建的 `total-cpu-time` 代理增加几百毫秒：

```
(send total-cpu-time + 700)
```

Clojure 中的加法运算符以函数方式实现，与常规函数没有任何不同。发送给代理的动作函数应该接受一个或者多个参数。当它运行时，得到的第一个参数是代理的当前值，其余参数通过 `send` 传递。

在上述例子中，`+` 函数发送给 `total-cpu-time` 代理，该函数以代理的当前值（`0`）作为第一个参数，`700` 作为第二个参数。在未来的某个时点（但在这个例子中几乎立即发生因而不容易注意到），`+` 函数执行并将 `total-cpu-time` 的新值设为代理值。可以通过解除引用检查代理的当前值：

```
(deref total-cpu-time)
;=> 700
```

如果动作需要花很长时间运行，则可能需要过一段时间解除引用才能看到代理的新值。在代理运行之前解除引用仍会返回旧值。`send` 的调用本身是非阻塞的，它将立即返回。

用 `send` 发送给代理的动作在 Clojure 维护的一个固定线程池上执行。如果向代理发送许多动作（超出了这个池中空闲线程的数量），它们将进入队列，并按照发送的顺序运行。在一个特定代理上，同时只能运行一个动作。不管排队的动作有多少，这个线程池的大小都不会增长。图 6-3 中描述了这一情景，这也是应该使用 `send` 发送 CPU 密集的非阻塞动作的原因，因为阻塞动作将耗尽线程池。对于阻塞动作，Clojure 提供了另一个函数，这就是我们将要介绍的 `send-off`。

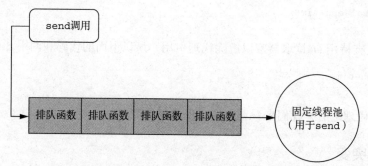

图 6-3　用于 `send` 函数的线程池是固定的，基于可用的核心数量。如果所有线程忙碌，函数将排队

2. send-off

`send-off` 函数能够处理潜在的阻塞动作。该函数的一般形式与 `send` 的完全相同：

```
(send-off the-agent the-function & more-args)
```

`send-off` 调用语义与 `send` 相同，唯一的差别是它使用的线程池与 `send` 不同，这个线程池的规模可以增大，以容纳用 `send-off` 发送的更多动作。同样，同一时间特定代理上只能运行一个动作。

现在，我们将研究 Clojure 提供的一些方便结构，它们在用代理编程时很有用。

6.5.3 使用代理

本节将介绍在代理使用中迟早能够派上用场的几个函数。首先，使用代理进行异步工作的常见场景之一是发送多个动作（用 send 或者 send-off），然后等待它们全部完成。Clojure 提供两个在这种情形下的实用函数：await 和 await-for。

接下来，我们将介绍测试代理错误的方法。毕竟，你可以向代理发送任何函数，这意味着可以向代理线程池发送任意代码。如果代码抛出错误，就需要有一种检查错误原因的方法。

最后，另一种常见用例是，在发送给代理的动作成功时通知用户是很可取的做法。这是监视器的作用所在。你将看到代理的值是如何通过在每次更改时验证某些业务规则而保持一致的。

1. await 和 await-for

当执行必须停止并等待之前委派给某个代理的动作完成时，await 函数很有用。它的一般形式为

```
(await & the-agents)
```

举个例子，假定有名为 agent-one、agent-two 和 agent-three 的代理。再假定向这三个代理发送多个动作，这些动作可能来自你自己的线程、其他线程或者其他代理。在某一时点，可以通过如下操作造成当前线程阻塞，直到发给三个代理的所有动作都完成：

```
(await agent-one agent-two agent-three)
```

await 的阻塞是无限期的，所以如果任何动作都没有成功返回，当前线程就无法继续。为了避免这种情况，Clojure 提供了 await-for 函数。它的一般形式和 await 类似，但是接受一个以毫秒计算的最大超时时间：

```
(await-for timeout-in-millis & the-agents)
```

从最大等待时间可控的意义上说，使用 await-for 更安全。如果发生超时，则 await-for 返回 nil。下面是一个例子：

```
(await-for 1000 agent-one agent-two agent-three)
```

如果定时器在动作完成之前到期，将中止线程的阻塞状态。在使用 await-for 之后测试代理有无错误以检查动作是否成功是常见的做法。

2. 代理错误

当一个动作没有成功完成（抛出异常）时，代理会知道这一情况。如果试图解除引用这种错误状态下的代理，它将返回前一个成功结果。我们来看一看：

```
(def bad-agent (agent 10))
```

上述代码将代理设置为初始值 10。现在，你将向它发送一个引起错误的动作，使代理处于错误状态：

```
(send bad-agent / 0)
;=> #<Agent@125b9ec1 FAILED: 10>
```

注意，代理处于 FAILED 状态，值没有改变，仍为 10（这是由故意的零除数错误导致的）。现在，你可以试着解除对 bad-agent 的引用：

```
(deref bad-agent)
;=> 10
```

而且，如果现在尝试向它发出另一个动作，那么即使这个动作成功，代理也将报告其错误状态，例如：

```
(send bad-agent / 2)
ArithmeticException Divide by zero   clojure.lang.Numbers.divide
(Numbers.java:156)
```

你总是可以使用 agent-error 函数，以编程方式识别错误类型：

```
(agent-error bad-agent)
;=> #<ArithmeticException java.lang.ArithmeticException: Divide by zero>
```

agent-error 返回代理线程执行时抛出的异常。返回的错误对象是对应于所发生错误的异常类的一个实例，可以用 Java 方法查询，例如：

```
(let [e (agent-error bad-agent)
      st (.getStackTrace e)]
  (println (.getMessage e))
    (println (clojure.string/join "\n" st)))
```

如前所述，如果一个代理出现了错误，就不能向其发送更多的动作。如果这么做，Clojure 将抛出相同的异常，通知你当前的错误。为了使代理再次可用，Clojure 提供了 clear-agent-errors 函数：

```
(clear-agent-errors bad-agent)
```

代理现在做好准备以接受更多的动作。

3. 验证

了解了创建新代理的方法后，也可以用更多的选项创建它们。下面是创建新代理的 agent 函数的完整一般形式：

```
(agent initial-state & options)
```

允许的选项有

```
:meta metadata-map
:validator validator-fn
```

如果使用了 `:meta` 选项，则和该选项一起提供的映射将成为代理的元数据。如果使用 `:validator` 选项，则应该搭配 `nil` 或者一个单参数函数。`validator-fn` 取得代理的新状态，可以应用任何业务规则以允许或者不允许更改发生。如果验证函数返回 `false` 或者抛出异常，则代理的状态不会改变。

现在，你已经知道如何在 Clojure 中使用代理了。在进入下一类托管引用之前，你将了解如何使用代理在 STM 事务中产生副作用。

6.5.4　STM 事务中的副作用

我们前面已经说过，Clojrue 的 STM 系统自动重试失败的事务。在第一个事务提交之后，并发启动的其他所有事务将依次在它们试图提交时中止。然后，中止的事务重新启动。这意味着，`dosync` 块内的代码可能需要执行多次才能成功，因此，这些代码不应该包含副作用。如果你这么做了，那么可以预期这些副作用也会发生多次。没有办法改变这种行为，所以你必须小心为之。

举个例子，如果从一个事务内调用 `println`，且该事务尝试了多次，那么 `println` 将执行多次。这种行为可能是不可取的。

有些时候，事务确实需要产生某种副作用。这种副作用可能是记录日志，也可能是任何其他操作，例如写入数据库或者向一个队列发送消息。可以使用代理来帮助实现这种预期的副作用。考虑如下伪代码：

```
(dosync
  (send agent-one log-message args-one)
  (send-off agent-two send-message-on-queue args-two)
  (alter a-ref ref-function)
    (some-pure-function args-three))
```

Clojure 的 STM 系统保存所有需要发送给代理的动作，直到事务成功。在上述伪代码中，`log-message` 和 `send-message-on-queue` 是在事务成功时才发送的动作。这确保了即使事务尝试多次，导致副作用的动作也只发送一次。这是从事务内部产生副作用的建议方式。

本节介绍了使用代理的各个方面。你了解了代理可以对可变数据进行异步独立更改。下一种托管引用类型称为原子（atom），可以对可变数据进行同步独立更改。

6.6　原子

Clojure 在原子（atom）中提供一种特殊结构，可以对可变数据进行同步独立更改。原子和代理之间的不同是对代理的更新在未来某个时点异步发生，而原子是同步（立即）更新的。原子与引用的不同之处在于，对原子的更改相互独立且无法协调，所以它们要么全部发生，要么全部不发生。

6.6.1 创建原子

创建原子的方法和创建 ref 或者代理看起来很相似：

```
(def total-rows (atom 0))
```

total-rows 是一个初始化为 0 的原子。例如，可以在 Clojure 程序从备份中恢复数据时，用原子保存该程序插入的一些数据库行。原子当前值的读取采用与引用和代理相同的解除引用机制：

```
(deref total-rows)
;=> 0
```

或者使用 @ 读取器宏：

```
@total-rows
;=> 0
```

现在，你已经知道如何创建原子和读取它们的值了，下面我们来实现它们的突变。

6.6.2 原子突变

Clojure 提供了多种方法更新原子值。原子和引用之间有一个重要的区别，就是一个原子的更改独立于其他原子的更改。因此，在更新原子时没有必要使用事务。

1. reset!

reset! 函数不使用原子的现有值，只是简单地将所提供的值设置为原子的新值。这个函数的一般形式是

```
(reset! atom new-value)
```

这可能会让你想起 ref-set 函数，该函数的功能与此相同，但是用于引用。

2. swap!

swap! 函数有如下一般形式：

```
(swap! the-atom the-function & more-args)
```

每当完成一批行插入操作，便可以将加法函数传递给 swap!：

```
(swap! total-rows + 100)
```

这里，+ 函数以同步的方式应用到 total-rows 的当前值（值为 0）和 100 上。total-rows 的新值变成 100。如果你使用的突变函数在另一个线程更改原子值之前还没

有完成，`swap!` 将重新尝试操作，直到成功为止。因此，突变函数应该没有副作用。

Clojure 还提供了一个低级函数 `compare-and-set!`，用于改变原子值。`swap!` 内部使用 `compare-and-set!`。

3. compare-and-set!

`compare-and-set!` 函数的一般形式为

```
(compare-and-set! the-atom old-value new-value)
```

如果原子的当前值等于所提供的旧值，则这个函数以原子方式将原子值设置为新值。如果该操作成功，则返回 `true`；否则返回 `false`。使用这个函数的典型工作流程是在开始时解除对原子的引用，对原子值进行某些操作，然后用 `compare-and-set!` 将原子值改成新值。如果另一个线程同时（在原子解除引用之后）改变了原子值，则突变失败。

`swap!` 函数的内部操作是：解除对原子值的引用，应用所提供的突变函数，使用 `compare-and-set!` 和之前解除引用的值尝试更新原子值。如果 `compare-and-set!` 函数返回 `false`（因为原子在其他地方被更新而使突变失败），则 `swap!` 函数重新应用突变函数，直到成功为止。

原子可以用于需要某些状态但是不需要与任何其他状态协调的情况。使用引用、代理和原子，可以处理所有需要共享数据突变的情况。我们的最后一站将学习变量（var），因为它们在状态需要修改但不需要共享时很有用。

6.7　变量

我们在第 3 章中介绍了变量。在这一节中，将研究如何使用变量以隔离（线程局部）方式管理状态。

6.7.1　创建变量和根绑定

变量（var）可以看成是可变存储位置的指针，可以线程为单位进行更新。创建一个变量时，可以为它设置一个初始值，这称为根绑定：

```
(def hbase-master "localhost")
```

在上述例子中，`hbase-master` 变量有一个绑定 `"localhost"`。这里它起到一个常量的作用。也可以用如下的声明将其作为一个特殊变量使用：

```
(def ^:dynamic *hbase-master* "localhost")
```

开始和结尾的星号是个约定，表示这个变量应该在使用前重新绑定。（如果这样命名一个变量但没有使用 `^:dynamic`，Clojure 将发出警告。）在常规情况下，动态变量和正常变量的用法相同：

```
(def ^:dynamic *hbase-master* "localhost")
;=> #'user/*hbase-master*
(println "Hbase-master is:" *hbase-master*)
Hbase-master is: localhost
;=> nil
```

正如常规变量那样，如果试图使用没有根绑定的动态变量，将会得到一个特殊的未绑定（Unbound）对象：⊖

```
(def ^:dynamic *rabbitmq-host*)
;=> #'user/*rabbitmq-host*
(println "RabbitMQ host is:" *rabbitmq-host*)
RabbitMQ host is: #<Unbound Unbound: #'user/*rabbitmq-host*>
;=> nil
(bound? #'*rabbitmq-host*)
;=> false
```

> You can test if a var is bound using the bound? function.

现在，你已经知道如何建立一个动态变量了，我们将研究如何重新绑定其值。

6.7.2 变量绑定

不管变量有没有根绑定，当绑定形式用于更新变量时，这种突变只可见于该线程。如果没有根绑定，则其他线程将看不到任何根绑定；如果有根绑定，则其他线程将会继续看到该值。让我们来看一个例子。创建一个函数，从不同数据库的 Users 表中读取一些行：测试数据库、开发数据库和预演数据库。想象你用如下的变量定义数据库主机：

```
(def ^:dynamic *mysql-host*)
```

这个变量没有根绑定，所以需要在使用前绑定。你将在一个进行数据库查询的函数中完成这项工作。但是为了这个例子的目的，它将返回一些虚拟数据，如主机名的长度。在现实世界中，将用 JDBC 库等工具查询数据库。

```
(defn db-query [db]
  (binding [*mysql-host* db]
    (count *mysql-host*)))
```

接下来，将创建运行函数的主机列表：

```
(def mysql-hosts ["test-mysql" "dev-mysql" "staging-mysql"])
```

最后，可以对所有主机运行查询函数：

```
(pmap db-query mysql-hosts)
;=> (10 9 13)
```

pmap 与 map 的工作方式相似，但是每当提供的函数在列表元素上调用时，它将在内部维护的线程池中的一个不同的可用线程上运行。对绑定的调用将设置 *mysql-host*，

⊖ 在 Clojure 的早期版本中，使用未绑定变量将会抛出异常。

使其指向不同的主机，查询函数相应地继续工作。正如预期的一样，每次执行 db-query 函数都将看到 *myql-host* 的不同值。

我们已经介绍了 Clojure 提供的关于并发性、状态和执行更新的四种不同选项——引用、代理、原子和变量——每种选项用于不同的场合。最终会遇到其中一种情况，根据这种情况，某种选项最为适合，这时你会感谢 Clojure 对无锁并发性的语言级支持。

6.8　状态及其统一访问模型

本节扼要重述 Clojure 为管理状态而提供的结构。我们在前几节中已经介绍了它们，现在可以做个观察。所有管理状态的结构都享用着某种统一访问模型，你可以类似的方式管理它们。不管托管引用是引用、代理还是原子，情况都是如此。让我们再次快速地浏览一下这些函数。

6.8.1　创建

下面这些函数可以创建各类托管引用：

```
(def a-ref (ref 0))
(def an-agent (agent 0))
(def an-atom (atom 0))
```

注意每个函数是如何接受创建中的初始值的。

6.8.2　读取

三种引用都可以相同方式解除引用：

```
(deref a-ref) or @a-ref
(deref an-agent) or @an-agent
(deref an-atom) or @an-atom
```

这种统一性使 Clojure 的各类引用更易于使用，因为它们以类似的方式工作。我们再来重新说明一下如何更改引用值。

6.8.3　突变

Clojure 中托管引用的更改总是遵循相同的模式：对当前值应用一个函数，将返回值设置为引用的新值。表 6-3 展示了实现这种突变的函数。

表 6-3　改变引用、代理和原子的方法

引　用	代　理	原　子
(ref-set ref new-value)	(send agent function& args)	(reset! atom new-value)

(续)

引　用	代　理	原　子
(alter ref function & args)	(send-off agent function & args)	(swap! atom function & args)
(commute ref function & args)		(compare-and-set! atom old-value new-value)

　　谈到突变的话题，值得注意的是，Clojure 提供了一个钩子，可用于在托管引用更改状态时运行任意代码。这种机制也可用于引用、代理、原子和变量。

6.8.4　事务

　　最后的问题是，哪些类型的托管引用需要事务，哪些不需要。因为引用支持协调的更改，所以它们的突变需要 STM 事务的保护：所有这类代码必须放在 dosync 宏内。代理和原子不需要 STM 事务。用于计算引用或者原子新值的函数不能有副作用，因为它们可能多次重试。

6.8.5　监视突变

　　有时候，添加一个事件监听器以便在状态结构的值变化时得到通知是很有用的。Clojure 为此提供了 add-watch 函数。

1. add-watch

　　add-watch 函数允许你注册一个常规的 Clojure 函数作为任何类型引用的"监视器"。当该引用的值更改时，运行监视器函数。

　　监视器必须是有 4 个参数的函数：

- ❑ 标识监视器的键（the-key）
- ❑ 注册的托管引用（the-ref）
- ❑ 托管引用的旧值（old-value）
- ❑ 托管引用的新值（new-value）

　　add-watch 函数本身接受 3 个参数：要监视的托管引用、标识你所添加监视的键以及监视器函数。此后，你可以使用键参数删除监视。下面是实际使用的情况：

```
(def adi (atom 0))
(defn on-change [the-key the-ref old-value new-value]
  (println "Hey, seeing change from" old-value "to" new-value))
(add-watch adi :adi-watcher on-change)
```

　　现在，监视已经设置好了，你可以测试它。检查 adi 的值，然后更新它：

```
@adi
;=> 0
```

```
(swap! adi inc)
Hey, seeing change from 0 to 1
;=> 1
```

如前所述，这可以用于 Clojure 的所有特殊托管引用。

2. remove-watch

如果不再需要监视，也可以将其删除。Clojure 提供了 `remove-watch` 函数来实现这一功能。该函数的使用很简单：以要停止监视的托管引用和 `add-watch` 调用中使用的键为参数调用 `remove-watch`。下面的例子删除了前面添加的监视：

```
(remove-watch adi :adi-watcher)
```

6.9　决定使用哪种托管引用类别

现在，我们已经介绍了 Clojure 用于管理状态突变的全部四种选项。这些选择可能让你有些眼花缭乱，不知道对于具体问题应该使用哪一个。下面是决策指南。

最基本的引用类型是变量。它只用于孤立的更改（对于特定线程或者特定范围的代码），而不是协调或者共享更改。当你有一个常规的全局变量（如数据库连接或者配置映射）只需要为了特定代码运行而将其更改为另一个值时，使用动态变量和 `binding` 将其重新绑定。但是变量不能由代码中的多个部分写入。

原子比变量更强大一些：它们是管理必须由多个线程写入和读取的状态更改的最简单方法。绝大多数时候将使用原子，因为不需要更多的功能。但是它们有两个缺点。首先，多个原子不能以原子化和协调方式一起更改。其次，对一个原子的更改不能有副作用，因为它的 `swap!` 函数可能多次运行。如果需要协调或者副作用，便必须在其余两种选项中选择一个。

引用是有协调的原子。你可以不使用一个巨大的原子，而是将状态拆分成多个引用，在一个 `dosync` 事务中以原子化方式读取和写入多个引用。如果有必须同时更新但很少全部出现在一个事务中的多个状态，则可以在应用程序中减少争用数量，并改善并发性。（这类似于在决定使用单一的大锁或多个较小的锁时所做的权衡）引用为原子增加了协调功能，但是和原子一样，在一个事务中的所有更改都不能有副作用，因为事务可能重试。

代理是唯一可以容忍副作用的引用类型，但是这种能力的代价是更复杂的管理。因为有副作用的操作无法安全地重试，所以代理具有错误状态，如果操作失败必须检查和清除这些状态。此外，有副作用的动作异步运行：必须用 `send` 函数明确地发送一个突变函数至运行，并等待它在另一个线程中完成（时间可能是没有限制的）。但是，如果你的突变（使用引用）通常只有少数副作用，这些副作用必须在事务成功时才完成（使用代理），那么代理就很容易与引用结合。

我们已经完成了对 Clojure 引用类型的研究。在下一节中，我们将介绍 Clojure 为提高并发性而提供的另一个机制。

6.10　future 和 promise

future 是代表在不同线程上执行的函数结果的一个对象。promise 是代表将在未来某个时点交付的一个值的对象。Clojure 提供 future 和 promise 作为提高程序并发性的方便手段。但是它们并不真的是用于状态管理的，因为和引用类型不同，它们永远只能有一个值。future 和 promise 与普通值之间的区别是，它们的值可能尚不知晓。

我们将首先探索 future 的使用。

6.10.1　future

future 是在不同线程上运行代码的简单手段，对于可能从多线程中获益的长时间计算或者阻塞调用很有用。为了理解它的使用方法，我们先来看看这个需要花费 5 秒以上时间运行的人为函数：

```
(defn long-calculation [num1 num2]
  (Thread/sleep 5000)
  (* num1 num2))
```

拥有这个运行缓慢的函数后，想象一下需要运行多个这类计算的情况。代码如下：

```
(defn long-run []
  (let [x (long-calculation 11 13)
        y (long-calculation 13 17)
        z (long-calculation 17 19)]
    (* x y z)))
```

如果在读取–求值–打印循环中运行上述代码，并用 time 查看运行所花费的时间，则可能看到如下结果：

```
(time (long-run))
"Elapsed time: 14998.165 msecs"
;=> 10207769
```

现在，你可以看到 long-run 函数从多线程中受益。这就是 future 的用处。future 的一般形式如下：

```
(future & body)
```

在单独的线程上调用 body 将返回一个对象。⊖返回的对象可以解除引用以得到 body

⊖　你可能记得，变量在不同线程和不同动态作用域中可以有不同的值。在调用 future 或者 send/send-off 时，在 future 或者代理中运行的代码总是将变量值看成是创建 future 或者发送给代理的上下文值。因此，可以在 bingding 中创建一个 future 或者调用 send，然后可以放心地认为，绑定值在 future 或者代理的线程中将是相同的。

的值。取得该值的 deref 将阻塞，直到结果可用。计算结果将被缓存，这样对该值的后续查询将立即得到结果。现在编写一个 long-run 函数的更快速版本：

```
(defn fast-run []
  (let [x (future (long-calculation 11 13))
        y (future (long-calculation 13 17))
        z (future (long-calculation 17 19))]
    (* @x @y @z)))
```

future 创建一个运行 long calculation 的线程，不会阻塞当前线程

x、y 和 z 这三个 future 可能全部并行运行

每个解除引用会按照顺序阻塞

你必须用 time 函数测试这个程序。如果 future 都不能并行运行（例如在一个单核机器上），这可能仍然要花费 15 秒，但是如果你的机器上有至少 4 个核心，则可能发现整个操作在 5 秒内就完成了：

```
(time (fast-run))
"Elapsed time: 5000.078 msecs"
;=> 10207769
```

如你所见，future 是让所有代码在不同线程上运行的"无痛"方式。下面是 Clojure 提供的几个与 future 相关的函数：

❑ future?——检查对象是不是 future，如果是则返回 true。

❑ future-done?——如果这个 future 对象表示的计算已经结束，则返回 true。

❑ future-cancel?——试图撤销这个 future。如果 future 已经开始执行，则不做任何操作。

❑ future-cancelled?——如果 future 已经被撤销，则返回 true。

每当需要在不同线程上异步运行某些代码时，都可以使用 future。如你所见，Clojure 使这件工作变得非常直观。下面我们介绍 promise。

6.10.2　promise

promise 对象代表某个值的一次提交。你可以用无参数的 promise 函数创建：

```
(def p (promise))
```

解除引用可以得到 promise 的值：

```
(def value (deref p))
```

通常，可以使用解除引用的读取器宏版本：

```
@p
```

　不要在 REPL 上解除上述 promise 的引用；它将阻塞，而且你没有办法解除阻塞！

这种值交付系统的工作方式是通过使用 deliver 函数。该函数的一般形式是

```
(deliver promise value)
```

通常，这个函数从不同线程中调用，所以它是线程间通信的绝佳方法。如果还没有任何值交付，deref 函数（或者读取器宏版本）将阻塞调用线程。当值可用时，线程自动解除阻塞。下面是通过一个 future 向 promise 交付值的一个例子：

```
(let [p (promise)]
  (future (Thread/sleep 5000)
          (deliver p :done))
  @p)
;=> :done
```

promise 开始时总是不包含任何值，所以 promise 是一个无参数函数

运行这个 future 只是为了副作用 (deliver)；不要将其绑定到一个变量

解除 promise 的引用将阻塞 5 秒钟，然后在 promise 接受 :done 值之后将其返回

future 和 promise 是编写需要以简单的方式在线程间传递数据的并发程序的途径。它们是本章前面学习的各种其他并发语义的很好补充。

6.11 小结

本章介绍了许多重量级的素材！首先，我们研究了 CPU 内核心数量和对多线程软件的需求越来越多的新现实。然后，研究了程序具有多个执行线程时遇到的一些问题，特别是这些线程需要对共享数据进行更改时的问题。我们了解了解决这些问题的传统方法——使用锁——并简单介绍了它们带来的新问题。

最后，我们介绍了 Clojure 对这些问题的解决方法。对于状态，它采用了涉及不可变性的一种方法。对状态的更改模式是小心地更改托管引用，使其随时间推移指向不同的不可变值。因为 Clojure 运行时自行管理这些引用，所以可以为程序员提供对其使用的大量自动化支持。

首先，需要更改的数据必须使用 Clojue 提供的四种选择之一。这对未来阅读代码的每个人来说都是明确的。其次，Clojure 提供了一个 STM 系统，帮助对多于一个数据进行协调更改。这是一个巨大的优势，因为它是对一个棘手问题的无锁解决方案！

Clojure 还提供了代理和原子，可以对可变数据进行独立更改。这些引用的不同之处在于分别是异步和同步更改的，适用于不同的场合。最后，Clojure 提供了变量，可用于数据更改必须在线程中隔离的情况。最好的一点是，尽管提供的选项大不相同，但是它们的创建和内部数据的访问都采用统一的方式。

Clojure 的状态和突变处理方法是改变状态处理与多线程编程现状的重要一步。正如我们在 6.2 小节中所讨论的，大部分流行的面向对象语言混淆了标识和状态，而 Clojure 将它们区分开来。这使得 Clojure 能够提供语言级语义，使并发软件更容易编写（以及读取和维护），并更能抵御困扰基于锁解决方案的 bug。

第 7 章 *Chapter 7*

通过宏发展 Clojure

本章内容：

❏ 深入研究宏

❏ Clojure 内部宏示例

❏ 编写自己的宏

与 Java 和 Ruby 等语言相比，宏是 Clojure 最与众不同的特性。宏实现的功能是其他语言梦寐以求的。宏系统是 Lisp 被称为"可编程"编程语言的原因，本章将告诉你如何在 Clojure 的基础上发展出自己的语言。宏是自底向上编程的有用成分，在自底向上方法中，应用程序的编写首先从建立某个领域中低级实体的模型入手，然后组合这些模型以创造出更复杂的模型。理解和使用宏是成为 Clojure 编程大师的关键。

如果你和老练的 Lisp 或者 Clojure 程序员对话，就会发现关于宏的使用众说纷纭。有的人认为宏几乎过于强大了，应该很谨慎地使用。我总是认为，对编程语言的任何特性如果没有充分的理解，就可能误用。而且，使用宏的好处远远超过能够感知的缺点。毕竟，Clojure 同像性（homoiconic）的全部意义就在于实现了宏系统。

本章讨论宏的概念和使用方法。我们将从一个宏的示例开始，这个例子会帮助你探索 Clojure 的宏编写机制。然后，我们将深入 Clojure 源代码，以研究一些精心编写的宏。了解 Clojure 本身的很大一部分都是以宏形式编写的并且可以在自己的程序中使用这种机制是很有启发意义的。最后，你将编写几个自己的宏，我们将从解释宏的概念和语言需要宏系统的原因入手。

7.1 宏的基础知识

为了解释宏的概念，我们将退后一步，再次研究语言运行时环境。回顾第 1 章，Clojure 运行时环境处理源代码的方式与大部分其他语言不同。具体地说，先有一个读取阶段，然后是一个求值阶段。在第一个阶段，Clojure 读取器将字符流（源代码）转换为 Clojure 数据结构。然后，对这些数据结构进行求值，以执行程序。实现宏的窍门是 Clojure 提供了两个阶段之间的一个钩子，使程序员能够在求值之前处理表示代码的数据结构。图 7-1 展示了这些阶段。

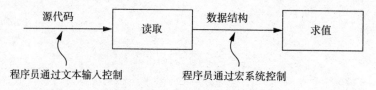

图 7-1　Clojure 运行时的各个阶段。这种分隔使宏系统成为可能

代码转换成数据结构，然后对这些数据结构进行求值。宏是程序员可以编写的函数，在这些数据结构求值之前对其进行操作。宏可以在求值之前以编程方式修改代码，创建全新的抽象。宏在语法级别上操作代码本身。因此，你可以用它们为 Clojure 语言添加特性。在本章中，你将看到这类示例。

7.1.1　文本替换

举个例子，想象你有一个称为 a-ref 的引用（ref）：

```
(def a-ref (ref 0))
```

现在，想象你要将 a-ref 的值改为 1，可以这么做：

```
(dosync
  (ref-set a-ref 1))
```

记住，代码就是数据，这意味着上述代码片段就是一个包含符号和其他列表的列表——第一个是 dosync，然后是一个包含符号 ref-set、a-ref 和 1 的嵌套列表。

即使你的程序只使用了这里看到的一个引用，对 ref-set 的每次调用也必须包含在 dosync 中，这很快就会让人觉得乏味。在现实世界中，你可以使用一个原子（atom），但是使用引用对于这个例子的目的是可以接受的。你可以编写一个 sync-set 宏，不需要在调用时使用 dosync，然后完成 ref-set 所做的工作。

你可以用一个称为 sync-set 的宏来实现上述功能，该宏像操纵数据一样操纵代码，从而在合适的位置插入需要的 dosync。下面的调用将变形为上述调用：

```
(sync-set a-ref 1)
```

现在，你将编写这个宏。回忆一下，新列表可以用 list 函数创建，列表内容可以

用 ' 宏字符引述，例如：

```
(defmacro sync-set [r v]
  (list 'dosync
    (list 'ref-set r v)))
```

宏定义看起来像一个函数定义。从内部讲，宏就是通过元数据标记为宏的函数。函数和宏之间的区别在于，函数执行后返回一个值，而宏执行后返回一个 s- 表达式，然后对其进行求值以返回一个值。

需要注意的重点在于，宏在求值之前进行操作，而且对哪些值可能在以后作为参数传入一无所知。例如，你不能解除 a-ref 的引用，并根据该值输出不同类型的 s- 表达式，因为在宏展开时没有任何引用，只有符号 r 和 v。宏直接对符号操作，这也是它们可用于代码符号操纵的原因。

对于实现 sync-set 提供的功能来说，采用这种方法似乎过分了，因为对于这么简单的事情写一个函数就可以了。在现实世界里，你确实也会将其作为一个函数来编写。当然，这个例子确定很好地说明了宏机制的工作原理。现在，你知道宏的作用了：它们转换或者生成任意的 s- 表达式。我们接下来将研究宏能完成而函数完不成的一些任务。

7.1.2　unless 示例

从《C 编程语言》一书问世以来，几乎所有编程语言数据都用了"Hello，world！"程序作为入门示例。解释宏时也有一个类似的传统，就是为语言添加 unless 控制结构。unless 是 if 形式的反面。下面是 if 的一般形式，这是为了提醒读者：

```
(if test then else)
```

如果 test 表达式返回 true（或者真值），则求取 then 表达式的值。可选的 else 表达式将在 test 返回 false（假值）时求值。下面是一个例子：

```
(defn exhibits-oddity? [x]
  (if (odd? x)
    (println "Very odd!")))
```

Ruby 编程语言提供了 unless 形式，这也是一个可用于类似功能的条件。Clojure 没有提供 unless，但是如果有的话，它的工作方式可能是这样的：

```
(defn exhibits-oddity? [x]
  (unless (even? x)
    (println "Very odd, indeed!")))
```

显然，在 Clojure 中这样尝试是不会成功的，因为它将报告无法解析符号 unless。解决这个问题的第一个尝试是编写一个函数。

1. unless 函数

下面是实现 unless 功能的函数：

```
(defn unless [test then]
  (if (not test)
    then))
```

像上面这样定义 unless 之后，先前的 exhibits-oddity? 的定义可以正常工作，甚至是正确地工作，如果你在读取－求值－打印循环（REPL）上用一个奇数（如 11）调用，就可以明显地看到这一点：

```
(exhibits-oddity? 11)
Very odd, indeed!
;=> nil
```

当你用偶数（如 10）测试它时，麻烦就来了：

```
(exhibits-oddity? 10)
Very odd, indeed!
;=> nil
```

很明显，exhibits-oddity? 将所有数字都声明为奇数。原因是 unless 是个函数，所有函数都根据如下规则执行：

1）求取所有传递给函数调用形式的参数值

2）用参数值求取函数值

规则 1 导致参数被求值。在 unless 函数的例子中，参数就是 test 和 then 表达式。这发生在 if 形式求值开始之前。因为所有函数都遵循这些规则，所以没有任何方法能用函数实现 unless 的预期功能。不管怎么尝试，参数都将首先求值。

你可以采取一些"欺骗"手段，坚持不让调用者传入 (println "Odd!") 这样的原始表达式，而是在一个包装函数中传递。考虑 unless 函数的如下新定义：

```
(defn unless [test then-thunk]
  (if (not test)
    (then-thunk)))
```

这里，then-thunk 是一个只在测试条件不为 true 时才求值的函数。可以将 exhibits-oddity? 重写为：

```
(defn exhibits-oddity? [x]
  (unless (even? x)
    #(println "Rather odd!")))
```

记得 #() 读取器宏字符创建一个匿名函数。这个函数现在的工作符合预期：

```
(exhibits-oddity? 11)
Rather odd!
;=> nil
(exhibits-oddity? 10)
;=> nil
```

这个解决方案不是很令人满意。它强迫调用者将 then 表达式包装在一个函数中。#() 读取器函数的使用只涉及一个额外的字符，但是如果调用者忘了使用它，则语言不会给出任何警告。你想要的是和 Clojure 内置的特殊形式 if 的工作方式类似的功能。现在,你将编写一个宏来解决问题。

2. unless 宏

如你所知,只要可以避免 then 参数的求值(除非必需),就可以使用 if 形式来编写 unless 形式。在上一节中,你尝试了用函数包装器延迟求值的方法,但是用宏可以做得更好。考虑如下的定义:

```
(defmacro unless [test then]
  (list 'if (list 'not test)
    then))
```

宏展开时将生成一个形式为(if(not test)then)的 s- 表达式。你将用这个宏重新编写 exhibits-oddity?:

```
(defn exhibits-oddity? [x]
  (unless (even? x)
    (println "Very odd, indeed!")))
```

上述代码的工作正如预期。unless 形式被宏展开所生成的新表达式所替代。你可以在 REPL 上用 macroexpand 函数检查:

```
(macroexpand
  '(unless (even? x) (println "Very odd, indeed!")))
;=> (if (not (even? x)) (println "Very odd, indeed!"))
```
　　　　　　　　　　　　　　　　　　　　　　　　　　←─┤ 注意,你引用了参数

一旦 unless 的展开形式替代了 unless 形式本身,它就会依次求值,以生成正确的结果。unless 的最终定义符合预期,调用者不需要知道任何特殊的细节。实际上,就调用者而言,unless 就是由 Clojure 语言本身提供的。

---

macroexpand、macroexpand-1 和 macroexpand-all

　　macroexpand-1 是一个在编写宏时很实用的函数,因为它可用于检查 s- 表达式的转换是否正确地工作。macroexpand-1 展开一个 s- 表达式,对形式中第一个符号命名的宏求值。如果第一个符号不是宏名称,则原样返回该形式。

　　macroexpand 函数反复调用 macroexpand-1,直到展开形式的第一个符号不再是宏。它可用于测试宏展开形式依次调用其他宏的情况。

　　macroexpand-all 是 clojure.walk 命名空间中的实用函数。除了递归地展开一个形式直到整个形式完全不包含宏之外,它和 macroexpand 相同。这个函数往往造成太多次展开,但有时需要在宏调试中看到完全展开的形式,以便理解 Clojure 最终执行的代码。

你也许还不清楚自己刚刚为 Clojure 语言添加了一项功能。这真是太好了!而且,这种宏相当常见。例如,Clojure 提供了 when、when-not、cond、if-not 等形式,这些结

构都可以有条件地执行代码，也都是以宏的形式实现的。这很酷；毕竟，如果宏足以成为
Clojure 本身的一部分，那么它们当然足以供你的程序使用了。

本节的例子展示了创建一个控制流宏的基本方法。但是在上一个 unless 宏中生成 s-
表达式的方法很快就会显得笨拙。Clojure 提供了更方便的方法，可以编写不涉及用 list
函数构造列表的宏。这种方法是通过模板来生成代码的。

7.1.3　宏模板

再次考虑 unless 宏。为了方便起见，下面列出它的定义：

```
(defmacro unless [test then]
  (list 'if (list 'not test)
    then))
```

这是一个"微型"宏，生成的 s- 表达式很简单。如果想要生成或者转换一个大的嵌套
s- 表达式，则反复调用 list 将变得相当乏味。因为 list 符号的重复出现将妨碍对结构的
理解，所以也很难看出生成的 s- 表达式结构。Clojure 通过反引号读取器宏提供了一种出路，
我们现在就来研究一下。

1. 使用反引号（`）宏的模板

在近几年里曾经进行过 Web 应用编程的人都知道模板系统是什么。这种系统可以从某
种蓝图生成 HTML。有些部分是固定的，有些则在模板展开时填入。JSP（Java 服务器页面）
和 RHTML（Rails HTML）页面就是这样的例子。

如果用模板可以更简单地生成 HTML 代码，你就可以想象生成 Clojure 代码也是一样
的。这就是宏系统通过反引号（`）读取器宏支持模板的原因。下面你可以通过重写前面的
unless 宏了解一下它的实际使用：

```
(defmacro unless [test then]
  `(if (not ~test)
     ~then))
```

> 📝注意　当重新定义一个宏时，必须重新对使用它的所有函数求值。如果没有这么做，这些
> 函数似乎将会使用宏的旧定义。发生这种情况是因为宏展开只发生一次，在这种函
> 数定义的情况下，表达式将来自旧的定义。记得在更改函数使用的宏时对函数进行
> 重新求值。

这个新的宏定义确实看起来要清晰得多！准确的形式显而易见，除了几个字符之外：
反引号和解引述（~）。反引号启动模板。模板将被展开为一个 s- 表达式，并作为宏的返回
值。Clojure 将反引号称为语法引述字符。

2. 解引述

当模板展开时，模板内的符号按照原样使用。以 JSP 作为类比，这些可能是页面每次

渲染时不改变的固定文本。不需要更改的内容——例如传递给宏的参数——用 ~ 字符解引述。解引述是引述的反面。因为整个模板在一个反引号（引述）内，所以 ~ 用于撤销引述，以便使值可以通过。

想象一下，如果在宏定义中没有解除 then 参数的引述：

```
(defmacro unless [test then]
  `(if (not ~test)
     then))
```

这将导致 then 符号出现在由宏返回的 s- 表达式中。Clojure 可能在这个宏用于一个定义时抛出错误——无法解析 then 符号。检查宏输出就可以知道为什么发生这种现象：

```
(macroexpand '(unless (even? x) (println "Very odd, indeed!")))
;=> (if (clojure.core/not (even? x)) user/then)
```

以这种扩展为基础，可以推导出如果使用这个宏，Clojure 将报告 user/then 是一个未知变量：Clojure 将自动在以语法引述形式出现的命名空间（本例中是 user）限定该形式内的符号。这就是必须解除由模板中的值替代的任何内容的原因。接下来，我们将介绍另一种解引述形式。

3. 拼接

现在，你将尝试用 unless 宏在 test 条件满足时做不止一件事。考虑如下 exhibits-oddity? 的新定义：

```
(defn exhibits-oddity? [x]
  (unless (even? x)
    (println "Odd!")
    (println "Very odd!")))
```

上述代码无法正常工作，因为 unless 只接受两个参数，而你试图传递更多参数。可以用第 2 章中学到的 do 形式克服此类困难：

```
(defn exhibits-oddity? [x]
  (unless (even? x)
    (do
      (println "Odd!")
      (println "Very odd!"))))
```

这段代码有效，但是很麻烦；每当在 unless 形式的 then 部分完成超过一项工作，你就必须使用 do 形式。为了让宏的调用者更加便利，可以在展开中包含 do 形式：

```
(defmacro unless [test & exprs]
  `(if (not ~test)
     (do ~exprs)))
```

现在，unless 宏接受多个在测试条件未满足时执行的表达式，它们将包含在一个 do 形式中。你可以用最新的 exhibits-oddity? 函数进行尝试：

```
(exhibits-oddity? 11)
Odd!
Very odd!
NullPointerException    user/exhibits-oddity? (NO_SOURCE_FILE:4)
```

嗯，很奇怪。两次调用确实都打印了文本，但是之后却异常中止。前面介绍的 `macroexpand-1` 函数可以帮助你调试这种情况：

```
(macroexpand-1 '(unless (even? x)
                    (println "Odd!")
                    (println "Very odd!")))
;=> (if (clojure.core/not (even? x))
        (do ((println "Odd!") (println "Very odd!"))))
```

你传递给 `unless` 宏作为 `then` 参数的表达式周围多了一对圆括号。`println` 的返回值是 `nil`，这造成 `then` 子句变为 `(nil nil)`。额外的圆括号导致这个表达式被解释成一个函数调用，抛出了前面看到的 `NullPointerException` 异常。

解决方案是消除额外的一对括号。但因为 `then` 是作为其余参数传递给 `unless` 的，所以它是一个列表。这就是解引述拼接读取器宏（~@）起作用的地方。

4. 解引述拼接读取器宏（~@）

解引述拼接宏不是取得一个列表并用~解引述，而是将列表内容拼接为容器列表。你将用如下代码改写 `unless` 宏：

```
(defmacro unless [test & exprs]
  `(if (not ~test)
     (do ~@exprs)))
```

使用这个 `unless` 定义，`exhibits-oddity?` 工作得很好。用 `do` 包装宏返回表达式的方法很常见，所有宏调用者都能体会到这种方便性。

对于宏的编写，我们将要考虑的最后一个方面是变量捕获。

5. 生成名称

在大部分 Lisp 类语言中，编写宏都可能很棘手。在 Clojure 中也是如此，但是这种语言中的各种任务都要比其他 Lisp 类语言中的更容易完成。考虑如下（错误）示例：

```
(defmacro def-logged-fn [fn-name args & body]
  `(defn ~fn-name ~args
     (let [now (System/currentTimeMillis)]
       (println "[" now "] Call to" (str (var ~fn-name)))
       ~@body)))
```

这个宏的思路是创建一个函数，记录它被调用的事实。这对代码调试可能有用。虽然 Clojure 允许定义这个宏，但使用它会抛出异常：

```
(def-logged-fn printname [name]
   (println "hi" name))
CompilerException java.lang.RuntimeException: Can't let qualified name: user/
now, compiling:(NO_SOURCE_PATH:1:1)
```

问题在于，这个宏企图在 let 绑定中使用命名空间限定名称，这是非法的。你可以用 macroexpand-1 确认这一点：

```
(macroexpand-1 '(def-logged-fn printname [name]
  (println "hi" name)))
;=> (clojure.core/defn printname [name]
      (clojure.core/let [user/now (java.lang.System/currentTimeMillis)]
        (clojure.core/println "[" user/now ":] Call to"
          (clojure.core/str (var printname)))
        (println "hi" name)))
```

let 形式不能使用 user/now 这样的限定名称，那正是 Clojure 报错的原因。如果 Clojure 不将 now 展开为命名空间限定的 user/now（user 是当前命名空间），那么 now 可能遮蔽另一个同名的值。下面展示这种情况，其中 daily-report 是一个可运行指定日期报告的函数（注意，这段代码还无法正常工作，因为 def-logged-fn 的当前实现还不正确）：

```
(def-logged-fn daily-report [the-day]
 ;; code to generate a report here
)
```

现在看看按照如下方式使用该函数会发生什么：

```
(let [now "2009-10-22"]
  (daily-report now))
```

结果并不像预想的那样，因为 daily-report 函数看到的 now 值不是 "2009-10-22"，而是 1259828075387 这样的数字。这是因为前一个 let 形式中设置的值被宏生成的 let 形式的值所捕获。这种行为称为变量捕获，在大部分 Lisp 语言中都有可能发生。

为了避免这种情况，Clojure 将名称展开为完全限定名，这导致你在前面看到的异常。那么，如何使用 let 形式引入新名称？这是读取器宏 # 的作用所在。它生成独一无二的名称，不会与传入宏的代码中使用的其他名称冲突。这种机制称为 auto-gensym（自动生成符号），因为它自动生成可用作事物名称的唯一符号。下面是使用这种机制的 def-logged-fn：

```
(defmacro def-logged-fn [fn-name args & body]
  `(defn ~fn-name ~args
    (let [now# (System/currentTimeMillis)]
      (println "[" now# "] Call to" (str (var ~fn-name)))
      ~@body)))
```

就这么简单。auto-gensym 在生成名称时使用指定的前缀。例如，now# 可能展开为 now__14187__auto__。Clojure 将用相同的生成符号替换出现的所有 now#。

def-logged-fn 的这个新定义将创建一个函数，正确记录对它的调用。你可以重新定义前面的 printname 函数，并尝试调用：

```
(printname "deepthi")
[ 1259955655338 ] Call to #'user/printname
hi deepthi
;=> nil
```

变量捕获是所有 Lisp 中无法改变的事实，你必须在它不受欢迎时加以避免。Clojure 通过 auto-gensym 机制和语法引述符号的自动命名空间限定，使这一情况的处理比大部分 Lisp 语言更简易。在第 11 章探索首语重复宏时，你将了解到为什么有可能需要变量捕获的效果。

到目前为止，我们已经介绍了许多宏的基础知识。在继续之前，让我们花点时间总结使用宏的理由。

7.1.4 回顾：为什么使用宏

正如在上一小节中看到的，宏可能比函数更强大，因为它们可以完成函数所不能完成的任务：延迟代码执行（甚至选择不执行），更改正常的执行流程，添加语法形式，为语言添加全新的抽象，或者为调用者提供方便。本章介绍了这些用法的例子。宏还可以将计算的各个部分从运行时转移到编译时，你可以在第 11 章中看到这方面的例子。

在本节中，我们将讨论具有宏系统特性的编程语言所提供的可能性。

1. 代码生成

代码生成或者转换是处理程序编写的某些方面的常用方法。大部分程序员都使用代码生成，即使他们不总能意识到。最明显的例子是使用编译器：它取得源代码，生成某种形式的可执行代码——机器语言或者虚拟机使用的字节码。编译器的各个部分本身是从语言语法的描述中生成的。XSLT 转换常常用于将某种结构化 XML 文档转换成其他类型的文档。

还有许多其他例子。API 文档往往通过某种从源代码中提取注释的自动过程生成。数据库访问层常常从表或者模型类本身的高级描述，生成所有必要的 SQL。用户界面工具包往往包含可以生成创建 GUI 设计代码的相关程序。Web 服务框架可以从描述中生成符合标准的接口。Web 应用框架通常包含生成 HTML 代码的基于模板的系统。

有时候，可以编写程序来显式生成源代码文件，以处理开发中主应用的某类模式。例如，在多层 Java 系统中，可以从某些其他领域类中为 JavaBean 类生成代码。这些程序往往操纵字符串或者文本来完成其工作。

这类元编程很简单，Ruby 等语言通过提供语言级机制在运行时定义类和方法对其进行改善。Clojure 通过允许程序员像数据一样生成或者操纵代码，几乎提供了元编程的终极形式。

2. 语法和 DSL

我们已经介绍了使用宏为 Clojure 添加语法形式的方法。与自底向上设计以及领域特定抽象相结合，宏能够将解决方案空间转变成一种或者多种领域特定语言（DSL），从而用它们来编写应用程序。我们将在本书后续章节中研究这种设计方法的例子。

3. 简单方便

宏能够使函数调用者更加轻松。在前一小节中看到的隐含 do 形式是宏的常见附加功能。在下一节中，你将看到一些宏的例子。这将帮助你认识人们是如何使用它们的以及你可以在自己的程序中如何使用它们。

7.2　Clojure 内部的宏

在本节中，我们将介绍一些宏，其中许多来自于 Clojure 语言本身的源代码；有些则来自于其他地方。这些例子应该能够帮助你认识宏的某种风格以及在自己的代码中使用宏的思路。

让我们从来自 Clojure 语言本身的例子开始。正如上一小节所述，Clojure 的大部分功能是由 Clojure 自身实现的，其中许多代码都是宏。因此，核心语言可以很小；Clojure 只有十多种特殊形式。这种方法使得语言的大部分其他功能都用它自身来开发。下面，我们将介绍其中的几个宏。

7.2.1　comment

comment 宏是很好的出发点，因为它很简单。它什么也不做，是完全忽略代码的一个例子，与更改或者延迟执行流程正相反。这个宏可以将程序的各个部分变成注释排除，或者为代码添加注释。

下面是完整的实现：

```
(defmacro comment [& body])
```

comment 宏返回 nil。

7.2.2　declare

下面介绍的这个宏比 comment 做的事情略多一些。declare 宏接受一个或者多个符号，让 Clojure 知道后续的代码中可能对它们进行引用。这个宏遍历每个参数，用那些名称创建变量。通常，这些变量在后面的程序中重新定义。

下面是 declare 宏实现的一个稍作简化的版本：

```
(defmacro declare [& names]
  `(do
     ~@(map #(list 'def %) names)))
```

你可以用 macroexpand 函数查看它的工作方式：

```
(macroexpand '(declare add multiply subtract divide))
;=> (do
     (def add)
     (def multiply)
     (def subtract)
     (def divide))
```

格式化不是宏展开的一部分，只是摆脱定义多个变量的重复工作的一种简单方法。顺便说一句，你不能用函数实现这种功能，因为 def 是只接受一个符号的特殊形式。在宏内部，所有特殊形式都是可用的，因为我们是在 s- 表达式（或者符号）级别上操作的。这是宏的重要优势。

7.2.3 defonce

现在，我们要介绍一个求得条件表达式值的宏。defonce 宏接受一个变量名称和一个初始化表达式。但是，如果变量已经初始化过一次（有一个根绑定），则它不会被重新初始化。这个宏的实现很简单，所以我们不需要使用宏展开来查看发生的情况：

```
(defmacro defonce [name expr]
  `(let [v# (def ~name)]
     (when-not (.hasRoot v#)
       (def ~name ~expr))))
```

注意，这里的解引述发生在最后一行——在 def 形式中替代变量名称以及传入的表达式。

def 通常不会求值超过一次，所以你可能对 defonce 存在的原因感到疑惑。当使用具有集成 REPL 的编辑器时，经常会对整个命名空间进行求值，从而用编辑器中的更新刷新 REPL 环境：这意味着，任何 def 都将重新求值，即使求值花费很长时间或者包含数据库连接等状态型资源。defonce 用于避免这个问题。

7.2.4 and

现在，我们介绍一个稍微复杂的例子。在大部分语言中，and 和其他逻辑运算符是作为特殊形式实现的。换言之，它们内建于语言核心中。在 Clojure 中，and 只是另一个宏：

```
(defmacro and
  ([] true)
  ([x] x)
  ([x & next]
   `(let [and# ~x]
      (if and# (and ~@next) and#))))
```

这真是一段优雅的代码！当以无参数形式调用 and 时，它返回 true。当以单参数形式调用时，返回值就是参数本身（记住，除了 nil 或者 false，其他值都被当作 true）。当有多个参数时，宏对第一个参数求值，然后以 if 形式测试。如果该值是逻辑 true 值，则宏以其余参数调用自己，然后重复这一过程。如果任何参数的求值返回 false，则 if 形式返回该值。

你可以用 macroexpand 查看：

```
(macroexpand '(and (even? x) (> x 50) (< x 500)))
;=> (let* [and__4357__auto__ (even? x)]
       (if and__4357__auto__
         (clojure.core/and (> x 50) (< x 500))
         and__4357__auto__))
```

你可能发现了一些稍微不同的细节，因为 auto-gensym 将为局部符号创建不同的名称。而且要记住，macroexpand 不会展开包含在子表达式中的宏。在显示中，这个宏将完全展开，最后展开的 s- 表达式将代替 and 的原始调用。

7.2.5　time

time 是一个相当方便的宏，可用于快速检查代码运行的速度。它接受一个表达式，执行该表达式，打印执行所花的时间，然后返回求值结果。下面是一个例子：

```
(time (* 1331 13531))
"Elapsed time: 0.04 msecs"
;=> 18009761
```

例如，使用 time 宏不像使用分析器那么复杂，但是对于代码的快速基准测试可能很有用。下面是它的实现：

```
(defmacro time [expr]
  `(let [start# (. System (nanoTime))
         ret# ~expr]
     (prn
       (str "Elapsed time: "
            (/ (double (- (. System (nanoTime)) start#)) 1000000.0)
            " msecs"))
     ret#))
```

你可以看到，这个宏启动一个计时器，然后对传入的表达式求值。表达式值被捕捉并在计时器停止和持续时间打印到控制台之后返回。

上面介绍的只是 Clojure 源代码中可以找到的几个宏。如前所述，语言有较小的核心且在此基础上用常规代码构建其他所有功能是一种优势。Clojure 以优雅的方式完成了这项工作，通读源代码是学习技巧的绝佳方式。现在，你将自己编写一些宏。

7.3　编写自己的宏

迄今为止，你已经学习了 Clojure 宏系统的基本理论。你也看到了组成 Clojure 语言一部分的一些宏。现在，你将编写几个自己的宏，了解在自己的程序中使用宏的方法。

为了帮助你入手，我们将从一个称为 infix 的简单宏开始。接着，你将编写一个 randomly 宏，为 Clojure 添加一个新的控制结构。你要编写的第三个宏称作 defwebmethod，这可能是用于编写 Web 应用程序的 DSL 的开端。在 defwebmethod 宏的基础上，你将创建一个

defnn 宏，帮助创建接受命名参数的函数。最后，你将编写 assert-true 宏，这可以作为 Clojure 单元测试框架的开端。

7.3.1 infix

在第 1 章中，我们谈到了 infix 宏，它可以让你用中缀表示法调用数学运算符。下面是它的实现：

```
(defmacro infix [expr]
  (let [[left op right] expr]
    (list op left right)))
```

这是一个不足挂齿的实现：只是重新编排函数符号和参数回到前缀表示法。这也是一个相当简单的实现，因为它只支持两项，且不能进行任何错误检查，仍然只是一个好玩的小宏而已。

7.3.2 randomly

常常有一些场合，你希望随机选择执行路径。例如，如果想要在代码中引入某种随机性，就可能出现这样的需求。randomly 宏接受任意数量的 s- 表达式并随机选择一个。下面是这个宏的实现：

```
(defmacro randomly [& exprs]
  (let [len (count exprs)
        index (rand-int len)
        conditions (map #(list '= index %) (range len))]
    `(cond ~@(interleave conditions exprs))))
```

rand-int 是一个返回 0 到参数之间随机整数的函数。这里，你将输入的 exprs 的长度传递给 rand-int 函数。下面进行测试：

```
(randomly (println "amit") (println "deepthi") (println "adi"))
adi
;=> nil
```

再试一次：

```
(randomly (println "amit") (println "deepthi") (println "adi"))
deepthi
;=> nil
```

再来一次；

```
(randomly (println "amit") (println "deepthi") (println "adi"))
adi
;=> nil
```

宏的工作情况正如预期，只对三个表达式中的一个求值。很明显，由于随机性，你的输出可能会和这里不同。下面是宏对传入的 s- 表达式的转换：

```
(macroexpand-1
  '(randomly (println "amit") (println "deepthi") (println "adi")))
;=> (clojure.core/cond
        (= 0 0) (println "amit")
        (= 0 1) (println "deepthi")
        (= 0 2) (println "adi"))
```

同样，由于随机性，你的展开也可能看起来不同。确实，如果多次展开这个宏，就会看到 cond 形式中的条件子句发生变化。

顺带说一句，有一种更简单的方法能达到相同的效果。考虑如下实现：

```
(defmacro randomly-2 [& exprs]
  (nth exprs (rand-int (count exprs)))))
```

在 REPL 上尝试以确定其有效。这些宏有一个意外的后果：每个宏是在展开的时候选择一个表达式，而不是在展开的宏代码运行的时候。这意味着，如果宏在另一个宏中展开——例如，在函数内部——它将总是返回相同的随机值。为了解决这个问题，需要在每次宏主体求值时重新调用 rand-int，而不是只在宏展开时调用。下面是一个可能的解决方法：

```
(defmacro randomly-2 [& exprs]
  (let [c (count exprs)]
    `(case (rand-int ~c) ~@(interleave (range c) exprs))))
```

7.3.3　defwebmethod

现在，你将编写一个与更改代码执行流程无关但是让使用者更加轻松便利的宏。它似乎为 Clojure 添加了一个专用于构建 Web 应用的功能。

本质上，Web 的动态性是通过根据某些输入参数生成不同 HTML 文档的程序实现的。你可以使用 Clojure 函数达到这一目的，每个函数可以对应于某种用户请求。例如，你可以编写一个函数，接受用户名和日期，返回当日的费用报告。请求参数可以打包成一个哈希映射，以 request 对象的形式传递给各个函数。然后，每个函数可以查询 request 对象，以找到需要的参数，对请求进行必要的处理，并返回对应的 HTML。

下面是一个这样的函数：

```
(defn login-user [request]
  (let [username (:username request)
        password (:password request)]
    (if (check-credentials username password)
      (str "Welcome back, " username ", " password " is correct!")
      (str "Login failed!"))))
```

这里，check-credentials 可能是一个从数据库中查找身份验证信息的函数。为了你的目的，我们将它定义为

```
(defn check-credentials [username password]
  true)
```

而且，login-user 应该返回真正的 HTML，而不是你所返回的字符串。但是，这个函数应该可以让你对此类函数的结构有个总体的概念。现在尝试一下：

```
(def request {:username "amit" :password "123456"})
;=> #'user/request
(login-user request)
;=> "Welcome back, amit, 123456 is correct!"
```

麻烦在于，每个 login-user 之类的函数都必须人工地从 request 映射中查询值。这里的例子需要两个参数——username 和 password——但是你当然可以想象到需要更多参数的函数。每次都从 request 映射中取出这些参数将相当乏味。考虑如下的宏：

```
(defmacro defwebmethod [name args & exprs]
  `(defn ~name [{:keys ~args}]
     ~@exprs))
```

现在，你可以用这个宏定义 login-user 的新版本：

```
(defwebmethod login-user [username password]
  (if (check-credentials username password)
    (str "Welcome, " username ", " password " is still correct!")
    (str "Login failed!")))
```

在 REPL 上尝试函数的这个版本：

```
(login-user request)
;=> "Welcome, amit, 123456 is still correct!"
```

对于不知道 defwebmethod 内部结构的程序员来说，这简直就是一种新的语言抽象，是专门为 Web 应用而设计的。参数列表中指定的任何名称都将自动从 request 映射中取出并设置正确的值（定义的函数仍然使用相同参数）。你可以任何顺序指定函数参数名称，这是很大的便利。

你可以想象用这种方法为 Clojure 编写其他领域特定的附加功能。

7.3.4　defnn

在上个例子中，使用映射解构创建了一个函数，将输入映射分解成命名的部分。现在，你将以任意顺序将命名参数传入一个函数，例如：

```
(defnn print-details [name salary start-date]
  (println "Name:" name)
  (println "Salary:" salary)
  (println "Started on:" start-date))
;=> #'user/print-details
```

使用这个宏，你可以实现如下目标：

```
(print-details :start-date "10/22/2009" :name "Rob" :salary 1000000)
Name: Rob
Salary: 1000000
Started on: 10/22/2009
```

注意，你可以改变参数的顺序，因为它们用关键字命名。如果没有传递其中某些参数，则它们默认为 nil。下面是其实现：

```
(defmacro defnn [fname [& names] & body]
  (let [ks {:keys (vec names)}]
    `(defn ~fname [& {:as arg-map#}]
       (let [~ks arg-map#]
         ~@body))))
```

它是怎么工作的？你可以用 macroexpand 检查：

```
(def print-details
 (clojure.core/fn
  ([& {:as arg-map__2045__auto__}]
   (clojure.core/let [{:keys [name salary start-date]}
                      arg-map__2045__auto__]
    (println "Name:" name)
    (println "Salary:" salary)
    (println "Started on:" start-date)))))
```

同样，你在 let 形式中使用映射解构梳理出命名参数，并为指定值设置名称。let 形式还可以将成对的关键字和值转换为哈希映射。这是命名参数的一种有限形式，它没有进行任何错误检查，也没有考虑默认值。但是，你仍然可以在此基础上添加上述功能。

7.3.5　assert-true

作为最后一个例子，你将编写可用于断言一个 s- 表达式求值结果为 true 的宏。让我们来看看它的使用方式：

```
(assert-true (= (* 2 4) (/ 16 2)))
;=> true
(assert-true (< (* 2 4) (/ 18 2)))
;=> true
```

可以将 assert-true 用于一组单元测试中。你可能很希望在一个单元测试中使用多个这种断言，每个验证一个相关的函数。在一个单元测试中使用多个断言的问题是，当某些测试失败时，具体是哪些失败并不是立刻就显而易见的。行号在这种情况下很有用，有些单元测试框架允许的自定义错误信息也很有用。

在你的"小"宏中，希望看到测试失败的代码。它的工作方式如下：

```
(assert-true (>= (* 2 4) (/ 18 2)))
;=> RuntimeException (* 2 4) is not >= 9
```

这样的字面代码自然很适合于宏。下面就是这个宏的定义：

```
(defmacro assert-true [test-expr]
  (let [[operator lhs rhs] test-expr]
    `(let [rhsv# ~rhs ret# ~test-expr]
       (if-not ret#
         (throw (RuntimeException.
                  (str '~lhs " is not " '~operator " " rhsv#)))
         true))))
```

上述实现很直观。绑定形式用于将 `test-expr` 拆分成 `operator`、`lhs` 和 `rhs` 部分。然后，生成的代码使用这些部分完成工作，查看一个宏展开示例是最好的理解方法：

```
(macroexpand-1 '(assert-true (>= (* 2 4) (/ 18 2))))
;=> (clojure.core/let [rhsv__11966__auto__ (/ 18 2)
                       ret__11967__auto__ (>= (* 2 4) (/ 18 2))]
      (clojure.core/if-not ret__11967__auto__
        (throw (java.lang.RuntimeException.
          (clojure.core/str (quote (* 2 4))
              " is not " (quote >=) " " rhsv__11966__auto__)))
        true))
```

如前所述，这个宏实际上相当简单。例如，请注意 `'~lhs` 是如何展开为 `(quote(* 2 4))` 的。这是很可取的做法，因为通过引述，你可以阻止该形式被求值以及被结果所替代。这在故障发生时更有用处，因为它是用户传递给断言的实际代码。想象一下，实现这样的目标在 Java、C++ 甚至 Ruby 或者 Python 中有多么难。

你可以添加一些语义错误检查来改善这个宏，以处理传递的表达式无效的情况。考虑如下定义：

```
(defmacro assert-true [test-expr]
  (if-not (= 3 (count test-expr))
    (throw (RuntimeException.
        "Argument must be of the form
            (operator test-expr expected-expr)")))
  (if-not (some #{(first test-expr)} '(< > <= >= = not=))
    (throw (RuntimeException.
      "operator must be one of < > <= >= = not=")))
  (let [[operator lhs rhs] test-expr]
    `(let [rhsv# ~rhs ret# ~test-expr]
       (if-not ret#
         (throw (RuntimeException.
           (str '~lhs " is not " '~operator " " rhsv#)))
         true))))
```

这对某人将有缺陷的表达式传入宏的两种场合有效：

```
(assert-true (>= (* 2 4) (/ 18 2) (+ 2 5)))
;=> RuntimeException Argument must be of the form
                    (operator test-expr expected-expr)
```

这个宏还可以检查有人试图使用不支持的运算符的情况：

```
(assert-true (<> (* 2 4) (/ 16 2)))
;=> RuntimeException operator must be one of < > <= >= = not=
```

上述例子说明，宏不仅可以简化值的领域特定语义检查，也可以进行代码本身的类似检查。在其他语言中，这可能需要一些认真的解析。Clojure 的"代码即数据"方法在这一场合得到了回报。

7.4 小结

我们在本章开头讲过，宏是将 Clojure（和其他 Lisp 类语言）与大部分其他编程语言区分开来的一个特性。宏使程序员可以为 Clojure 添加新的语言特性。确实，你可以在 Clojure 基础上构建全新的功能层次，这看上去似乎是创建了一种全新的语言。Clojure 的并发系统就是一个例子：它不是语言本身的一部分；而是以一组 Java 类和相关 Clojure 函数及宏的形式实现的。

宏确实模糊了语言设计者和应用程序编程人员之间的区别，使你可以为语言添加自己认为合适的功能。例如，如果你觉得 Clojure 缺乏使你表达某种事物的结构，则不需要等待语言的下一个版本或者使用不同的语言，你可以自己添加这个功能。你将在下一章中看到这样的例子，我们将告诉你如何用宏和高阶函数在 Clojure 中构建一个对象系统。

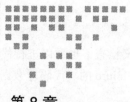

函数式编程深入研究

本章内容：

❏ 高阶函数复习

❏ 函数部分应用

❏ 词法闭包

❏ Clojure 中传统的面向对象编程

目前为止，你已经了解了 Clojure 编程语言的许多特性，也已经用它编写了不少函数。因为 Clojure 是一种函数式编程语言，所以理解和掌握函数式编程范式是成功的关键。在本章中，我们将更多地探索这一主题。

我们将不从数学（或者纯理论）的角度而是通过对代码的研究探索一些主要思路。首先将实现几个在函数式程序中常用的高阶函数。这样做的思路是帮助你熟悉递归、惰性序列、函数式抽象和函数重用。

接下来，我们将访问部分应用的世界。这将帮助你进一步深入了解函数式编程和它的应用。尽管部分应用在 Clojure 中的使用并不是特别普遍，但有时候会与你的工作完美契合。顺带说一句，在本章后面你还将看到部分应用的替代方法。

最后一站是对闭包的探索。这一节将所有知识结合起来以编写一个小的对象系统，说明面向对象编程与函数式编程相结合的思路。读完本章，你将会知道函数式编程可以看作面向对象编程的超集——实际上要远远超越后者。

8.1 使用高阶函数

我们在第 3 章中谈到了高阶函数。高阶函数是以另一个函数为参数或者返回函数的函数，它使程序员可以抽象出在其他方法中产生重复代码的计算模式。在本节中，我们将介绍几个高阶函数的例子，这些函数大大简化了对你遇到的许多情况的处理。在之前已经看到过其中一些函数的不同形式，我们将在你实现它们时指出。

总体来说，本节将帮助你对使用高阶函数实现各种 Clojure 解决方案有个感性认识；这确实是 Clojure 解决方案中不可分割的一部分。

8.1.1 收集函数结果

我们对高阶函数的介绍将从名为 square-all 的函数开始，该函数接受一个数字列表，返回每个元素平方的列表。在图形程序或者其他数学计算中，你可能需要这样一个序列：

```
(defn square [x]
  (* x x))
(defn square-all [numbers]
  (if (empty? numbers)
    nil                                    等价于空列表的惯用写法
    (cons (square (first numbers))
          (square-all (rest numbers)))))
```

对空列表返回 nil 的情况做个简单的说明：你也可以返回一个空列表，但是在 Clojure 中的惯用做法是返回 nil，因为它是一个假值（和空列表不同，空列表是个真值），所有序列相关函数将 nil 当成一个空列表处理（例如，在 nil 上运用 conj 函数将返回一个列表）。

注意，cons 函数用于构建一个新序列。它接受一个元素和另一个序列，返回一个将该元素插入首位的新序列。这里，第一个元素是第一个数字的平方，序列的主体是其余数字平方的一个序列。上述函数的工作情况符合预期，你可以在 REPL 上测试：

```
(square-all [1 2 3 4 5 6])
;=> (1 4 9 16 25 36)
```

现在，我们来看另一个函数 cube-all，它也接受一个数值列表，但是返回的是每个元素立方的列表：

```
(defn cube [x]
    (* x x x))
(defn cube-all [numbers]
  (if (empty? numbers)
    ()
    (cons (cube (first numbers))
          (cube-all (rest numbers)))))
```

这也同样很容易测试：

```
(cube-all [1 2 3 4 5 6])
;=> (1 8 27 64 125 216)
```

两个函数都符合预期，麻烦在于，`square-all` 和 `cube-all` 定义中都有很多重复。你很容易发现这种共性，只需要考虑这样一个事实：两个函数都对每个输入元素应用一个函数并收集结果，然后返回收集到的值组成的列表。

你已经知道了这样的函数可以在 Clojure 等语言中以高阶函数形式捕捉：

```clojure
(defn do-to-all [f numbers]
  (if (empty? numbers)
    ()
    (cons (f (first numbers))
          (do-to-all f (rest numbers)))))
```

利用高阶函数，可以轻松地执行相同的运算：

```clojure
(do-to-all square [1 2 3 4 5 6])
;=> (1 4 9 16 25 36)
(do-to-all cube [1 2 3 4 5 6])
;=> (1 8 27 64 125 216)
```

你可以想象，`do-to-all` 的实现与包含在 Clojure 核心库中的 `map` 函数类似。你已经在本书前面看到了这个函数。`map` 函数是一个抽象，使你可以对一系列参数应用任何函数，并将结果收集到另一个序列中。与核心中的 `map` 函数相比，上述实现相当有局限性，而且有一个很致命的缺陷：如果传入元素的列表足够长，将导致调用栈溢出。下面是这种情况的例子：

```clojure
(do-to-all square (range 11000))
StackOverflowError    clojure.lang.Numbers$LongOps.multiply (Numbers.java:459)
```

出现溢出的原因是，序列中的每一项都造成对 `do-to-all` 的递归调用，从而增加一个栈结构，直至最终耗尽空间。考虑如下修正：

```clojure
(defn do-to-all [f numbers]
  (lazy-seq
    (if (empty? numbers)
      ()
      (cons (f (first numbers))
            (do-to-all f (rest numbers))))))
```

现在，因为返回的是一个惰性序列，所以不再试图递归计算返回的所有元素。`lazy-seq` 宏取得一段返回序列（或者 `nil`）的代码，并返回一个"可序列化"对象——也就是和序列表现类似的对象。但是，它只在需要时（惰性地）调用一次代码块，此后就返回缓存的结果。现在，该函数符合预期：

```clojure
(take 10 (drop 10000 (do-to-all square (range 11000))))
;=> (100000000 100020001 100040004 100060009 100080016 100100025 100120036
     100140049 100160064 100180081)
```

这类似于 Clojure 自带的 `map` 函数（但是 Clojure 版本完成更多工作）。下面是它的运行状态：

```
(take 10 (drop 10000 (do-to-all square (range 11000))))
;=> (100000000 100020001 100040004 100060009 100080016 100100025 100120036
    100140049 100160064 100180081)
```

注意，这个函数所做的就是用 map 替代 do-to-all。map 函数是极其实用的高阶函数，正如你在前几章所看到的，它的使用很普遍。

现在，我们将介绍另一个重要操作，这可以用另一个高阶函数实现。

8.1.2　对一系列事物进行归纳

取得一系列事物并根据所有事物计算出一个值往往是很有用的。加总一系列数值或者找出最大值就是这方面的例子。你将首先计算总和：

```
(defn total-of [numbers]
  (loop [nums numbers sum 0]
    (if (empty? nums)
      sum
      (recur (rest nums) (+ sum (first nums))))))
```

在 REPL 上测试，可以看到这段代码按照预期工作：

```
(total-of [5 7 9 3 4 1 2 8])
;=> 39
```

现在，你将编写一个函数，返回一系列数值中的最大值。首先，编写一个简单函数，返回两个数值中较大者：

```
(defn larger-of [x y]
  (if (> x y) x y))
```

这是一个非常简单的函数，但是下面你可以用它搜索一系列数值中的最大值：

```
(defn largest-of [numbers]
  (loop [l numbers candidate (first numbers)]
    (if (empty? l)
      candidate
      (recur (rest l) (larger-of candidate (first l))))))
```

看看它能不能正常工作：

```
(largest-of [5 7 9 3 4 1 2 8])
;=> 9
(largest-of [])
;=> nil
```

成功了，但是 total-of 和 largest-of 中明显有些重复。具体地说，它们之间的唯一差别是一个在累加器中加入一个元素，而另一个将一个元素与一个候选结果比较。接下来，将这种共性提取到一个函数中：

```
(defn compute-across [func elements value]
  (if (empty? elements)
    value
    (recur func (rest elements) (func value (first elements)))))
```

现在，你可以轻松地使用 compute-across 实现 total-of 和 largest-of：

```
(defn total-of [numbers]
  (compute-across + numbers 0))
(defn largest-of [numbers]
  (compute-across larger-of numbers (first numbers)))
```

为了确保一切仍然符合预期，可以在 REPL 上再次测试这两个函数：

```
(total-of [5 7 9 3 4 1 2 8])
;=> 39
(largest-of [5 7 9 3 4 1 2 8])
;=> 9
```

compute-across 很通用，可以在任何序列上操作。例如，下面这个函数收集所有大于特定阈值的数值：

```
(defn all-greater-than [threshold numbers]
  (compute-across #(if (> %2 threshold) (conj %1 %2) %1) numbers []))
```

在介绍其工作原理之前，必须检查其是否有效：

```
(all-greater-than 5 [5 7 9 3 4 1 2 8])
;=> [7 9 8]
```

这个函数的效果与预期相符。实现很简单：你已经知道了 compute-across 的工作原理。初始值（作为一个累加器）是一个空向量。你必须将大于阈值的数值加到这个向量中。匿名函数完成这项工作。

compute-across 函数类似于你已经见过的一个函数：作为 Clojure 核心函数一部分的 reduce 函数。下面是用内建的 reduce 改写的 all-greater-than：

```
(defn all-greater-than [threshold numbers]
  (reduce #(if (> %2 threshold) (conj %1 %2) %1) [] numbers))
```

下面是实际运行结果：

```
(all-greater-than 5 [5 7 9 3 4 1 2 8])
;=> [7 9 8]
```

compute-across 和 reduce 函数都可以处理数据序列，并计算出一个最终结果。现在，我们要研究另一个使用 compute-across 的相关示例。

8.1.3　过滤一系列事物

在上一节中，编写了一个函数用于收集大于特定阈值的所有数值。现在，将编写另一个函数来收集小于某个阈值的数值：

```
(defn all-lesser-than [threshold numbers]
  (compute-across #(if (< %2 threshold) (conj %1 %2) %1) numbers []))
```

下面是新函数的运行情况：

```
(all-lesser-than 5 [5 7 9 3 4 1 2 8])
;=> [3 4 1 2]
```

注意在拥有方便的小函数 compute-across（或者等价的 reduce）之后一切有多么简单。还要注意，all-greater- than 和 all-lesser-than 函数中存在重复。两者之间的唯一差别是用于选择返回元素的条件。

现在，你需要将共同的部分提取到一个高阶函数 select-if 中：

```
(defn select-if [pred elements]
  (compute-across #(if (pred %2) (conj %1 %2) %1) elements []))
```

现在，你可以用这个函数从较大的序列中选择各种元素。例如，下面是从向量中选择所有奇数的例子：

```
(select-if odd? [5 7 9 3 4 1 2 8])
;=> [5 7 9 3 1]
```

你可以如下方式重新实现前面定义的 all-lesser-than 函数：

```
(defn all-lesser-than [threshold numbers]
  (select-if #(< % threshold) numbers))
```

这一实现更容易理解，因为它表达了简单性和清晰性的意图。select-if 是可用于任何序列的另一个实用的低级函数。实际上，你之前已经见过 Clojure 自带的此类函数：filter。例如，下面的代码同样可以选择奇数：

```
(filter odd? [5 7 9 3 4 1 2 8])
;=> (5 7 9 3 1)
```

注意，虽然 filter 返回的是一个惰性序列，而 select-if 函数返回一个向量，但是只要你的程序要处理的是序列，两个函数便都有效。

在前几页的内容中，你已经创建了函数 do-to-all、compute-across 和 select-if，实现了内建 map、reduce 和 filter 函数的精华部分。这么说有两方面原因：这些函数展示了高阶函数的常见用例，说明这些函数的基本形式相当容易实现。例如，select-if 不是惰性的，但是利用你目前已经学到的所有知识，就可以实现一个惰性的函数。有了这些背景知识，下面我们来探索几个有趣的函数式编程话题。

8.2　部分应用

上一小节中，你编写了多个以函数为参数并将其应用到其他参数的高阶函数。现在，我们将介绍另一类高阶函数——创建和返回新函数的函数。这是函数式编程的关键特征，在本节中你将要编写返回新函数的函数，这个新函数的参数数量少于原函数。你将通过"部分应用"该函数来实现这一功能。（不要担心，很快你就会理解这一概念的含义。）

8.2.1 函数适配

想象你有一个函数接受以百分数表示的税率（如 8.0 或者 9.75）和零售价，并用一个串行（threading）宏返回含税总价：

```
(defn price-with-tax [tax-rate amount]
  (->> (/ tax-rate 100)
       (+ 1)
       (* amount)))
```

现在，你可以求出某件商品的真实价格，因为可以计算包含消费税的价格：

```
(price-with-tax 9.5M 100)
;=> 109.500M
```

注意，对金额使用了 BigDecimal 类型（以 M 后缀表示）：在财务应用中使用浮点数可能出现舍入误差！如果你希望将一个价格列表转换成含税价的列表，可以编写如下函数：

```
(defn with-california-taxes [prices]
  (map #(price-with-tax 9.25M %) prices))
```

然后，可以批量计算含税价：

```
(def prices [100 200 300 400 500])
;=> #'user/prices
(with-california-taxes prices)
;=> (109.2500M 218.5000M 327.7500M 437.0000M 546.2500M)
```

注意，在 with-california-taxes 的定义中有一个匿名函数，它接受单一参数（价格）并以 9.25 和这个价格为参数应用 price-with-tax 函数。创建这个匿名函数很方便；否则，你可能不得不定义一个在其他地方永远不会使用的独立函数，例如：

```
(defn price-with-ca-tax [price]
  (price-with-tax 9.25M price))
```

如果要处理纽约的情况，代码是这样的：

```
(defn price-with-ny-tax [price]
  (price-with-tax 8.0M price))
```

如果需要更多的处理，就会产生重复。幸运的是，Clojure 这样的函数式语言能够很快解决这个问题：

```
(defn price-calculator-for-tax [state-tax]
  (fn [price]
    (price-with-tax state-tax price)))
```

上述函数接受一个税率（可能是某个州的税率），然后返回一个接受单一参数的新函数。当以价格为参数调用该函数时，它将返回用所提供税率及价格调用 price-with-tax 的结果。这样，新定义（并返回）的函数表现得像所提供税率的一个闭包。既然已经有了这个高阶函数，就可以定义特定于某个州的函数，以消除前面看到的重复：

```
(def price-with-ca-tax (price-calculator-for-tax 9.25M))
(def price-with-ny-tax (price-calculator-for-tax 8.0M))
```

图 8-1 展示了这个函数的工作原理。

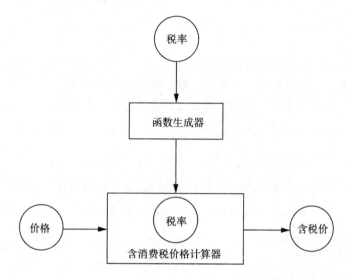

图 8-1　开始时传递给 `price-calculator-for-tax` 函数的 `tax-rate` 被结果函数
（如 `price-with-ca-tax`）捕捉。然后，新函数可以使用调用时传入的价格，应
用税率返回正确价格

　　再次注意，你创建了新的变量（这里直接使用 def 而不是 defn）绑定到 price-calculator-for-tax 函数返回的匿名函数。

　　这些新函数接受单一参数并以其为参数调用 map，它们非常适合 with-california-taxes 这样的函数（接受一个价格列表）。单一参数函数在这种情况下表现良好，你可以将前面的任何一个函数用于这一目的。这是从某个参数数量（在本例中 price-with-tax 接受两个参数）的函数出发得出需要接受较少参数的新函数（在本例中是可以对一系列价格进行映射的单参数函数）的一个简单例子。

　　这种取得某个有 *n* 个参数的函数并创建一个 *k* 个参数的新函数（*n*>*k*）的方法是适配（你可能已经从 OOP 文献中熟悉了适配器模式）的一种形式。在函数式语言中，完成这项任务不需要特殊的形式，这归功于高阶函数。让我们来看看 Clojure 如何简化适配。

部分应用

　　假定有一个 *n* 个参数的函数，需要固定（*n*–*k*）个参数，创建一个 *k* 个参数的新函数。下面是一个函数示例：

```
(defn of-n-args [a b c d e]
  (str a b c d e ))
```

现在，假定要将前三个参数固定为 1、2 和 3，你可以这么做：

```
(defn of-k-args [d e]
  (of-n-args 1 2 3 d e))
```

你必须确保这个函数的效果符合预期：

```
(of-k-args \a \b)
;=> "123ab"
```

很好，一切正常。如果需要创建固定两个或者四个参数的函数，就必须再次编写类似的代码。可以想象，如果这样的工作很多，就会变得重复而乏味。

你可以编写一个函数来概括上述思路，从而改善所有工作，如：

```
(defn partially-applied [of-n-args & n-minus-k-args]
  (fn [& k-args]
    (apply of-n-args (concat n-minus-k-args k-args))))
```

现在，你可以创建任意多个固定特定函数的特定参数组的函数，例如：

```
(def of-2-args (partially-applied of-n-args \a \b \c))
;=> #'user/of-2-args
(def of-3-args (partially-applied of-n-args \a \b))
;=> #'user/of-3-args
```

看看这些函数能否按照预期工作：

```
(of-2-args 4 5)
;=> "abc45"
(of-3-args 3 4 5)
;=> "ab345"
```

这个新函数称为 partially-applied，因为它返回的一个函数是你传入函数的部分应用版本。例如，of-3-args 是 of-n-args 的部分应用版本。这是函数式编程中的一种常见技术，Clojure 自带了完成这一任务的函数 partial，它的使用方法相同：

```
(def of-2-args (partial of-n-args \a \b \c))
;=> #'user/of-2-args
(def of-3-args (partial of-n-args \a \b))
;=> #'user/of-3-args
```

下面是它实际运行的情况：

```
(of-2-args 4 5)
;=> "abc45"
(of-3-args 3 4 5)
;=> "ab345"
```

现在，你已经理解了部分应用函数的含义了。部分应用是一种由高阶函数产生的抽象。虽然以上的例子说明，在这种技术中，你必须将给定参数数量的一个函数改编为参数数量较少的函数，但是还有其他的用法。你将在下一章中看到这类用例。

8.2.2　定义函数

在本节中，我们将使用部分应用技术定义新函数。回顾上一节中的 select-if 函数：

```
(defn select-if [pred elements]
  (compute-across #(if (pred %2) (conj %1 %2) %1) elements []))
```

注意，compute-across 函数的最后一个函数是个空向量。下面，你将编写一个 select-if 的改良版本 select-into-if，该函数将接受一个初始容器：

```
(defn select-into-if [container pred elements]
  (compute-across #(if (pred %2) (conj %1 %2) %1) elements container))
```

就像上一节中你所看到的那样，如果有一个如下的数值列表：

```
(def numbers [4 9 5 7 6 3 8])
```

则应该这样使用新函数：

```
(select-into-if [] #(< % 7) numbers)
;=> [4 5 6 3]
```

同样，你也可以传递一个空列表而不是空向量：

```
(select-into-if () #(< % 7) numbers)
;=> (3 6 5 4)
```

注意，根据你所需要的过滤方式（与元素出现的顺序相同或者相反），可以使用空向量或者空列表作为容器。这种排序在顺序很重要且想要保留或者颠倒原顺序的场合下可能有用。现在，你将进一步抽象这种结果过滤方式：

```
(def select-up (partial select-into-if []))
```

这是一个使用 partial 的新函数，将 select-into-if 函数的第一个参数固定为空向量。类似地，可以如下方式定义向下选择元素序列的概念：

```
(def select-down (partial select-into-if ()))
```

现在是测试两个函数以确保其正常工作的时候了：

```
(select-up  #(< % 9) [5 3 9 6 8])
;=> [5 3 6 8]
(select-down #(< % 9) [5 3 9 6 8])
;=> (8 6 3 5)
```

显然，使用向量和列表有着特定的含义，根据场合的不同，这些数据类型可能是过滤序列元素的方便途径。

如你所见，函数的部分应用可能成为有用的工具。本节介绍了这种技术为人们带来方便的两种场合。第一种是固定给定函数的一个或者多个参数，从而将函数改编为合适的参数数量。第二种是通过部分应用一个更为通用的函数得到一个或者多个参数固定的特殊函数来定义函数。

在这个方面有一个更普遍的原则，正是它使部分函数应用成为可能：词法闭包。

8.3 闭包

在本节中，我们将研究词法闭包，这是函数式编程的核心概念。它的核心地位可以从 Clojure 一词看出，它本身就是闭包（closure）的变体。我们将首先回顾闭包的概念以及它们所掩盖的内容。然后，我们将介绍函数式编程中闭包的几个用例。具体地说，将介绍使用闭包延迟计算和将其作为对象（从面向对象编程的意义上）使用的方法。最后，我们将为 Clojure 创建一个小的面向对象层次以展示 Clojure（以及 Lisp 类语言）超越传统 OOP 思路的地方。

8.3.1 自由变量与闭包

在介绍闭包概念之前，我们先来了解一下自由变量的概念。自由变量既不是参数，也不是局部变量。例如，看看下面这段代码中的 adder：

```
(defn adder [num1 num2]
  (let [x (+ num1 num2)]
    (fn [y]
      (+ x y))))
```
x是一个自由变量：其值来自于使用它的函数作用域之外

这里，num1 和 num2 是 adder 函数的参数，所以它们不是自由变量。let 形式创建一个词法作用域代码块，在那个代码块中，num1 和 num2 是自由变量。此外，let 形式还创建了一个局部命名值 x。因此，在 let 块中，x 不是自由变量。最后，代码创建一个匿名函数接受参数 y。在这个匿名函数中，y 不是自由变量，但 x 是（因为它在函数块中既不是参数，也不是局部变量）。

现在，你已经理解了自由变量的概念，我们将更深入地研究这个函数。考虑如下代码：

```
(def add-5 (adder 2 3))
;=> #'user/add-5
```

add-5 是与 adder 调用返回值绑定的一个变量，这个返回值是 adder 函数返回的匿名函数。函数对象包含了对 x 的引用，x 的存续时间与 adder 内部的 let 块相同。考虑如下代码，它的工作正如预期：

```
(add-5 10)
;=> 15
```

鉴于局部命名值（如 x）的生命期只能持续到外围词法块结束时，add-5 是怎么完成工作的？你可能会想象到 add-5 内部引用的 x 在 add-5 创建之时就已经不存在了。

但是，上述代码之所以能够正常工作，是因为 adder 返回的匿名函数是一个闭包，在这种情况下它遮蔽了自由变量 x。被遮蔽的自由变量范围（生命期）就是闭包本身。这就是 add-5 可以使用 x 值并将 5 与 10 相加返回 15 的原因。

总之，自由变量的值将是变量自身作用域创建时在其外围作用域中的值。现在，我们来看看闭包能为你的 Clojure 程序做些什么。

8.3.2　延迟计算与闭包

闭包的特征之一是，它们可以在任意时间任意次数地执行，也可以完全不执行。这种延迟执行的属性可能很有用。考虑如下代码：

```
(let [x 1
      y 0]
  (/ x y))
ArithmeticException Divide by zero   clojure.lang.Numbers.divide
(Numbers.java:156)
```

你知道这段代码能做些什么：它将立刻抛出一个零除数异常。让我们用 try-catch 块封装这段代码，以便用编程方式控制局面：

```
(let [x 1
      y 0]
  (try
    (/ x y)
    (catch Exception e (println (.getMessage e)))))
Divide by zero
;=> nil
```

这种模式很常见，你可能想将其提取到一个高阶控制结构里：

```
(defn try-catch [the-try the-catch]
  (try
    (the-try)
    (catch Exception e (the-catch e))))
```

有了这个结构，你就可以这么编写代码：

```
(let [x 1
      y 0]
  (try-catch #(/ x y)
             #(println (.getMessage %))))
```

这里要注意，你传入一个包含 x 和 y 的匿名函数。可以编写一个宏完成相同的工作，但是这说明你不需要对这种情况使用宏，即使宏解决方案看上去更好（语法上更便于使用，生成的代码也更容易理解）。

当我们比较宏和函数时就会注意到，Clojure 采用更迫切的方式求值函数参数。这种行为是宏具有优势的原因之一，宏不对参数求值，使我们这些编程人员能够取得控制权。这里，try-catch 函数通过接受稍后求值的函数达到了相同的预期效果。具体地说，虽然你的匿名函数是立即创建的（在你将它们作为参数传入时），但是它们在以后才（在 try-catch 块中）求值。而且，因为只有变量 x 和 y 正确地处于一个闭包中，所以 try-catch 函数能够正确地工作。

你可以想象以类似的方式创建其他控制结构。在下一小节中，你将看到闭包的另一个有趣特征。

8.3.3 闭包与对象

在本节中，我们将研究闭包的另一个好处。在前几段中你已经看到，闭包在创建时捕捉任何可见的自由变量绑定。然后，这些绑定对其余部分隐藏，使闭包成为私有数据的一个候选。（数据绑定是一个有些被高估的概念，尤其是在 Clojure 这样的语言中。你将在下一小节中看到更多相关的介绍。）

现在，让我们继续探索闭包中捕捉的绑定。想象你需要在应用中处理用户登录信息和电子邮件地址。考虑如下的函数：

```
(defn new-user [login password email]
  (fn [a]
    (case a
      :login login
      :password password
      :email email
      nil)))
```

这里没有什么特别的新内容；你在前一节中已经见过这类代码。下面是运行的情况：

```
(def arjun (new-user "arjun" "secret" "arjun@zololabs.com"))
;=> #'user/arjun
(arjun :login)
;=> "arjun"
(arjun :password)
;=> "secret"
(arjun :email)
;=> "arjun@zololabs.com"
(arjun :name)
;=> nil
```

首先，通过以 "arjun"、"secret" 和 "arjun@currylogic.com" 为参数调用 new-user 函数，创建一个新的函数对象。然后，你可以查询登录、密码和电子邮件地址。arjun 的表现就像一个映射，或者至少是某类数据对象。从上面可以看到，你可用关键字 :login、:password 和 :email 查询对象的内部状态。

值得注意的是，这是访问 arjun 内部的唯一途径，是一种消息传递方式：关键字是你要发送给接收器对象的消息，在本例中，接收器对象是函数对象 arjun。你可以选择实现较少的对象。例如，你可能认为密码应该是隐藏的细节。改良后的函数可能是这样的：

```
(defn new-user [login password email]
  (fn [a]
    (case a
      :login login
      :email email
      :password-hash (hash password)        ←── 内层函数可以访问密码
      nil)))
;=> #'user/new-user
(def arjun (new-user "arjun" "secret" "arjun@zololabs.com"))
;=> #'user/arjun
(arjun :password)                 ←── 绝不将密码返回给调用者
;=> nil
(arjun :password-hash)                ←──
;=> 1614358358                              实现信息隐藏；可以使用密码而不让其他人看到
```

尽管 new-user 函数和返回的内层函数可以看到 password（密码），使用返回内层函数的任何人只能看到密码的哈希形式。使用闭包，可以对函数调用者隐藏信息，而这些信息对函数本身仍然可见。讲了这么多，我们将短暂地中断一下，以比较 arjun 函数和其他语言中的对象。

数据还是函数？

在函数和 Java 及 Ruby 等语言中可以翻译成数据的东西之间，界线已经开始模糊。arjun 是一个函数，还是某种数据对象？它的表现确实与一个哈希映射类似，你可以查询与某个特定键相关的值。在本例中，你编写的代码只输出视为公共信息的键，同时隐藏私有部分。因为 arjun 是一个闭包，所以自由变量（传递给 new-user 的参数）在其中被捕捉，并存续到闭包本身结束之时。从技术上讲，尽管 arjun 是一个函数，但从语义上看，它的外观和行为都像数据。

尽管哈希映射等数据对象相当静态（除了保存信息之外没有太多其他功能），但传统对象仍具有与之相关的行为。我们可以为用户对象添加行为，从而进一步模糊上述界线。下面，你将添加查看指定密码是否正确的功能。考虑如下代码：

```
(defn new-user [login password email]
  (fn [a & args]
    (case a
      :login login
      :email email
      :authenticate (= password (first args)))))
```

试验一下：

```
(def adi (new-user "adi" "secret" "adi@currylogic.com"))
;=> #'user/adi
(adi :authenticate "blah")
;=> false
(adi :authenticate "secret")
;=> true
```

现在，你的基于闭包用户小程序可以在要求时进行身份验证。如前所述，这种消息传递类似于 Java 和 Ruby 语言中调用对象上的方法。这种调用的格式可以写成

```
(object message-name & arguments)
```

面向对象编程中的对象通常定义为具有状态、行为和相等性的实体。大部分语言还允许以功能继承性的方式定义它们。迄今为止，我们已经处理了状态（login、password 和 email 等信息）和行为（如 :authenticate）。相等性取决于对象的使用领域，但是你可以创建一个通用的相等性测试形式，例如根据某个哈希函数进行测试。在下一节中，我们将结合本节谈到的思路，增加继承性和更好的对象定义语法。

8.3.4 一个 Clojure 对象系统

在上一节中，你创建了名为 new-user 的函数，它表现得像新用户对象的某种"工厂"。你可以用用户包含的数据元素（login、password 和 email）调用 new-user，并得到一个新的用户对象。然后，你可以查询某些数据，或者执行某种行为。通过实现一个简单的消息传递机制来完成这一任务，使用的消息是 :login 和 :authenticate 等。

在本节中，我们将概述创建具有某些数据和行为的对象的思路，在传统的面向对象语言中，这些对象被称为类。首先，考虑一个简单的类层次结构，并通过提供一个特殊符号（传统上命名为 this）让对象引用自身。最后，把这种功能包装在一个语法"皮肤"中，使其看上去更加熟悉。

1. 定义类

我们将从简单的开始。你将创建定义无状态（或行为）类的能力。从定义空类的能力入手，为对象系统打下基础。例如，可以这样编码：

```
(defclass Person)
```

这将定义一个类，作为未来"人"实例的蓝图。然后，可以为这个类要求一个名称：

```
(Person :name)
;=> "Person"
```

上述代码返回字符串 "Person"——你所定义的类名。一旦实现了这个功能，就可以为你的小对象系统增加更多的功能。考虑如下实现：

```
(defn new-class [class-name]
  (fn [command & args]
    (case command
      :name (name class-name))))
(defmacro defclass [class-name]
  `(def ~class-name (new-class '~class-name)))
```

这样，你的小 Person 类是一个封装了 class-name（随 defclass 调用传入的）的函数。还要记住，'~class-name 标记引用 class-name 参数的值，使其以符号本身的形式作为 newclass 的参数。

你的类现在支持单一消息 :name。当传递 :name 时，Person 函数返回字符串 "Person"。在 REPL 上尝试如下代码：

```
(defclass Person)
;=> #'user/Person
(Person :name)
;=> "Person"
```

再进一步，因为使用了变量和函数，所以下面的代码也是有效的：

```
(def some-class Person)
;=> #'user/some-class
(some-class :name)
;=> "Person"
```

这是为了说明类名并不与变量（本例中的 Person）相关，而是与类对象本身相关。可以定义类之后，下面我们将使你可以实例化这些类。

2. 创建实例

因为你的类是闭包，所以实例化类也可以用闭包的形式实现。用函数 new-object 创建实例，该函数以想要实例化的类作为参数。下面是这个函数的实现：

```
(defn new-object [klass]
  (fn [command & args]
    (case command
      :class klass)))
```

下面是实际运行的例子：

```
(def cindy (new-object Person))
```

你可以想象发送给这个新对象的唯一消息就是查询它的类。可以这样编写代码：

```
(new-object Person)
;=> #<user$new_object$fn__2259 user$new_object$fn__2259@1f106fec>
```

这些信息没有多大益处，因为它以函数对象的形式返回该类。你可以进一步询问其名称：

```
((cindy :class) :name)
;=> "Person"
```

你可以添加这个功能，作为实例化对象本身可以处理的一条便利的消息：

```
(defn new-object [klass]
  (fn [command & args]
    (case command
      :class klass
      :class-name (klass :name))))
```

现在可以进行测试，但因为已经重新定义了类，所以必须再次创建该对象。下面是新的对象：

```
(def cindy (new-object Person))
;=> #'user/cindy
(cindy :class-name)
;=> "Person"
```

最后，你将会多次实例化类，所以可以添加一个更方便的实例化方法。你应该会喜欢 Java 和 Ruby 等语言中常见的 new 运算符。幸运的是，你已经以函数形式建立了类，这个函数可以处理输入消息，所以将在词汇表中添加一个 :new 消息。下面是 new-class 的新实现：

```
(defn new-class [class-name]
  (fn klass [command & args]
    (case command
      :name (name class-name)
      :new (new-object klass))))
```

注意，new-object 接受一个类，你必须从其中引用类对象。可以通过为匿名函数提供一个名称（klass）然后在 :new 子句中按名引用来实现。这样，创建新对象更容易，也更熟悉（记得再次求值 Person 的定义）：

```
(defclass Person)
;=> #'user/Person
(def nancy (Person :new))
;=> #'user/nancy
(nancy :class-name)
;=> "Person"
```

你已经取得了进展：可以定义新类并实例化它们。

我们的下一步将是让对象维护状态。

3. 对象和状态

在第 6 章中，我们研究了 Clojure 对状态管理的支持。在本节中，将使用其中一种机制使你的对象系统中的对象具有状态。你将使用一个 ref 使对象可以参与协调事务，还将通过支持 :set! 和 :get 来扩展对象理解的消息词汇。它们能够分别帮助你在对象中设置和读取值。

考虑 new-object 函数的如下更新定义：

```
(defn new-object [klass]
  (let [state (ref {})]
    (fn [command & args]
      (case command
        :class klass
        :class-name (klass :name)
        :set! (let [[k v] args]
```

```
              (dosync (alter state assoc k v))
              nil)
         :get (let [[key] args]
              (@state key))))))
```

这样，现在可以传递给对象的消息包括：`:class`、`:class-name`、`:set!` 和 `:get`。我们来看看新的状态型对象的使用：

```
(def nancy (Person :new))
;=> #'user/nancy
(nancy :get :name)
;=> "Nancy Warhol"
```

还可以用 `:set!` 消息更新对象：

```
(nancy :set! :name "Nancy Drew")
;=> nil
(nancy :get :name)
;=> "Nancy Drew"
```

你正处于创建简单对象系统的旅途之中。现在，你有了定义类、实例化它们并管理状态的基础架构了。我们的下一站将是添加方法定义支持。

4. 定义方法

到现在为止，我们已经处理了对象的状态方面。在本节中，将开始添加方法定义支持，致力于对象的行为方面。

为了与 Java 和 C++ 等语言保持一致，你希望支持一种语法，该语法列出方法和类定义，例如：

```
(defclass Person
  (method age []
    (* 2 10))
  (method greet [visitor]
    (str "Hello there, " visitor)))
```

你已经从简单的方法入手了。例如，age 方法没有任何参数，返回简单的计算结果。类似地，greet 方法接受一个参数，返回与其相关的简单计算结果。

现在，预期的语法已经安排好，你可以着手实现了。首先实现 defclass，使上述标记生效。考虑如下函数，它处理一个方法定义的 s- 表达式：

```
(defn method-spec [sexpr]
  (let [name (keyword (second sexpr))
     body (next sexpr)]
    [name (conj body 'fn)]))
```

这段代码创建一个向量，包含方法定义名称（作为关键字）和另一个 s- 表达式（以后可以求值以创建一个匿名函数）。下面是一个例子：

```
(method-spec '(method age [] (* 2 10)))
;=> [:age (fn age [] (* 2 10))]
```

因为将在类定义中指定超过一个方法，所以必须对每个方法调用 method-spec。下面的 method-specs 函数将接受类的完整规格，过滤第一个符号（应该是 method）以选择方法定义，然后对每个定义调用 method-spec：

```
(defn method-specs [sexprs]
  (->> sexprs
       (filter #(= 'method (first %)))
       (mapcat method-spec)
       (apply hash-map)))
```

查看所发生情况的最简单方法是检查样板输出：

```
(method-specs '((method age [] (* 2 10))
                (method greet [visitor] (str "Hello there, " visitor))))
;=> {:age (fn age [] (* 2 10)),
     :greet (fn greet [visitor] (str "Hello there, " visitor))}
```

现在，你有一个映射字面量，对其求值可返回一个映射，该映射包含用于每个方法定义的键和相关的匿名函数。然后，这个映射可以传递给 new-class 函数供以后使用。下面是 new-class 的相关修订版本：

```
(defn new-class [class-name methods]
  (fn klass [command & args]
    (case command
      :name (name class-name)
      :new (new-object klass))))
```

现在，所有支持部件都已经就绪，你可以对 defclass 做最后更改，使其可以接受方法定义：

```
(defmacro defclass [class-name & specs]
  (let [fns (or (method-specs specs) {})]
    `(def ~class-name (new-class '~class-name ~fns))))
```

现在，你所希望的语法可以生效了：

```
(defclass Person
  (method age [] (* 2 10))
  (method greet [visitor] (str "Hello there, " visitor)))
;=> #'user/Person
```

这样，你已经成功地和类定义一起指定了方法。注意，new-class 的定义还不能用方法做任何事。现在必须做的就是扩展对象，使得可以调用这些方法。

5. 调用方法

要调用你的对象（如 nancy）上的某个方法，就需要某种从相关类中查找定义的方法。你必须能够查询给定对象的类，以找到特定方法。我们将在你的类中添加 :method 消息，该消息将接受你要查找的方法名称。考虑对 new-class 函数做如下修订：

```
(defn new-class [class-name methods]
  (fn klass [command & args]
    (case command
      :name (name class-name)
      :new (new-object klass)
      :method (let [[method-name] args]
                (find-method method-name methods)))))
```

我们还没有定义 fine-method，所以这个代码还没有为编译做好准备。要从前面创建的方法定义中找到一个方法，可以进行简单的哈希映射查找。因此，find-method 的实现很简单：

```
(defn find-method [method-name instance-methods]
  (instance-methods method-name))
```

添加了这个函数之后，你可以使用用于所有其他消息的同一种关键字标记法来查找类中的方法。下面是一个例子：

```
(Person :method :age)
;=> #<user$age user$age@42443032>
```

掌握了表示方法的函数对象之后，就可以调用它了。实际上，你可以在 REPL 上调用前面介绍的函数，它完成的就是你在类定义中指定的工作：

```
((Person :method :age))
;=> 20
```

这个方法可行，但还不够好。你应该可以支持在所述对象上调用方法的同一种熟悉的接口。让我们扩展你目前构建的消息传递系统的能力来处理这些方法。下面是实现这一能力的 new-object 的更新版本：

```
(defn new-object [klass]
  (let [state (ref {})]
    (fn [command & args]
      (case command
        :class klass
        :class-name (klass :name)
        :set! (let [[k v] args]
                (dosync (alter state assoc k v))
                nil)
        :get (let [[key] args]
               (@state key))
        (if-let [method (klass :method command)]
          (apply method args)
          (throw (RuntimeException.
                  (str "Unable to respond to " command))))))))
```

这里添加的是 case 的一个默认子句。如果传入的消息不是 :class、:class-name、:set! 或 :get，则假定这是对象上的一个方法调用。可以通过传入接受的命令作为方法名称来询问类中的方法，如果返回的是一个函数则执行之。下面是实际的运行：

```
(def shelly (Person :new))
;=> #'user/shelly
(shelly :age)
;=> 20
(shelly :greet "Nancy")
;=> "Hello there, Nancy"
```

记住，要使上述代码正常工作，Person 的定义必须在这些更改之后重新求值。

一旦你对目前为止所实现的功能感到满意，就可以实现对象引用自身的功能了。

6. 引用 this 对象

到目前为止，方法定义都很简单。但类定义内部的方法往往需要相互调用。大部分编程语言通过一个特殊关键字（通常命名为 this 或者 self）支持这个功能，该关键字引用对象本身。下面将提供一个特殊名称 this 来支持相同的功能。

完成之后，可以使用如下的语法：

```
(defclass Person
  (method age [] (* 2 10))
  (method about [diff]
    (str "I was born about " (+ diff (this :age)) " years ago")))
```

注意 about 方法是如何通过 this 结构调用 age 方法的。要实现这种调用，首先要创建一个名为 this 的变量，使类定义能够继续正常工作（不会报告无法解析的符号）：

```
(declare ^:dynamic this)
```

这个变量在任何方法执行时都需要一个绑定，以便使其绑定值引用对象本身。只要你知道绑定的对象，简单的 binding 形式就能实现。你将使用和此前命名匿名类函数 klass 时相同的技巧命名匿名对象函数 thiz。下面是 new-object 函数更新后的代码：

```
(defn new-object [klass]
  (let [state (ref {})]
    (fn thiz [command & args]
      (case command
        :class klass
        :class-name (klass :name)
        :set! (let [[k v] args]
                (dosync (alter state assoc k v))
                nil)
        :get (let [[key] args] (@state key))
        (let [method (klass :method command)]
          (if-not method
            (throw (RuntimeException.
              (str "Unable to respond to " command))))
          (binding [this thiz]
            (apply method args)))))))
```

全部的代码就是这样了。记得对 newobject（和 Person）的新定义进行求值，然后可以在 REPL 上确认它正常工作：

```
(def shelly (Person :new))
;=> #'user/shelly
(shelly :about 2)
;=> "I was born about 22 years ago"
```

我们在本节开始时想要的所有功能几乎都已经添加完毕。最后一项就是从其他类继承的能力。

7. 类继承

你将要给自己的小对象系统添加最后一个功能。传统的面向对象编程语言（如 Java 和 Ruby）可以用继承性建立对象模型，使问题可以分解为功能层次结构。层次结构越低，对应的问题就越具体。例如，Animal 可能是 Dog 的父类。在本节中，你将添加这种能力。

你要做的第一件事是使类定义可以指定父类。想象你的语法已经可以实现这一点，选择 extends 一词表示层次结构：

```
(defclass Woman
  (extends Person)
  (method greet [v] (str "Hello, " v))
  (method age [] (* 2 9)))
```

这里，新的 Woman 类从前面定义的 Person 类中继承。extends 一词用于表示这种关系，这和其他面向对象语言中相同。

既然有了标记法，你就必须实现它。第一步是编写一个函数，从类定义中提取父类信息。在这样做之前必须确定如果没有提供父类该怎么做。

同样，可以从其他语言中得到答案。你的类层次结构将是单根的，顶级类（最高父类）将为 OBJECT。我们将很快定义这个类。现在，你已经做好了编写 parent-class-spec 函数的准备，该函数将从给定的类定义中解析父类规格：

```
(defn parent-class-spec [sexprs]
  (let [extends-spec (filter #(= 'extends (first %)) sexprs)
        extends (first extends-spec)]
    (if (empty? extends)
      'OBJECT
      (last extends))))
```

在 REPL 上确认上述代码正常工作。你将向该函数传递类定义的规格部分：

```
(parent-class-spec '((extends Person)
                     (method age [] (* 2 9))))
;=> Person
```

既然已经有了父类，你将把它传递给 new-class 函数。你不希望传递一个符号作为父类，而是由该符号命名的一个变量。例如，parent-class-spec 调用返回的值是一个 Clojure 符号。如果你有一个符号，便可以用 var 特殊形式找到以该符号命名的

变量:

```
(var map)
;=> #'clojure.core/map
```

var 特殊形式有一个 #' 读取器宏。有了这些信息,你可以对 defclass 进行必要的修改:

```
(defmacro defclass [class-name & specs]
  (let [parent-class (parent-class-spec specs)
        fns (or (method-specs specs) {})]
    `(def ~class-name (new-class '~class-name  #'~parent-class ~fns))))
```

注意,你现在将向 new-class 函数传递一个额外的参数(父类),所以必须做如下更改以适应这种情况:

```
(defn new-class [class-name parent methods]
  (fn klass [command & args]
    (case command
      :name (name class-name)
      :parent parent
      :new (new-object klass)
      :method (let [[method-name] args]
                (find-method method-name methods)))))
```

还需要处理一件事,才能使用新的 defclass。你将用 var 特殊形式查找父类,这样就需要将 OBJECT 解析为某个类。现在是定义这个顶级类的时候了:

```
(def OBJECT (new-class :OBJECT nil {}))
```

做了这些更改之后,本节前面的 Woman 类的定义应该可以正常工作了。在 REPL 上进行检查:

```
(defclass Person
     (method age [] (* 2 10))
     (method about [diff]
       (str "I was born about " (+ diff (this :age)) " years ago")))
;=> #'user/Person
```

这是你的父类;现在可以从中继承,以创建 Woman 类:

```
(defclass Woman
     (extends Person)
     (method greet [v] (str "Hello, " v))
     (method age [] (* 2 9)))
;=> #'user/Woman
```

你的工作只完成了一半。虽然可以在 defclass 调用中指定父类,但是与父类有关的对象方法调用还无法正常进行。

下面的例子说明了这一问题:

```
(def donna (Woman :new))
;=> #'user/donna
(donna :greet "Shelly")
;=> "Hello, Shelly"
(donna :age)
;=> 18
(donna :about 3)
RuntimeException Unable to respond to :about  user/new-object/thiz--2733
(NO_SOURCE_PATH:1:1)
```

要修改最后这个错误，你必须改进方法查询，从而在父类中查找方法。确实，你必须搜索类层次结构（父类的父类的父类……），直到遇到 OBJECT。你将通过对 find-method 函数进行如下修改来实现这种新型方法查找：

```
(defn find-method [method-name klass]
  (or ((klass :methods) method-name)
      (if-not (= #'OBJECT klass)
        (find-method method-name (klass :parent)))))
```

要使这个函数生效，你必须让类处理另一个消息 :methods。而且，类将使用 find-method 的新版本执行方法查找。下面是更新后的代码：

```
(defn new-class [class-name parent methods]
  (fn klass [command & args]
    (case command
      :name (name class-name)
      :parent parent
      :new (new-object klass)
      :methods methods
      :method (let [[method-name] args]
                (find-method method-name klass)))))
```

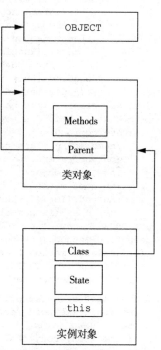

进行这个最终修改之后，你的对象系统将能够按照计划工作。图 8-2 展示了你建立的类系统的概念模型。

下面是前几段里还无法正常工作的 :about 方法调用：

```
(donna :about 3)
;=> "I was born about 21 years ago"
```

再次提醒，记得在最后一次更改之后重新求值所有代码，包括 Person、Woman 和 donna 定义本身。注意，:about 方法从父类 Person 中调用。还要注意，:about 方法调用 this 引用上的 :age，这在 Person 和 Woman 中都做了定义。你的对象系统正确地调用了 donna 上的方法，因为你在 Woman

图 8-2　你构建的最小化对象系统实现了大部分常见的面向对象系统支持的主要功能。所有类最终都从一个称为 OBJECT 的公共实体继承而来。实例查找所继承的类，并在那些类中查找方法。方法也可以在层次结构链条中查找

类中重载了定义。

你已经完成了计划中的任务，编写了一个简单的对象系统，该系统能够实现其他语言提供的大部分功能。你可以定义类、从其他类继承、创建实例和根据继承层次结构调用方法。对象甚至可以用 this 关键字引用自己。下面的代码清单展示了完整的代码。

程序清单8-1　Clojure的一个简单对象系统

```clojure
(declare ^:dynamic this)
(declare find-method)
(defn new-object [klass]
  (let [state (ref {})]
    (fn thiz [command & args]
      (case command
        :class klass
        :class-name (klass :name)
        :set! (let [[k v] args]
                (dosync (alter state assoc k v))
                nil)
        :get (let [[key] args]
               (@state key))
        (let [method (klass :method command)]
          (if-not method
            (throw (RuntimeException.
                     (str "Unable to respond to " command))))
          (binding [this thiz]
            (apply method args)))))))
(defn new-class [class-name parent methods]
  (fn klass [command & args]
    (case command
      :name (name class-name)
      :parent parent
      :new (new-object klass)
      :methods methods
      :method (let [[method-name] args]
                (find-method method-name klass)))))
(def OBJECT (new-class :OBJECT nil {}))
(defn find-method [method-name klass]
  (or ((klass :methods) method-name)
      (if-not (= #'OBJECT klass)
        (find-method method-name (klass :parent)))))

(defn method-spec [sexpr]
  (let [name (keyword (second sexpr))
        body (next sexpr)]
    [name (conj body 'fn)]))
(defn method-specs [sexprs]
  (->> sexprs
       (filter #(= 'method (first %)))
       (mapcat method-spec)
       (apply hash-map)))
(defn parent-class-spec [sexprs]
  (let [extends-spec (filter #(= 'extends (first %)) sexprs)
        extends (first extends-spec)]
    (if (empty? extends)
```

```
        'OBJECT
        (last extends))))
(defmacro defclass [class-name & specs]
  (let [parent-class (parent-class-spec specs)
        fns (or (method-specs specs) {})]
    `(def ~class-name (new-class '~class-name #'~parent-class ~fns)))))
```

全部代码只略超过 50 行。我们还没有添加更健壮的对象系统中提供的多种特性，但是你肯定能够做到。例如，这个函数没有进行较多的错误检查。你可以扩展上述代码，添加语法检查，检查使用的语法是否正确。

这一实现的关键是词法闭包。对长久以来的一场辩论，立场取决于你：对象是穷人的闭包，还是反过来（闭包是穷人的对象）？但是，最为重要的是要记住：尽管这个例子展示了函数式编程的某些威力（也是传统 OOP 不特别擅长的），但在大部分情况下，这种人造结构在 Clojure 之类的语言中是没有必要的。我们将进一步讨论原因。

8. 数据抽象

我们刚刚提到，对象系统之类的结构在 Clojure 这样的语言中没有特别大的用处。这样说有两个理由。

第一个理由与抽象有关。尽管普遍观念如斯，但在创建数据抽象时并不需要对象。Clojure 的核心数据结构中有真正的替代品：每种序列抽象（哈希映射、向量等）的实现都是代表应用程序中数据的一个合适候选。考虑到这些数据结构都是不可变的，因而都是线程安全的结构，因此包装其突变过程的过程性抽象并不是绝对必需的。而且，当你需要可能有现存类型参与的新抽象时，可以使用下一章介绍的 Clojure 协议特性。

第二个理由更主观一些。Alan Perlis 曾说过，在一个数据结构上操作的 100 个函数好过在 10 个数据结构上操作的 10 个函数。⊖采用一个公用数据结构（Clojure 中是序列抽象）能够实现更多的代码重用，因为不管包含的具体数据是什么，都可以使用在序列上工作的代码。大型序列程序库就是一个例子，不管具体实现为何，它都可以正常工作。

正如在本章前一部分中所看到的，使用之前介绍的词法闭包技术（有个绰号叫 let-over-lambda）有其价值。但是创建本章下半部分中看到的对象系统会给其他对该系统并不了解的程序库带来互操作性障碍。结论是，虽然这个对象系统展示了 Clojure 和一些传统 OOP 概念的用途，但在你自己的程序中，使用内置核心数据结构是更好的选择。

9. 最后的说明

值得回味的是，这个小型对象系统是用函数实现的。代码中的一小半是对函数的操纵，其余则是为了实现某种语法形式。defclass 宏和支持函数（parent-class-spec、method-specs 和 method-spec）占据代码中超过一半的分量。这个语法层实现了一种随意选择的语法。如果你决定使用不同的语法，则这个对象系统的语义不会改变。语法并

⊖ "Epigrams on Programming," *SIGPLAN Notices*17（9），September 1982. 存档于 http://goo.gl/6PtaEm。

不重要（在这个例子中是这样，总体来说也是如此）；它只是使一段代码变得有用的底层机制和功能。话虽如此，良好的语法当然是有益的！首先，它可以方便、直观地使用。其次，你可以编写错误检查器，将代码当成数据分析，并提供有意义、容易理解和更正的错误信息。当然，你可以在这个语法层次上做进一步的优化，使这个程序库更便于使用。

同样，你也可以在语义层面添加许多功能。例如，类层次结构没有理由是静态的。调用 defclass 时并非是最终的决定，你可以添加消息，支持在运行时修改类层次结构。举个例子，你的类可以响应 :set-class! 和 :set-parent! 消息。在一个空闲的下午，添加这样的功能可能是有趣的练习。

8.4 小结

本章介绍的是关于函数式编程的内容，理解这些概念对于 Clojure 编程至关重要。如果你来自于命令式语言的背景，则这种转变需要花费一定的精力。但是结果将会很好，因为函数式代码表达能力更强、更容易重用，通常也更短。

我们首先和你一起创建了自己的 map、reduce 和 filter 实现——这些都是函数式编程语言的主力。以递归和惰性序列的思路考虑问题是对 Clojure 程序影响巨大的另一种重要技能。

然后，我们介绍了使用部分函数应用创建专用函数的技术。为了理解部分应用的原理，我们探索了函数式编程工具箱中的另一个基础工具——词法闭包。介绍了词法闭包的基础知识后，你组合本章中（以及本书目前为止）的所有知识创建了自己的小型对象系统。这一练习是为了展示 Clojure 的威力，也为了说明函数式编程超越传统 OOP 这一事实。

接下来，我们将介绍 Clojure 协议，它可以帮助你添加特定于某个对象类型的函数实现。

协议、记录和类型

本章内容：

❑ 表达式问题概述

❑ 表达式问题的习惯解决方案

❑ Clojure 表达式问题的解决方案

❑ 使用类型和记录：`defrecord`、`deftype` 和 `reify`

　　抽象是软件开发的重要原则，因为它能够产生更易于维护和扩展的代码。Clojure 本身是在抽象基础之上构建的。例如，Clojure 中的大部分以接口形式编码，而不是具体的实现。这能重用使用那些接口的代码，无缝地添加更多实现。

　　在你的大部分项目中，或早或晚都会面对一个面向抽象的问题：表达式问题。这个问题与如何清晰地扩展或者使用现有代码有关——这些代码可能是你自己编写的，更重要的是还有一些不属于你的代码。在本章中，我们将深入探讨表达式问题以及 Clojure 处理该问题的方法（协议）。然后，我们将提出一个解决方案。最后，我们将介绍协议、数据类型和 `reify` 宏，从而深入探索 Clojure 解决方案。

9.1　表达式问题

　　想象你正在编写一个管理员工费用的应用程序，该程序最终将替代完成类似任务的现有 Java 应用。你很自然地用 Clojure 来编写它。如果你发现自己需要使用两个类、更多类或者几组类（或者任何其他抽象），并以无缝方式组合它们，那么就很有可能遇到所谓的表达式问题。这是经常出现的一种情况。不管你采用哪一种解决方案，都很有可能需要支持更好的可扩展性，可能需要支持更多的运算或者数据类型。

表达式问题的解决有两个方面——也就是数据类型和这些类型上的运算。我们将首先介绍运算方面，然后介绍几种定义数据类型的方法。但是在深入探讨之前，我们先花一点时间建立一个示例场景。

9.1.1 建立示例场景

这个示例有两个部分：用 Clojure 编写的新代码和用 Java 编写的遗留代码。两者必须共存于同一个程序，所以你所编写的函数必须在原生 Clojure 和原生 Java 上无缝操作。首先，你将编写仅使用目前所学 Clojure 特性的代码；然后，我们将介绍遗留的 Java 代码。

1. 建立一个基础

下面是 expense 命名空间的一部分，其中有一个函数用于创建包含费用信息的映射：

```
(ns clj-in-act.ch9.expense
  (:import [java.text SimpleDateFormat]))
(defn new-expense [date-string dollars cents category merchant-name]
  {:date (.parse (SimpleDateFormat. "yyyy-MM-dd") date-string)
   :amount-dollars dollars
   :amount-cents cents
   :category category
   :merchant-name merchant-name})
```

正如你多次见到的，使用映射很直观，常常是 Clojure 保存任何类型数据的惯用方法。现在，为了演示的目的，下面的 total-cents 函数计算以分为单位的费用总额：

```
(defn total-cents [e]
  (-> (:amount-dollars e)
      (* 100)
      (+ (:amount-cents e))))
```

这个函数中没有什么不熟悉的东西，包括第 2 章中学到的串行（threading）宏。

2. 添加一些函数

你还将添加一个按照费用列表计算总额的函数，可能还有用于从列表中选择费用的判别函数：

```
(defn total-amount
  ([expenses-list]
   (total-amount (constantly true) expenses-list))
  ([pred expenses-list]
   (->> expenses-list
        (filter pred)
        (map total-cents)
        (apply +))))
```

然后，你将添加两个函数，帮助你创建可用于 total-amount 的判定函数——确切地说，就是选择特定的费用类别：

```
(defn is-category? [e some-category]
  (= (:category e) some-category))
(defn category-is [category]
  #(is-category? % category))
```

第二个函数是帮助创建单参数判定从而使你的代码更容易理解的语法糖衣。我们将通过编写测试这些函数的代码来了解其外观。考虑一个新的命名空间（如 expense-test），你将由此入手创建几个费用样板：

```
(ns clj-in-act.ch9.expense-test
  (:require [clj-in-act.ch9.expense :refer :all]
            [clojure.test :refer :all]))
(def clj-expenses [(new-expense "2009-8-20" 21 95 "books" "amazon.com")
                   (new-expense "2009-8-21" 72 43 "food" "mollie-stones")
                   (new-expense "2009-8-22" 315 71 "car-rental" "avis")
                   (new-expense "2009-8-23" 15 68 "books" "borders")])
```

3. 测试代码

下面是使用这个数据集计算总额的一个测试：

```
(deftest test-clj-expenses-total
  (is (= 42577 (total-amount clj-expenses)))
  (is (=  3763 (total-amount (category-is "books") clj-expenses))))
```

Clojure 单元测试

本章似乎一下子将你投入到编写 Clojure 单元测试的深渊。请放宽心，下一章将详细介绍这种开发活动。你只需要知道一些基础知识就可以完成下面的工作。

你将使用 clojure.test 库编写测试。首先用 require-ing（或者 use-ing）（请求）clojure.test 命名空间，并用 deftest 宏编写测试。调用 run-tests 函数运行测试，传入测试命名空间的符号。在本例中，你将为如下表达式求值：

```
(run-tests 'clj-in-act.ch9.expense-test)
```

这段代码将输出测试运行的结果，你可以看到测试是否通过。

如果运行这些测试，将会看到它们得以通过。现在你有了显示应用意图的一些基本代码。你可以想象帮助组织跟踪费用的更多功能，但是要展示你将面对的问题，这些代码已经足够了，让我们继续前进。

4. Java 世界

现在是时候面对现实了，这是重新编写引用程序时常常会遇到的情况：业务现状可能迫使你同时处理旧的代码库和新代码库。为了这个例子的目的，你将处理基于 Java 的 Expense 类实例。可以想象这样的类将与下面的代码清单类似。

程序清单9-1　实现费用项目的概念的Java类框架

```java
package com.curry.expenses;
import java.util.Calendar;
import java.text.SimpleDateFormat;
import java.text.ParseException;
public class Expense {
    private Calendar date;
    private int amountDollars;
    private int amountCents;
    private String merchantName;
    private String category;
    public Expense(String dateString, int amountDollars, int amountCents,
             String category, String merchantName) throws ParseException {
        this.date = Calendar.getInstance();
        this.date.setTime(new SimpleDateFormat(
                          "yyyy-MM-dd").parse(dateString));
        this.amountDollars = amountDollars;
        this.amountCents = amountCents;
        this.merchantName = merchantName;
        this.category = category;
    }
    public Calendar getDate() {
        return date;
    }
    public int getAmountDollars() {
        return amountDollars;
    }
    public int getAmountCents() {
        return amountCents;
    }
    public String getMerchantName() {
        return merchantName;
    }
    public String getCategory() {
        return category;
    }
    public int amountInCents() {
        return this.amountDollars*100 + this.amountCents;
    }
}
```

为了开始使用这个类，你将编写一个完整性测试，以确保一切就绪。考虑如下代码：

```clojure
(def java-expenses [(Expense. "2009-8-24" 44 95 "books" "amazon.com"
                    (Expense. "2009-8-25" 29 11 "gas" "shell")])
(deftest test-java-expenses-total
  (let [total-cents (map #(.amountInCents %) java-expenses)]
    (is (= 7406 (apply + total-cents)))))
```

将 JAR 文件纳入类路径

一旦编译了 Expense 类并创建一个 JAR 文件，就必须确保它包含在 Clojure 类路径中。在 Lein 2.x 版本中，最简单的方法是创建一个本地 Maven 存储库，将 JAR 文件部署在其中，然后在你的 project.clj 文件中引用这个依赖。

名为 lein-localrepo 的 Lein 插件大大方便了这项工作。这个开源插件是对 Clojure 生态系统的一个贡献，可以从 https://github.com/kumarshantanu/lein-localrepo 下载。

推荐使用这个插件，因为它能够轻松地将本地 JAR 文件加入你的项目中。只需要根据上述 GitHub 网址上的说明进行即可。

需要把 Expense 类导入测试命名空间，上述代码才能正常工作。此后，你将看到这一测试得以通过。可以访问 Java 类之后，你必须处理同时具有两类支出的情况。例如，你必须处理通过 new-expense 函数构建的 Clojure 费用映射列表以及 com.curry. expenses.Expense 类的实例。

你将在另一个测试中捕捉这个需求。考虑如下代码：

```
(def mixed-expenses (concat clj-expenses java-expenses))
(deftest test-mixed-expenses-total
  (is (= 49983 (total-amount mixed-expenses)))
  (is (= 8258 (total-amount (category-is "books") mixed-expenses))))
```

现在，这个测试不会通过。确实，第一个断言将打印冗长的异常栈跟踪记录，因为 total-amount（以及底层的 total-cents 和 is-category？）函数只知道如何处理费用的 Clojure 映射版本。为此，你将不得不处理一个设计问题。

9.1.2　对表达式问题的仔细观察和一些潜在的解决方案

Philip Wadler 是美国计算机协会（ACM）成员、爱丁堡大学计算机科学教授。他对函数式编程做出了几个重要的贡献，包括 Haskell 编程语言的基础理论。他还提出了表达式问题这一术语：

表达式问题是一个老问题的新名称。目标是根据不同情况定义一种数据类型，人们可以为这种数据类型添加新的情况和新函数，无须重新编译现有代码，同时保留静态类型安全性（例如，不需要类型转换）。[⊖]

如何为代码（你的数据类型）添加功能，使之和其他人编写的代码（数据类型）或者你不能控制的任何其他代码很好地协同工作？你编写的处理混合费用情况的最后一个测试迫使你面对表达式问题。具体地说，你需要 total-amount 函数接受和使用一个全新的数据类型，该类型有专门定义的一组运算（函数）。你还希望 category-is 函数创建一个能够在这个新数据类型上操作的函数，尽管新数据类型目前对这样一个类别选择器函数一无所知。

表达式问题在我们这个行业中很常见。处理这个问题的方法很多，我们将简单地介绍几种。

⊖　Philip Wadler, The Expression Problem, November 12, 1998, http://homepages.inf.ed.ac.uk/wadler/papers/
expression/expression.txt.

1. 包装器

因为你对新数据类型（Expense 类）没有任何控制权，所以可以围绕它创建一个新包装器类，其中包含可从你的程序中调用的相应方法。

这种方法的麻烦在于，因为系统中增加了一个新类，所以增加了附带复杂性。你已经混淆了标识：包装了 Expense 实例的对象是否与该类完全相同？如果传入该对象，在其他地方编写的代码是否能够处理这个新包装器类？这种标识危机是一类非局部问题的例子，当包装器的一个实例传递给系统其他位置的代码而这些代码对该类型毫无准备时，就可能发生此类问题。你还必须在每次出现新数据类型时创建一个对应的包装器，导致这种包装器爆炸性增长。

归根结底，Java 等语言往往别无选择，只能走这条路。

2. 猴子补丁

一旦用 Java 编写和编译了一个类，就无法修改（除非操纵字节码）。这与 Ruby 等语言形成鲜明对比，那些语言更动态，并且支持开放类——可以由任何使用者更改的类，无须直接编辑类的源代码。这被称为猴子补丁（monkey patching）。语法往往看起来和第一次编写类时相同，定义（或者重新定义）的任何新方法都成为原始类的一部分。

这种方法的问题在于，它很危险，甚至超过了包装器方法。因为对类的所有更改是以全局方式（类本身就是命名空间）发生的，所以有发生冲突的可能。如果你打开一个类并对其采用猴子补丁方法，增加一个新方法 total-cents，而其他人也做了相同的事，那么将覆盖你的补丁。这种冲突可能造成潜藏的问题，因为原因无法一眼看出。

3. if-then-else

我们要介绍的最后一种方法不采用任何结构良好的策略和按照需要检查代码内嵌的类型。total-amount 函数之类的客户端代码必须根据传入的是 Clojure 映射还是 Java Expense 类，用 if-then-else 结构这种优秀的"老"办法完成不同的工作。

这种方法可能很快变得复杂，取决于你需要处理的数据类型多寡。而且，如果以后需要增加新数据类型支持，则不可能不在完成这些类型检查的所有位置修改代码。这种解决方案僵化且不简洁，该方法的附带复杂度过高了。

我们需要的是一种不会遭遇这些问题的方法。在前面的第 4 章中，你已经看到 Clojure 编程语言有这方面的特性。我们将讨论多重方法，在下一小节中，你将编写一个符合预期的实现。

9.1.3　Clojure 多重方法解决方案

多重方法可以一种优雅的方式消除数据类型和其上运算（操作）的耦合。我们在第 4 章中阐述了这种方法，当时使用多重方法处理了 Java 等语言中需要访问者模式的一种情况。在本节中，你将使用多重方法，在不修改 Expense 类的 Java 代码且不创建包装器或者猴子补丁的情况下使最后一个测试得以通过。

我们先回顾一下现在无法通过的测试：

```
(deftest test-mixed-expenses-total
  (is (= 49983 (total-amount mixed-expenses)))
  (is (= 8258 (total-amount (category-is "books") mixed-expenses)))))
```

如前所述，麻烦在于`total-amount`、`is-category?`和`totalcents`只知道如何处理 Clojure 映射。你的第一步是更改`total-cents`和`is-category?`函数的实现，从而解决这个问题。你不会改动`total-amount`，因为它是客户端代码（可能是某人用费用程序库编写的）的一个例子。你可以假设自己无法控制它，确实，这是解决表达式问题的一个要求，你不能更改外来的数据类型或者客户端代码。

考虑如下代码，它将代替`total-cents`函数：

```
(defmulti total-cents class)
(defmethod total-cents clojure.lang.IPersistentMap [e]
  (-> (:amount-dollars e)
      (* 100)
      (+ (:amount-cents e)))))
```

类似地，如下代码将代替`is-category?`函数：

```
(defmulti is-category? (fn [e category] (class e)))
(defmethod is-category? clojure.lang.IPersistentMap [e some-category]
  (= (:category e) some-category))
```

你没有更改很多代码；函数体和以前一样。你所要做的就是将函数转换成多重方法，将旧函数重新定义为方法，聚焦于费用对象将是`clojure.lang.IPersistentMap`实例这一事实（所有 Clojure 映射都是该类的实例）。关于分派函数和分派值的工作原理，请参见第 4 章。

现在，如果运行测试，旧测试应该仍然能通过。而且，新测试仍然失败，因为你还没有编写任何处理 Java Expense 类的代码。现在，你从`total-cents`函数入手完成这项工作：

```
(defmethod total-cents com.curry.expenses.Expense [e]
  (.amountInCents e))
```

类似地，下面是`is-category?`函数：

```
(defmethod is-category? com.curry.expenses.Expense [e some-category]
  (= (.getCategory e) some-category))
```

有了这些代码，新测试将通过。同样要注意，你没有以任何方式改变 Java Expense 类：没有为它编写包装器类，也没有改变调用代码（`total-amount`函数）。你还将所有代码保存在自己的命名空间中，使其他人可以创建自己的`total-cents`和`is-category?`函数而不必担心冲突。

使用多重方法可以轻松优雅地解决处理新数据类型的这种问题。你甚至可以处理更多数据类型，例如，在需要处理第三方费用库的情况下。

但是，这种方法有两个缺点。首先，尽管多重方法可以通过任意函数分派，但你只使用第一个参数的类，这个参数是包含费用信息的 Clojure 映射或者 Java Expense 类。在此，你不需要多重方法的全部能力，如果不必像前面那样明确地编写分派函数就更好了。

第二个问题是，尽管你编写的两个多重方法与计算总和的任务相关，但在代码中并不明显。如果以后有人阅读这段代码，他们不会一下子注意到这两个方法属于同一个任务。当你有多个多重方法且理想情况下应该显现出某种逻辑组合时，这一点更为明显。接下来，我们将解决这些问题。

9.2　研究表达式问题的运算端

在本节中，我们将解决前一小节中提到的两个问题。首先，当希望根据第一个参数的类进行分派时，不需要多重方法的全部概念或者语法复杂性。其次，希望将相关的多重方法组合在一起，使它们更容易理解。

我们将解决方案称为 Modus operandi，这是一个拉丁语词汇，意为"操作方法"。这个名称反映了我们的意图——描述一组操作规程。

9.2.1　def-modus-operandi

我们首先从你可能会编写的代码入手：

```
(def-modus-operandi ExpenseCalculations
  (total-cents [e])
  (is-category? [e category]))
```

这里，你要表达的意思是，你将定义一个称为 Expense-Calculations 的操作方法，它包含两个方法：total-cents 和 is-category?。你不像之前那样指定分派函数，因为你总是希望它成为每个方法第一个参数的类。在这种情况下，两个方法将根据费用对象的类（Clojure 映射或者 Java Expense 类或者你最终支持的任何其他数据类型）分派。

现在，我们介绍具体的实现。你可能已经想象到，**def-modus-operandi** 是一个宏。下面是代码以及使代码更容易理解的几个相关助手函数：

```
(defn dispatch-fn-for [method-args]
  `(fn ~method-args (class ~(first method-args))))
(defn expand-spec [[method-name method-args]]
  `(defmulti ~method-name ~(dispatch-fn-for method-args)))
(defmacro def-modus-operandi [mo-name & specs]
  `(do
     ~@(map expand-spec specs)))
```

所以，你所要做的就是生成创建多重方法的代码。下面是展开的版本：

```
(do
  (clojure.core/defmulti total-cents (clojure.core/fn [e]
                                       (clojure.core/class e)))
  (clojure.core/defmulti is-category? (clojure.core/fn [e category]
                                        (clojure.core/class e))))
```

注意，is-category? 的展开形式与前面你手工编写的相同。total-cents 的展开略有不同，这只是因为不管函数使用多少个参数，你都可以生成相同的分派函数。

　　你已经有了在 modus operandi 中指定方法的一种途径，这就需要详述想要支持的类型。接下来我们将完成这一步。

9.2.2　detail-modus-operandi

　　定义了操作方法的概念之后，需要定义它的具体操作。你将创建一个新宏 detail-modus-operandi，这个宏的使用方式如下：

```
(detail-modus-operandi ExpenseCalculations
  clojure.lang.IPersistentMap
  (total-cents [e]
    (-> (:amount-dollars e)
        (* 100)
        (+ (:amount-cents e))))
  (is-category? [e some-category]
    (= (:category e) some-category)))
```

　　对你来说，大部分代码都应该很熟悉了，因为它们几乎和前一小节的完全相同。因为所有方法都是为相同分派值定义的，所以只需要指定一次。下面是宏以及相关助手函数的实现：

```
(defn expand-method [data-type [name & body]]
  `(defmethod ~name ~data-type ~@body))
(defmacro detail-modus-operandi [mo-name data-type & fns]
  `(do
     ~@(map #(expand-method data-type %) fns)))
```

detail-modus-operandi 调用的展开如下：

```
(do
  (clojure.core/defmethod total-cents clojure.lang.IPersistentMap [e]
    (-> (:amount-dollars e)
        (* 100)
        (+ (:amount-cents e))))
  (clojure.core/defmethod is-category?
    clojure.lang.IPersistentMap [e some-category]
   (= (:category e) some-category)))
```

　　这样，你已经完成了想做的事情。你在多重方法基础上建立了一个新的抽象，其表现就像子类多态。各个方法根据第一个参数的类型分派。

　　注意，尽管你在这里指定了操作方法的名称（ExpenseCalculations），但还没有将其用于任何任务。如果使用命名对象跟踪它所包含的内容以及实现它的人，就能够使操作方法更加实用。下面我们就来做这件事情。

9.2.3　跟踪你的操作方法

　　迄今为止，你已经声明了一种操作方法，它是根据第一个参数类型分派的一组相关多重方法。在本节中，你将收集关于这些方法的一些元信息，用于以编程方式查询关于操作方法的情况。

1. def–modus–operandi 调用期间

你要做的第一件事情是用操作方法的名称定义一个变量（var）。这样做本身很简单：在 `def-modus-operandi` 宏中添加一个 `def` 调用。问题是，这个变量应该绑定到哪个值？一个简单的选择是创建一个映射，该映射包含关于操作方法的信息。下面尝试这个方法：

```
(defmacro def-modus-operandi [mo-name & specs]
  `(do
     (def ~mo-name ~(mo-methods-registration specs))
     ~@(map expand-spec specs)))
```

你已经将工作委派给助手函数 `mo-methods-registration`，下面实现这个函数：

```
(defn mo-method-info [[name args]]
  {(keyword name) {:args `(quote ~args)}})
(defn mo-methods-registration [specs]
  (apply merge (map mo-method-info specs)))
```

你将把每个方法的名称和参数收集到一个映射中。这个映射包含作为操作方法组成部分的各个方法的所有有关信息，将成为与操作方法同名变量的根绑定。你可以尝试一下。首先，重新定义操作方法：

```
(def-modus-operandi ExpenseCalculations
  (total-cents [e])
  (is-category? [e category]))
;=> #'user/is-category?
```

接下来，看看 `ExpenseCalculations` 变量绑定的是哪个值：

```
ExpenseCalculations
;=> {:is-category? {:args [e category]}, :total-cents {:args [e]}}
```

这样，你就有了基本信息。接下来，你将在每次调用 `detail-modus-operandi` 时收集更多的信息。

2. detail–modus–operandi 调用期间

为了收集某种操作方法实现者的信息，首先需要将操作方法传入 `expand-method` 函数：

```
(defmacro detail-modus-operandi [mo-name data-type & fns]
  `(do
     ~@(map #(expand-method mo-name data-type %) fns)))
```

`expand-method` 知道了将要为哪个操作方法创建一个方法，你可以收集相关信息：

```
(defn expand-method [mo-name data-type [method-name & body]]
  `(do
     (alter-var-root (var ~mo-name) update-in
                     [(keyword '~method-name) :implementors] conj ~data-type)
     (defmethod ~method-name ~data-type ~@body)))
```

为了更好地掌握 `expand-method` 函数的这一附加功能，让我们来讨论你所收集的信息。你一定还记得，操作方法变量绑定到一个映射，该映射包含了每个方法对应的键。每个键的值是另一个映射。目前，内层映射中唯一的键是 `:args`，为了将实现者的数据类型

收集到这个映射中, 你将引入另一个键 :implementors。这里, 每当操作方法中的一个
方法被实现, 便将用 conj 函数将数据类型加入到实现者 (如果有的话) 列表中。

最后, 我们介绍 alter-var-root 函数。下面是它的文档字符串:

```
(doc alter-var-root)
-------------------------
clojure.core/alter-var-root
([v f & args])
  Atomically alters the root binding of var v by applying f to its
  current value plus any args
```

因此, 你将向这个函数传递用于操作方法的变量以及函数 update-in。update-in
函数的参数是一个定位嵌套值的键序列以及和任何其他参数一起应用到现有值的函数。在
本例中, 传入 update-in 的是函数 conj 和你想要记录的数据类型。

这一行的代码做了许多的工作! 下面的程序清单展示了单一命名空间中操作方法的完
整实现。

程序清单9-2 在多重方法基础上实现操作方法

```
(ns clj-in-act.ch9.modus-operandi)
(defn dispatch-fn-for [method-args]
  `(fn ~method-args (class ~(first method-args))))
(defn expand-spec [[method-name method-args]]
  `(defmulti ~method-name ~(dispatch-fn-for method-args)))
(defn mo-method-info [[name args]]
  {(keyword name) {:args `(quote ~args)}})
(defn mo-methods-registration [specs]
  (apply merge (map mo-method-info specs)))
(defmacro def-modus-operandi [mo-name & specs]
  `(do
     (def ~mo-name ~(mo-methods-registration specs))
     ~@(map expand-spec specs)))
(defn expand-method [mo-name data-type [method-name & body]]
  `(do
     (alter-var-root (var ~mo-name) update-in [(keyword '~method-name)
     :implementors] conj ~data-type)
     (defmethod ~method-name ~data-type ~@body)))
(defmacro detail-modus-operandi [mo-name data-type & fns]
  `(do
     ~@(map #(expand-method mo-name data-type %) fns)))
```

让我们来看看上述代码的实际使用。首先, 调用 detail-modus-operandi:

```
(detail-modus-operandi ExpenseCalculations
  clojure.lang.IPersistentMap
  (total-cents [e]
    (-> (:amount-dollars e)
        (* 100)
        (+ (:amount-cents e))))
  (is-category? [e some-category]
    (= (:category e) some-category)))
;=> #<MultiFn clojure.lang.MultiFn@4aad8dbc>
```

现在, 观察 ExpenseCalculations 变量:

```
ExpenseCalculations
;=> {:is-category? {:implementors (clojure.lang.IPersistentMap),
                    :args [e category]},
     :total-cents {:implementors (clojure.lang.IPersistentMap),
                   :args [e]}}
```

可以看到，你已经将新的 `:implementors` 键添加到内层映射，它们的值是迄今为止的实现者序列。现在，为 Java `Expense` 类实现这个操作方法：

```
(detail-modus-operandi ExpenseCalculations
  com.curry.expenses.Expense
  (total-cents [e]
    (.amountInCents e))
  (is-category? [e some-category]
    (= (.getCategory e) some-category)))
;=> #<MultiFn clojure.lang.MultiFn@4aad8dbc>
```

现在，你可以看到 `ExpenseCalculations` 所绑定的值：

```
ExpenseCalculations
;=> {:is-category? {:implementors (com.curry.expenses.Expense
                                   clojure.lang.IPersistentMap),
                    :args [e category]},
     :total-cents {:implementors (com.curry.expenses.Expense
                                  clojure.lang.IPersistentMap),
                   :args [e]}}
```

这就是你要做的：将所有实现类的序列收集到与 `modus-operandi` 变量绑定的映射中。现在你应该可以确认原始代码仍然全部可以正常工作。图 9-1 展示了定义并详细描述操作方法过程的概念视图。程序清单 9-3 展示了 `expense` 命名空间的完整代码：

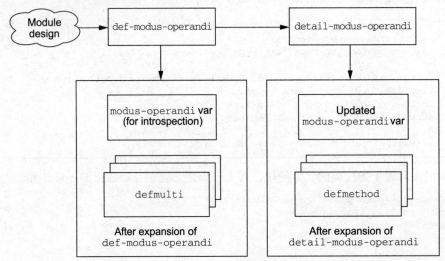

图 9-1 调用 `def-modus-operandi` 创建一个变量，该变量将保存关于操作方法的信息，以后可用来总结。宏本身按照需要调用 `defmulti`。`detail-modus-operandi` 宏是操作方法概念的另一方面：它通过展开为指定数量的 `defmethod` 调用填写实现细节。它还更新 `modus-operandi` 变量，以反映实现者信息

程序清单9-3　用modus-operandi多重方法语法实现的expense命名空间

```clojure
(ns clj-in-act.ch9.expense-modus-operandi
  (:require [clj-in-act.ch9.modus-operandi :refer :all])
  (:import [java.text SimpleDateFormat]
           [java.util Calendar]))
(defn new-expense [date-string dollars cents category merchant-name]
  (let [calendar-date (Calendar/getInstance)]
    (.setTime calendar-date
              (.parse (SimpleDateFormat. "yyyy-MM-dd") date-string))
    {:date calendar-date
     :amount-dollars dollars
     :amount-cents cents
     :category category
     :merchant-name merchant-name}))
(def-modus-operandi ExpenseCalculations
  (total-cents [e])
  (is-category? [e category]))
(detail-modus-operandi ExpenseCalculations
  clojure.lang.IPersistentMap
  (total-cents [e]
    (-> (:amount-dollars e)
        (* 100)
        (+ (:amount-cents e))))
  (is-category? [e some-category]
    (= (:category e) some-category)))
(detail-modus-operandi ExpenseCalculations
  com.curry.expenses.Expense
  (total-cents [e]
    (.amountInCents e))
  (is-category? [e some-category]
    (= (.getCategory e) some-category)))
(defn category-is [category]
  #(is-category? % category))
(defn total-amount
  ([expenses-list]
    (total-amount (constantly true) expenses-list))
  ([pred expenses-list]
    (->> expenses-list
         (filter pred)
         (map total-cents)
         (apply +))))
```

类似地，如下程序清单展示了你目前为止已经编写的测试。接下来将运行这些测试。

程序清单9-4　测试计算费用总额的操作方法实现

```clojure
(ns clj-in-act.ch9.expense-test
  (:import [com.curry.expenses Expense])
  (:require [clj-in-act.ch9.expense-modus-operandi :refer :all]
            [clojure.test :refer :all]))
(def clj-expenses [(new-expense "2009-8-20" 21 95 "books" "amazon.com")
                   (new-expense "2009-8-21" 72 43 "food" "mollie-stones")
                   (new-expense "2009-8-22" 315 71 "car-rental" "avis")
```

```
                           (new-expense "2009-8-23" 15 68 "books" "borders")])
  (deftest test-clj-expenses-total
    (is (= 42577 (total-amount clj-expenses)))
    (is (=  3763 (total-amount (category-is "books") clj-expenses))))
  (def java-expenses [(Expense. "2009-8-24" 44 95 "books" "amazon.com")
                      (Expense. "2009-8-25" 29 11 "gas" "shell")])
  (deftest test-java-expenses-total
    (let [total-cents (map #(.amountInCents %) java-expenses)]
      (is (= 7406 (apply + total-cents)))))
  (def mixed-expenses (concat clj-expenses java-expenses))
  (deftest test-mixed-expenses-total
    (is (= 49983 (total-amount mixed-expenses)))
    (is (= 8258 (total-amount (category-is "books") mixed-expenses))))
```

这些测试现在全部都可以通过：

```
(use 'clojure.test) (run-tests 'clj-in-act.ch9.expense-test)
Testing clj-in-act.ch9.expense-test
Ran 3 tests containing 5 assertions.
0 failures, 0 errors.
;=> {:type :summary, :test 3, :pass 5, :fail 0, :error 0}
```

最后，在结束本节之前，你将编写两个函数，使得可以方便查询操作方法的有关数据，
例如 ExpenseCalculations。

3. 查询操作方法

你将编写的第一个函数与实现特定操作方法的数据类型有关。考虑如下代码：

```
(defn implementors [modus-operandi method]
  (get-in modus-operandi [method :implementors]))
```

上述代码使你可以完成如下的工作：

```
(implementors ExpenseCalculations :is-category?)
;=> (com.curry.expenses.Expense clojure.lang.IPersistentMap)
```

现在，你将编写另一个函数，当给定特定数据类型时，能够告诉你是否实现了某个操
作方法的一个特定方法。下面是函数的代码：

```
(defn implements? [implementor modus-operandi method]
  (some #{implementor} (implementors modus-operandi method)))
```

现在，在 REPL 上测试：

```
(implements? com.curry.expenses.Expense ExpenseCalculations :is-category?)
;=> com.curry.expenses.Expense
```

注意，implements? 返回类本身，这是正确的结果。下面是一个否定的场景：

```
(implements? java.util.Date ExpenseCalculations :is-category?)
;=> nil
```

有了 implement? 这样的函数之后，还可以编写一个更宽泛的函数，以查看一个类是
否完整地实现了某种操作方法：

```
(defn full-implementor? [implementor modus-operandi]
  (->> (keys modus-operandi)
       (map #(implements? implementor modus-operandi %))
       (not-any? nil?)))
```

下面是运行实例：

```
(full-implementor? com.curry.expenses.Expense ExpenseCalculations)
;=> true
```

为了测试否定的结果，你将部分实现一个操作方法：

```
(detail-modus-operandi ExpenseCalculations
  java.util.Date
  (total-cents [e]
    (rand-int 1000)))
;=> #<MultiFn clojure.lang.MultiFn@746ac18c>
```

现在，你可以测试关心的结果：

```
(full-implementor? java.util.Date ExpenseCalculations)
;=> false
```

你可以实现其他函数，因为与 modus-operandi 变量绑定的值是一个常规的映射，可以像其他任何映射一样进行检查。接下来，让我们研究一下用操作方法解决表达式问题的缺点。

9.2.4　解决方案的错误处理和故障点

在本节中，你采用多重方法在它们的基础上编写了一个小型的 DSL，使你在根据第一个参数的类型分派时可以编写更简单、更清晰的代码。你还可以通过这种新语法组合相关的多重方法，通过表达某些相互关联的多重方法，实现代码的自记录。

我们还完全没有接触到的是错误处理。例如，如果多次对相同的 detail-modus-operandi 调用求值，数据收集函数将多次将该类添加到你的操作方法元数据映射。这是一个简单的修复，但不是世界上最健壮的代码，因为编写它只是为了展示抽象。

还有其他一些故障点。例如，因为是在多重方法基础上构建，所以多重方法支持层次结构（默认是 Java 的继承性层次结构），implements? 和相关的函数不会像现在这样给出准确的答案。

而且，因为这只是一个框架实现，所以在生产就绪版本中，可能还需要许多其他特性。使用多重方法的另一个缺点是性能上可能受到一些小的影响，因为它们必须调用分派函数，然后匹配分派值和可用的多重方法。毕竟，这种方法是建立在多重方法基础上的语法糖衣。

在下一小节中，你将了解 Clojure 的解决方案。

9.3　用协议研究表达式问题的数据类型方面

你已经知道什么是表达式问题以及解决该问题的各种方法。Clojure 的多重方法非常适合编写可独立扩展支持数据类型和运算的代码。你还创建了一个称为 modus operandi（操作方法）的抽象，支持多重方法的最常见用法：根据类型（或者类）的单分派（第一个参数）。

Clojure 的多重方法比 Java 的对象方法更富有表现力，但是速度也慢得多，因为 Java 为按照类型的单分派（而不是任意的多分派）做了优化。在大部分情况下，这种性能差别可以忽略，增加的代码表达能力完全可以弥补。但是随着 Clojure 的成熟，将更多实现移入自身内部，这样就必须有一种方法支持其抽象和数据定义设施，且不影响性能。协议和数据类型就是这种解决方案，它们还通过使用 Java 极快地按类型单分派，这就为经常遇到的一部分表达式问题提供了高性能解决方案。

在本节中，我们将研究协议和数据类型的概念以及它们的使用方法。在学习过程中，要牢记你的操作方法设计。

9.3.1　defprotocol 与 extend-protocol

协议（protocol）这一术语的含义是完成某件事的方法，这种方法往往是由所有参与方预先定义并遵守的。Clojure 协议类似于你的操作方法，`defprotocol` 对于协议就如同 `def-modus-operandi` 对于操作方法。类似地，`extend-protocol` 对于协议就如同 `detail-modus-operandi` 对于操作方法。

程序清单 9-3 展示了费用计算的实现，下面的程序清单则展示了用 Clojure 协议实现的同一逻辑。

程序清单9-5　用Clojure协议实现的<code>expense</code>命名空间

```
(ns clj-in-act.ch9.expense-protocol
  (:import [java.text SimpleDateFormat]
           [java.util Calendar]))
(defn new-expense [date-string dollars cents category merchant-name]
  (let [calendar-date (Calendar/getInstance)]
    (.setTime calendar-date (.parse (SimpleDateFormat. "yyyy-MM-dd")
                                                       date-string))
    {:date calendar-date
     :amount-dollars dollars
     :amount-cents cents
     :category category
     :merchant-name merchant-name}))
(defprotocol ExpenseCalculations
  (total-cents [e])
  (is-category? [e category]))
(extend-protocol ExpenseCalculations
  clojure.lang.IPersistentMap
  (total-cents [e]
    (-> (:amount-dollars e)
        (* 100)
        (+ (:amount-cents e))))
  (is-category? [e some-category]
    (= (:category e) some-category)))
(extend-protocol ExpenseCalculations
```

```
    com.curry.expenses.Expense
    (total-cents [e]
      (.amountInCents e))
    (is-category? [e some-category]
      (= (.getCategory e) some-category)))
(defn category-is [category]
  #(is-category? % category))
(defn total-amount
  ([expenses-list]
      (total-amount (constantly true) expenses-list))
  ([pred expenses-list]
      (->> expenses-list
          (filter pred)
          (map total-cents)
          (apply +))))
```

与基于操作方法的实现相比，仅有的差别是去除了对 clj-in-act.ch9.modus-operandi 命名空间的依赖，并将对 def-modus-operandi 和 detail-modus-operandi 的调用替换成对 defprotocol 和 extend-protocol 的调用。在概念层面上，程序清单 9-5 中的代码应该有意义。现在，我们将做详细的解释。

1. 定义新协议

你可能已经猜到，新协议用 defprotocol 宏定义。它定义一组命名方法及其签名。下面是正式的语法：

```
(defprotocol AProtocolName
  "A doc string for AProtocol abstraction"    ←──── 可选的文档字符串
  (bar [this a b] "bar docs")
  (baz [this a] [this a b] [this a b c] "baz docs"))    │  方法签名
```

协议及其组成方法可以接受文档字符串。调用 defprotocol 将创建一组变量：其中一个用于协议本身，为作为协议组成部分的每个多态函数（或者方法）各创建一个变量。这些函数根据第一个参数（因此函数至少必须有一个参数）的类型来分派，按照惯例，第一个参数被称为 this。所以，在程序清单 9-5 中，下面的片段定义了一个名为 ExpenseCalculations 的协议：

```
(defprotocol ExpenseCalculations
  (total-cents [e])
  (is-category? [e category]))
```

你将定义一组相关方法（total-cents 和 s-category?），任何数据类型都可以任意次数实现这些方法。对 defprotocol 的调用还将生成一个 Java 底层接口。因为之前的代码存在于 clj-in-act.ch9.expense-protocol 接口，所以将生成一个名为 chapter_protocols.expense_protocol.ExpenseCalculations 的 Java 接口。这个接口中的方法将在协议定义中指定：total_cents 和 is_category_QMARK。对 QMARK 的引用归功于 Java 中对 Clojure 函数名（以问号结束的函数名称）

的翻译⊖。defprotocol 生成 Java 接口的事实还意味着，如果其他 Java 代码希望参与某个协议，则可以实现生成的接口并和往常一样继续工作。

现在，你已经定义了一个协议，任何数据类型都可以参与该协议。

2. 参与协议

定义了协议之后，我们来看看如何使用它。作为例子，考虑程序清单 9-5 中对 extend-protocol 的调用：

```
(extend-protocol ExpenseCalculations
  com.curry.expenses.Expense
  (total-cents [e]
    (.amountInCents e))
  (is-category? [e some-category]
    (= (.getCategory e) some-category)))
```

这意味着，com.curry.expenses.Expense 数据类型将参与 ExpenseCalculations 协议，当以该类作为第一个参数调用 total-cents 或 is-category? 时，它将被正确地分派到前一个实现。

你还可以一次指定超过一个参与者；可以为多于一个数据类型定义协议方法的实现。下面是一个例子：

```
(extend-protocol ExpenseCalculations
  clojure.lang.IPersistentMap
  (total-cents [e]
    (-> (:amount-dollars e)
        (* 100)
        (+ (:amount-cents e))))
  (is-category? [e some-category]
    (= (:category e) some-category))
  com.curry.expenses.Expense
  (total-cents [e]
    (.amountInCents e))
  (is-category? [e some-category]
    (= (.getCategory e) some-category)))
```

现在，我们将介绍另一种数据类型参与协议的方法。

3. extend–type 宏

extend-protocol 是一个助手宏，在另一个方便的宏——extend-type——的基础上定义。这是指定协议参与者的另一种方式，它聚焦于数据类型。下面是 extend-type 的一个使用示例：

⊖ 将 Clojure 名称翻译成合法 Java 名称的功能称为整理（munging）。正常情况下，munging 由 Clojure 透明处理，你不需要了解，但是记住这一点很重要，原因有二：Clojure 导入只理解 Java 名称，命名空间的文件名应该使用整理后的名称。

```
(extend-type com.curry.expenses.Expense
  ExpenseCalculations
  (total-cents [e]
    (.amountInCents e))
  (is-category? [e some-category]
    (= (.getCategory e) some-category)))
```

同样，因为单一数据类型可参与多个协议，所以 extend-type 可以指定任意数量的协议。虽然 extend-protocol 和 extend-type 方便了协议的使用，但是它们最终都解析为对 extend 函数的调用。

4. extend 函数

extend 函数存在于 Clojure 的 core 命名空间中，完成注册协议参与者和将方法与对应数据类型关联的工作。下面是 extend 函数的运行实例：

```
(extend com.curry.expenses.Expense
  ExpenseCalculations {
    :total-cents (fn [e]
                   (.amountInCents e))
    :is-category? (fn [e some-category]
                   (= (.getCategory e) some-category))})
```

这看上去和你在实现操作方法时的代码很类似。对于每个协议 – 数据类型配对，extend 接受一个映射，描述参与协议的数据类型。映射的键是方法名称的关键字版本，值则是包含每个方法实现的函数体。extend 函数是构建协议实现最灵活的方法。

图 9-2 展示了定义和使用协议的概念流程。

我们已经介绍了协议及其定义和使用方法。在转向本章其余主题之前，我们将再做几点补充。

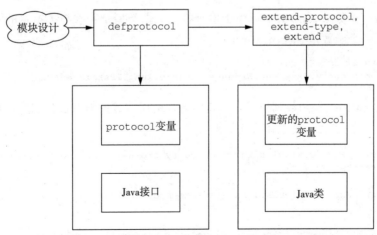

图 9-2　调用 defprotocol 执行一次模拟运算，创建一个变量以保存关于协议及其实现者的信息。底层实现也将生成一个与所定义协议相关的 Java 接口。extend、extend-type 和 extend-protocol 调用将用实现者的详情更新该变量，并生成实现该协议的 Java 类

5. 协议与 nil

你已经看到，协议方法根据第一个参数的类分派。这自然地产生了一个问题：如果某个协议方法的第一个参数是 nil，会发生什么情况？nil 属于哪一个类？

```
(class nil)
;=> nil
```

如果以 nil 调用一个协议方法（比如费用示例中的 total-cents），将会得到一条错误信息，说明没有找到实现。幸运的是，协议可以扩展到 nil 上：

```
(extend-protocol ExpenseCalculations nil
  (total-cents [e] 0))
```

此后，以 nil 调用 total-cents 将返回 0。类似地，可以实现 is-category? 函数，为 nil 返回某个对应值——可能是 false。本节我们的最后一站将探索几个函数，帮助你在已定义的协议上实现反射。

6. 协议的反射

有时候，以编程方式反射特定协议及其扩展是很有用的。当你编写操作方法时，也编写了一些助手函数，可以反射 implements?、implementors 和 full-implementor。Clojure 协议也有以类似方式工作的函数：

```
(extends? ExpenseCalculations com.curry.expenses.Expense)
;=> true
(extends? ExpenseCalculations clojure.lang.IPersistentMap)
;=> true
(extends? ExpenseCalculations java.util.Date)
;=> false
```

毋庸置疑，函数 extends? 可用于检查特定数据类型是否参与了给定的协议。对这种查询有用的下一个函数是 extenders：

```
(extenders ExpenseCalculations)
;=> (nil com.curry.expenses.Expense clojure.lang.IPersistentMap)
```

同样，extenders 函数列出了参与特定协议的所有数据类型。我们感兴趣的最后一个函数称为 satisfies?，其工作方式如下：

```
(satisfies? ExpenseCalculations (com.curry.expenses.Expense. "10-10-2010" 20
    95 "books" "amzn"))
;=> true
(satisfies? ExpenseCalculations (new-expense "10-10-2010" 20 95 "books"
    "amzn"))
;=> true
(satisfies? ExpenseCalculations (java.util.Random.))
;=> false
```

注意，satisfies? 函数在扩展器的实例上工作，而不是扩展器数据类型本身。在下一节探索 reify 宏的实际使用之后，就会发现这个函数更为实用。

现在，我们已经介绍了协议的所有相关主题。下一小节讨论的是整个问题的另一面；我们将研究几种定义数据类型的方法。

9.3.2　用 defrecord、deftype 和 reify 定义数据类型

我们在本章的一开始探讨了表达式问题，你可能记得，这一问题有两个方面：数据类型以及在它们之上的运算（操作）。到目前为止，我们主要介绍了运算这一方面；在本节中，我们将研究几种定义数据类型的方法。

我们将要讨论的机制在宿主平台（今天是 Java，明天可能是其他平台）上创建底层类。这意味着，这些数据类型的性能与其原生版本相同，也具备宿主支持的相同多态能力。我们们将首先介绍 defrecord，然后是 deftype，本节的最后将介绍 reify。

1. defrecord

让我们从一个使用 defrecord 的示例开始：

```
(defrecord NewExpense [date amount-dollars amount-cents category
                       merchant-name])
```

defrecord 宏调用定义一个命名类（本例中是 chapter_protocols.expense_record.NewExpense），该类中有一组特定的域、一个类构造程序和两个构造程序函数（本例中是 ->NewExpense 和 map->NewExpense）。因为这在宿主环境上是一个真类，类的类型完全规定和已知，因此可以进行高性能的域和方法分派。类似地，该类有一个命名的构造程序，这与其他 Java 类相似。下面是创建 NewExpense 数据类型实例的方法：

打印机显示这是一个类实例……　　　　　　　　　必须使用整理后的 Java 类路径：下划线代替连字符

Java 类构造程序

```
(import 'chapter_protocols.expense_record.NewExpense)
;=> chapter_protocols.expense_record.NewExpense
(NewExpense. "2010-04-01" 29 95 "gift" "1-800-flowers")
;=> #chapter_protocols.expense_record.NewExpense{:date "2010-04-01",
                                                 :amount-dollars 29,
                                                 :amount-cents 95,
                                                 :category "gift",
                                                 :merchant-name "1-800-flowers"}
```

……但是，较为惯用的方法是使用命名空间内的构造程序函数

```
(require '[clj-in-act.ch9.expense-record :as er])
;=> nil
(er/->NewExpense "2010-04-01" 29 95 "gift" "1-800-flowers")
;=> #chapter_protocols.expense_record.NewExpense{:date "2010-04-01",
     :amount-dollars 29, :amount-cents 95, :category "gift",
     :merchant-name "1-800-flowers"}
(er/map->NewExpense {:date "2010-04-01", :merchant-name "1-800-flowers",
     :message "April fools!"})
;=> #chapter_protocols.expense_record.NewExpense{:date "2010-04-01",
     :amount-dollars nil, :amount-cents nil, :category nil,
     :merchant-name "1-800-flowers", :message "April fools!"}
```

map->RECORDNAME 构造程序接受一个映射　　　　　->RECORDNAME 构造程序接受位置参数

关于创建记录实例，有几点需要注意。`defrecord` 创建一个真正的 Java 类，这就是你必须使用 `import` 和类路径（使用了 Clojure-Java 名称整理）访问记录以及用 Java 实例创建互操作来直接构建它的原因。如果不使用 `import`，则当你尝试调用构造程序时，系统就会抛出 `ClassNotFoundException` 异常。但是，`defrecord` 还在同一个命名空间里创建了 Clojure 构造程序函数：这是从 Clojure 创建记录实例的更常见、更习惯的方法。代码中创建的两个构造程序是 `->RECORDNAME`（RECORDNAME 是记录名称）和 `map-RECORDNAME`，前者接受与 Java 构造程序完全相同的位置参数，后者则接受一个映射。映射中与记录域名称匹配的键将成为记录域；在映射中找不到匹配键的域将得到 `nil` 值；任何额外的键将被添加到一个溢出映射的记录。

到了这一步，你就可以继续更改费用命名空间的实现以使用这个记录。下面的程序清单展示了新的实现。

程序清单9-6　使用Clojure协议和`defrecord`的`expense`命名空间

```clojure
(ns clj-in-act.ch9.expense-record
  (:import [java.text SimpleDateFormat]
           [java.util Calendar]))
(defrecord NewExpense [date amount-dollars amount-cents
                       category merchant-name])
(defn new-expense [date-string dollars cents category merchant-name]
  (let [calendar-date (Calendar/getInstance)]
    (.setTime calendar-date (.parse (SimpleDateFormat. "yyyy-MM-dd")
                                    date-string))
    (->NewExpense calendar-date dollars cents category merchant-name)))
(defprotocol ExpenseCalculations
  (total-cents [e])
  (is-category? [e category]))
(extend-type NewExpense
  ExpenseCalculations
  (total-cents [e]
    (-> (:amount-dollars e)
        (* 100)
        (+ (:amount-cents e))))
  (is-category? [e some-category]
    (= (:category e) some-category)))
(extend com.curry.expenses.Expense
  ExpenseCalculations {
    :total-cents (fn [e] (.amountInCents e))
    :is-category? (fn [e some-category] (= (.getCategory e)
                                           some-category))})
(extend-protocol ExpenseCalculations nil
  (total-cents [e] 0))
(defn category-is [category]
  #(is-category? % category))
(defn total-amount
  ([expenses-list]
     (total-amount (constantly true) expenses-list))
  ([pred expenses-list]
     (->> expenses-list
```

```
(filter pred)
(map total-cents)
(apply +)))))
```

注意，在上面的代码中调用了 extend-type，并使用新定义的 NewExpense 记录名称代替前面使用的、更为宽泛的 IPersistentMap。这说明，记录完全可以参与协议，并且可以根据需要参与任意数量的协议。顺便说一句，为了完整性起见，修改 test 命名空间使其依赖于新的 clj-in-act.ch9.expense-record 命名空间并检查所有测试是否通过是很值得的。它们应该都能通过。

注意用关键字访问 NewExpense 实例的各个域的方式。这是因为 defrecord 创建一个类，这个类已经实现了多个实例，包括 IPersistentMap、IKeywordLookup 和 ILookup。以这种方式，它们的工作方法与常规的 Clojure 映射相同，包括解构、元数据以及 assoc 和 dissoc 等函数的使用。需要注意的一点是，记录是可扩展的，它们可以接受原来不是 defrecord 调用一部分的键。为此付出的唯一代价是这些键的性能与 Clojure 映射相同。记录还实现了 hashCode 和 equals 方法，为基于值的相等性提供现成的支持。最后要说的是，域规格支持类型提示。顺便说一句，在此值得一提的是，记录不是函数，所以它们在查找值时不能以函数形式使用。例如，你可以将 Clojure 映射作为函数，将某个键作为参数，在映射中查找该键，但是不能对记录这么做。下面是说明记录类映射特性的一个例子：

```
(defrecord Foo [a b])
;=> user.Foo
(def foo (->Foo 1 2))
;=> #'user/foo
(assoc foo :extra-key 3)
;=> #user.Foo{:a 1, :b 2, :extra-key 3}
(dissoc (assoc foo :extra-key 3) :extra-key)
;=> #user.Foo{:a 1, :b 2}
(dissoc foo :a)
;=> {:b 2}
(foo :a)
ClassCastException user.Foo cannot be cast to clojure.lang.IFn  user/eval2640
(NO_SOURCE_FILE:1)
```

如果你在记录上调用 assoc，总是得到添加键的新记录

以一个非域键调用 dissoc，仍然得到一个记录

如果以一个域键调用 dissoc，将得到一个常规的映射

记录不能像映射一样调用

程序清单 9-6 说明了记录参与协议的方法。对代码清单 9-5 的实现代码几乎没有任何修改，但是记录对协议有更直接的支持。它们可以和协议定义一起提供协议实现。下面的代码清单显示了这个版本：

程序清单9-7 使用defrecord和内联协议的expense命名空间

```
(ns clj-in-act.ch9.expense-record-2
  (:import [java.text SimpleDateFormat]
           [java.util Calendar]))
(defprotocol ExpenseCalculations
  (total-cents [e])
```

```clojure
      (is-category? [e category]))
(defrecord NewExpense [date amount-dollars amount-cents
                                           category merchant-name]
   ExpenseCalculations
   (total-cents [this]
     (-> amount-dollars
         (* 100)
         (+ amount-cents)))
   (is-category? [this some-category]
     (= category some-category)))
(defn new-expense [date-string dollars cents category merchant-name]
   (let [calendar-date (Calendar/getInstance)]
     (.setTime calendar-date (.parse (SimpleDateFormat. "yyyy-MM-dd")
                                                     date-string))
     (->NewExpense calendar-date dollars cents category merchant-name)))
(extend com.curry.expenses.Expense
   ExpenseCalculations {
     :total-cents (fn [e] (.amountInCents e))
     :is-category? (fn [e some-category] (= (.getCategory e)
                                            some-category))})
(extend-protocol ExpenseCalculations nil
   (total-cents [e] 0))
(defn category-is [category]
  #(is-category? % category))
(defn total-amount
  ([expenses-list]
     (total-amount (constantly true) expenses-list))
  ([pred expenses-list]
     (->> expenses-list
          (filter pred)
          (map total-cents)
          (apply +))))
```

主要的更改在下面这个片段里：

```clojure
(defrecord NewExpense [date amount-dollars amount-cents category
                        merchant-name]
   ExpenseCalculations
   (total-cents [this]
     (-> amount-dollars
         (* 100)
         (+ amount-cents)))
   (is-category? [this some-category]
     (= category some-category)))
```

注意，域名称之后是你想要实现的协议名称。协议名称之后是协议方法的实现。同样，你可以在后面跟上更多的协议规格（协议名称＋实现）。

2. Java 支持

此外，不仅是协议，你还可以指定和实现 Java 接口。代码看上去和前面的协议规格很相似：指定接口名称，然后是接口方法的实现。除了协议或者接口，你还可以指定 Object，以重载 Object 类中的方法。回顾一下，所有协议方法的第一个参数是实现者实例本身，所以你必须像以前那样传递约定名称为 this 的参数。这意味着，与对应的定义相比，每个接口或者对象方法都有一个额外的参数。最后，如果方法实现需要调用 recur，则不应该传递 this 参数，因为这个参数将会自动传递。

　　上述讨论之后，我们已经涵盖了记录的所有相关内容。它们可用于映射出现的所有地方，因为它们更快，也支持协议。注意，协议方法的实现不会造成闭包，在需要这种功能时，可以使用 reify 宏。很快你将看到这个宏的介绍，但是我们的下一站是 deftype 宏。

3. deftype

　　当使用 defrecord 时，就免费得到了一整组功能。你得到了类似映射的表现：用关键字查找内容，基于值的相等性，元数据支持和序列化。这通常就是开发应用领域数据类型（如前几节中的 expense 数据类型）时所需要的功能。

　　但是有些时候不需要这些功能；确实，你往往希望为某些接口指定自己的实现。对这种情况，Clojure 提供了 deftype 宏：

```
(deftype Mytype [a b])
```

这将生成如下的底层 Java 类：

```
public final class Mytype {
    public final Object a;
    public final Object b;
    public Mytype(Object obj, Object obj1) {
        a = obj;
        b = obj1;
    }
}
```

　　如你所见，defrecord 和 deftype 之间的根本区别是，后者生成一个类的框架，你可以做自己想做的任何事。deftype 的最常见用例是构建基础架构抽象。这种抽象的例子可能是一个保存领域特定对象的特殊集合，或者一个自定义事务管理器。当你需要这种数据类型以及原生宿主的性能特征时，可以使用 deftype。其他大部分情况下，使用 defrecord 就足够了。

　　我们几乎已经完成了这个主题的讨论！在前一节中，我们简短地提到了闭包。在下一小节中，我们将说明如何用 reify 宏创建匿名数据类型及其实例。

4. reify

　　具体化（reification）的含义是形成某种事物，或者将某种事物转化成具体的形式。reify 宏取得一个协议（本身就是一组方法的抽象），创建实现该协议或者接口的匿名数据类型的具体实例。它利用了 Clojure 词法闭包的全部威力。例如，可以实现如下的 new-expense 函数：

```
(defn new-expense [date-string dollars cents category merchant-name]
  (let [calendar-date (Calendar/getInstance)]
    (.setTime calendar-date
                (.parse (SimpleDateFormat. "yyyy-MM-dd") date-string))
    (reify ExpenseCalculations
      (total-cents [this]
        (-> dollars
          (* 100)
          (+ cents)))
      (is-category? [this some-category]
        (= category some-category)))))
```

reify 采用了与前面类似的模式，接受一个或者多个协议（或接口）及其实现。在这个例子中，向 reify 传递的是 ExpenseCalculations 协议以及 total-cents 和 is-category? 方法的实现。reify 返回的对象是一个闭包；在 new-expense 的例子中，词法限定闭包包括传递给 new-expense 的参数以及在 let 形式中创建的名称。

现在，你所学习的协议和数据类型的相关知识已经足以让你自己在程序中运用它们。为了完满地结束本章，我们将对协议进行一些观察，将它们与多重方法对比。

9.4　小结

协议最初是为了满足低层实现技术的需求而推出的，这种技术的速度很快，足以实现语言本身——也就是 Clojure 采用的方法。在可以接受单分派的情况下，它们还能解决 90% 的表达式问题。这种方式下它们的能力不及多重方法。

尽管如此，协议仍有多方面的优势。与多重方法类似，它们不会将多态与继承性联系起来。它们可以将相关的方法组合成概念单元，得到更清晰的自记录代码。因为协议从底层宿主生成接口，所以可以提供与宿主本身相媲美的性能。协议和多重方法都是解决表达式问题的开放方法，也就是说，可以在对现有代码进行最小更改的情况下添加新的数据类型和操作。同样，在允许参与协议的对象方面也保持着开放性。任意数量的数据类型可以实现单一协议，一个数据类型也可以实现任意数量的协议。最后，因为协议属于定义它们的命名空间，所以如果有人定义的协议名称与你选择的相同，也没有命名冲突的危险。

值得一提的是，即使在 defrecord 推出以前，使用映射存储信息也是惯用的手段。将信息隐藏在非通用接口（如取值方法 / 设值方法甚至更定制化的方法）之后，使这些信息更难以被不为访问此类 API 设计的代码重用。映射提供了更广泛的可操纵性，记录则更进一步，可以和宿主平台一样快速执行。

和协议相结合，Clojure 代码将在抽象基础上构建。这将确保其更加灵活、更易于维护，也容易供其他人使用。协议以这种方式实现了巨大的益处，甚至超过了解决最常见的表达式问题。

下一章中，你将学习 Clojure 内建测试库的使用方法以及用测试驱动开发方法编写 Clojure 应用的方法。

测试驱动开发及其他

本章内容:

❏ Clojure 单元测试简介
❏ 编写测试驱动的 Clojure 代码
❏ Clojure 中的模拟和打桩代码
❏ 改进测试组织

测试驱动开发(TDD)已经成为大部分软件开发项目的常规。原因很容易理解——TDD 有许多优势,它使程序员可以从消费者的角度观察代码,和以相对孤立的方式设计的程序库相比,这样得到的设计可能更为实用。而且,因为用 TDD 开发的代码肯定可以测试(从定义上就是如此),所以生成的设计往往耦合度更低。最后,过程中得到的测试套件是确保面对改善和 bug 修复时功能不退化的极好手段。

Clojure 对单元测试有极好的支持。而且,因为 Clojure 是一种 Lisp 类语言,它也极其适合于快速应用开发。读取 – 求值 – 打印循环(REPL)提供了以增量方式开发代码的手段,以支持这类开发。在本章中学习 TDD 时,你将使用 REPL 快速试验。你将会发现,TDD 和 REPL 的这种组合形成了一个高效率的开发环境。我们将探索的单元测试库称为 clojure.test,它是 Clojure 分发版本的标准组成部分。最后,我们将介绍你可能会遇到的模拟(mocking)和打桩(stubbing)需求,并编写代码处理这些情况。

10.1 TDD 入门:操纵字符串中的日期

在本节中,你将以测试优先方式开发一些代码。第一个例子是一组处理日期字符串的函数。具体地说，你将编写对这种日期字符串进行递增和递减运算的函数。许多应用程序常常需要这类运算，所以这种功能是很实用的。虽然这个例子很简单，但是它说明了如下技术：编写单元测试，然后使其通过，同时使用 REPL 加快这一过程。

在 TDD 中，从编写一个测试开始。很明显，因为不存在任何支持该测试的代码，测试将失败。使失败的测试得以通过成为直接的目标，然后重复这一过程。所以，你首先需要一个测试，下面将编写它。

在这个简单的例子中，你编写的测试用于一个接受包含特定格式日期的字符串的函数，并将检查是否能够访问字符串的各个组成部分。

10.1.1 第一个断言

在测试的初始版本中，你将检查"日"的部分是否正确。考虑如下代码（记得将其放在源代码目录下的 clj_in_act/ch10 文件夹中，取名为 date_operations_spec.clj）：

```
(ns clj-in-act.ch10.date-operations-spec
  (:require [clojure.test :refer :all]
            [clj-in-act.ch10.date-operations :refer :all]))
(deftest test-simple-data-parsing
  (let [d (date "2009-01-22")]
    (is (= (day-from d) 22))))
```

你将使用 Clojure 的 clojure.test 单元测试库，这个程序库最初是一个独立的项目，后来被包含到分发版本中。Clojure 还有其他开源单元测试库（如 Midje（https://github.com/marick/Midje）、expectations（http://jayfields.com/expectations/）等），但是对于大部分目的，基本的 clojure.test 就足够了。研究单元测试的第一个迹象是使用 deftest 宏，下面是这个宏的一般形式：

```
(deftest [name & body])
```

这看上去有些像没有任何参数的函数定义。这里的主体（body）表示执行单元测试时将要运行的代码。clojure.test 程序库提供两个断言宏，第一个是 is，用于上一个例子。你将在下面的几段里看到另一个宏的使用。

让我们回到测试中。如果在 REPL 中尝试求值测试代码，Clojure 将报告无法找到 clj-in-act.ch10.date-operations 命名空间。这个错误看上去是这样的：

```
FileNotFoundException Could not locate clj_in_act/ch10/date_operations
__init.class or clj_in_act/ch10/date_operations.clj on classpath:
clojure.lang.RT.load (RT.java:443)
```

为了去除这个错误，在合适位置的文件中创建一个新的命名空间。这个命名空间没有任何代码，所以你的测试代码仍然无法求值，但是错误信息将与之前不同。系统将报告无法找到 date 函数的定义：

```
CompilerException java.lang.RuntimeException: No such var: clj-in-
act.ch10.date-operations/date, compiling:(NO_SOURCE_PATH:1:1)
```

消除这个错误很容易；在新的 date-operations 命名空间中定义一个 date 函数。最初，这个函数甚至没有必要返回任何值。day-from 函数也是如此：

```
(ns clj-in-act.ch10.date-operations)
(defn date [date-string])
(defn day-from [d])
```

这将使你的测试正常求值，做好运行的准备。你也可以从 REPL 中完成这一步，如：

```
(use 'clojure.test)
;=> nil
(run-tests 'clj-in-act.ch10.date-operations-spec)
Testing clj-in-act.ch10.date-operations-spec
FAIL in (test-simple-data-parsing) (NO_SOURCE_FILE:1)
expected: (= (day-from d) 22)
  actual: (not (= nil 22))
Ran 1 tests containing 1 assertions.
1 failures, 0 errors.
;=> {:type :summary, :test 1, :pass 0, :fail 1, :error 0}
```

现在，你已经准备就绪。你有一个失败的测试，一旦使其通过，就有了需要的基础。为了使这个测试通过，你将在 clj-in-act.ch10.date-operations 命名空间中编写某些真正的代码。实现这种功能的一种方法是使用 JDK 标准库中的类（还有其他选择，例如出色的开源程序库 Joda Time）。你将坚持使用标准库，具体地说，是使用 GregorianCalendar 和 SimpleDateFormat 类。可以用它们将日期转换为字符串。在 REPL 上试验它们：

```
(import '(java.text SimpleDateFormat))
;=> java.text.SimpleDateFormat
(def f (SimpleDateFormat. "yyyy-MM-dd"))
;=> #'user/f
(.parse f "2010-08-15")
;=> #inst "2010-08-15T05:00:00.000-00:00"
```

你已经知道 SimpleDateFormat 能够正常工作，现在可以检查 GregorianCalendar：

```
(import '(java.util GregorianCalendar))
;=> java.util.GregorianCalendar
(def gc (GregorianCalendar.))
;=> #'user/gc
```

你的手上已经有了一个 GregorianCalendar 实例，可以通过解析一个日期字符串并调用 setTime 来设置时间：

```
(def d (.parse f "2010-08-15"))
;=> #'user/d
(.setTime gc d)
;=> nil
```

因为 `setTime` 返回 `nil`，所以必须显式地传回 `GregorianCalendar` 对象。执行这一试验之后，可以编写如下代码：

```
(ns clj-in-act.ch10.date-operations
  (:import (java.text SimpleDateFormat)
           (java.util Calendar GregorianCalendar)))
(defn date [date-string]
  (let [f (SimpleDateFormat. "yyyy-MM-dd")
        d (.parse f date-string)]
    (doto (GregorianCalendar.)
      (.setTime d))))
;=> #'clj-in-act.ch10.date-operations/date
(date "2010-08-15")
;=> #inst "2010-08-15T00:00:00.000-05:00"
```

而且，你还必须理解 `day-from` 的实现。查看 `GregorianCalendar` 的 API 文档，可以找到你需要的 `get` 方法。可以在 REPL 上尝试：

```
(import '(java.util Calendar))
;=> java.util.Calendar
(.get gc Calendar/DAY_OF_MONTH)
;=> 15
```

你再一次做好了准备。`day-from` 函数可以是这样的：

```
(defn day-from [d]
  (.get d Calendar/DAY_OF_MONTH))
```

测试现在应该能通过了。记住，要让 REPL 看到 `date-operations` 命名空间中代码的新定义，可能需要重新加载它（使用 `:reload` 选项）。下面是输出：

```
(run-tests 'clj-in-act.ch10.date-operations-spec)
Testing clj-in-act.ch10.date-operations-spec
Ran 1 tests containing 1 assertions.
0 failures, 0 errors.
;=> {:type :summary, :test 1, :pass 1, :fail 0, :error 0}
```

可以创建数据对象（由 `GregorianCalendar` 的实例表示）并从这些对象访问日期后，就可以实现月和年的访问程序。同样，你将从编写一个测试开始。

10.1.2　month-from 和 year-from

获取月份和年度的测试与之前所编写的类似。可以在前一个测试中包含如下断言：

```
(deftest test-simple-data-parsing
  (let [d (date "2009-01-22")]
    (is (= (month-from d) 1))
    (is (= (day-from d) 22))
    (is (= (year-from d) 2009))))
```

至少在定义 `month-from` 和 `year-from` 函数之前，上述断言不会求值。你将跳过空白函数，编写如下实现：

```
(defn month-from [d]
  (inc (.get d Calendar/MONTH)))
(defn year-from [d]
  (.get d Calendar/YEAR))
```

有了这些代码之后，测试应该可以通过：

```
(run-tests 'clj-in-act.ch10.date-operations-spec)
Testing clj-in-act.ch10.date-operations-spec
Ran 1 tests containing 3 assertions.
0 failures, 0 errors.
;=> {:type :summary, :test 1, :pass 3, :fail 0, :error 0}
```

你又一次准备为你的小程序库增加更多功能。你将添加一个 as-string 函数，将数据对象转换成字符串格式。

10.1.3　as-string

这个函数的测试相当简单，因为它和你开始时使用的格式相同：

```
(deftest test-as-string
  (let [d (date "2009-01-22")]
    (is (= (as-string d) "2009-01-22"))))
```

因为你有了从给定数据对象获取日期、月份和年度的函数，编写一个函数构造包含破折号分隔的单词就微不足道了。下面是该函数的实现，在你通过 require 子句将 clojure.string 加入命名空间之后，它将编译和运行：

```
(require '[clojure.string :as str])
(defn as-string [date]
  (let [y (year-from date)
        m (month-from date)
        d (day-from date)]
    (str/join "-" [y m d])))
```

你可以在 REPL 上运行上述代码以进行确认：

```
(def d (clj-in-act.ch10.date-operations/date "2010-12-25"))
;=> #'user/d
(as-string d)
;=> "2010-12-25"
```

代码工作正常，意味着你的测试应该通过。现在运行测试将给出如下输出：

```
(run-tests 'clj-in-act.ch10.date-operations-spec)
Testing clj-in-act.ch10.date-operations-spec
FAIL in (test-as-string) (NO_SOURCE_FILE:1)
expected: (= (as-string d) "2009-01-22")
  actual: (not (= "2009-1-22" "2009-01-22"))
Ran 2 tests containing 4 assertions.
1 failures, 0 errors.
;=> {:type :summary, :test 2, :pass 3, :fail 1, :error 0}
```

测试失败了！问题在于，你的 as-string 函数返回的是 "2009-1-22"，而不是 "2009-01-22"，因为日期的各个部分是以数字形式返回的，当它们只有一位数字时没有包含前导的 0。必须更改你的测试（根据手上的问题，这样也是可以的）或者填充此类数字，以使测试通过。对于这个例子，将采用后一种方式：

```
(defn pad [n]
  (if (< n 10) (str "0" n) (str n)))
(defn as-string [date]
  (let [y (year-from date)
        m (pad (month-from date))
        d (pad (day-from date))]
    (str/join "-" [y m d])))
```

现在运行测试，应该显示更好的响应：

```
(run-tests 'clj-in-act.ch10.date-operations-spec)
Testing clj-in-act.ch10.date-operations-spec
Ran 2 tests containing 4 assertions.
0 failures, 0 errors.
;=> {:type :summary, :test 2, :pass 4, :fail 0, :error 0}
```

这样，你已经有能力从字符串中创建数据对象，获取日期的各个部分，并将日期对象转换为字符串。你可以继续增加功能或者短暂地休息一下，对代码做一些重构。

10.1.4 递增和递减

因为你才刚刚入门，所以我们将把重构延迟到添加一个功能以后：将日期提前和推后的功能。你将从日期递增开始，然后编写一个测试：

```
(deftest test-incrementing-date
  (let [d (date "2009-10-31")
        n-day (increment-day d)]
    (is (= (as-string n-day) "2009-11-01"))))
```

这个测试将会失败，报告无法找到 increment-day 的定义。你可以用 GregorianCalendar 类上的 add 方法实现这个功能，在 REPL 上检查：

```
(def d (date "2009-10-31"))
;=> #'user/d
(.add d Calendar/DAY_OF_MONTH 1)
;=> nil
(as-string d)
;=> "2009-11-01"
```

代码工作得很好，你可以将此转换成一个函数：

```
(defn increment-day [d]
  (doto d
    (.add Calendar/DAY_OF_MONTH 1)))
```

现在，可以添加几个断言，确保你不仅能够递增"日"部分，也可以递增月份和年度。
修改后的测试如下：

```
(deftest test-incrementing-date
  (let [d (date "2009-10-31")
        n-day (increment-day d)
        n-month (increment-month d)
        n-year (increment-year d)]
    (is (= (as-string n-day) "2009-11-01"))
    (is (= (as-string n-month) "2009-11-30"))
    (is (= (as-string n-year) "2010-10-31"))))
```

满足上述测试的代码很简单，现在你已经有了 `increment-day` 函数：

```
(defn increment-month [d]
  (doto d
    (.add Calendar/MONTH 1)))
(defn increment-year [d]
  (doto d
    (.add Calendar/YEAR 1)))
```

运行测试得到如下输出：

```
(run-tests 'clj-in-act.ch10.date-operations-spec)
Testing clj-in-act.ch10.date-operations-spec
FAIL in (test-incrementing-date) (NO_SOURCE_FILE:1)
expected: (= (as-string n-day) "2009-11-01")
  actual: (not (= "2010-12-01" "2009-11-01"))
FAIL in (test-incrementing-date) (NO_SOURCE_FILE:1)
expected: (= (as-string n-month) "2009-11-30")
  actual: (not (= "2010-12-01" "2009-11-30"))
FAIL in (test-incrementing-date) (NO_SOURCE_FILE:1)
expected: (= (as-string n-year) "2010-10-31")
  actual: (not (= "2010-12-01" "2010-10-31"))
Ran 4 tests containing 8 assertions.
3 failures, 0 errors.
;=> {:type :summary, :test 4, :pass 5, :fail 3, :error 0}
```

所有测试都失败了！甚至连前面通过的一个测试（日期递增一天）现在也失败了。仔
细观察，三个测试的失败都是因为递增后的日期是 "2010-12-01"。似乎，"2009-10-
31" 首先递增了一天，然后递增一个月，最后递增一年！你受到了"大部分 Java 对象不是
不可变对象"这一问题的困扰。因为 d 是一个可变对象，且在它之上调用 `increment-`
`day`、`increment-month` 和 `increment-year`，因而将突变积累起来，造成最终的日
期是 "2010-12-01"。（顺便提一句，这也说明习惯于 Clojure 的不可变性、期待一切都像
Clojure 核心数据结构那样表现有多么容易。在使用 Clojure 的几天之内，你就会开始觉得
疑惑：以前为什么认为可变对象是个好主意！）

　　为了解决这个问题，你将从每个设值函数返回一个新日期。Java 中的 `clone` 方法起到
这个作用，你可以在新定义中使用它：

```
(defn increment-day [d]
  (doto (.clone d)
    (.add Calendar/DAY_OF_MONTH 1)))
(defn increment-month [d]
  (doto (.clone d)
    (.add Calendar/MONTH 1)))
(defn increment-year [d]
  (doto (.clone d)
    (.add Calendar/YEAR 1)))
```

经此更改，所有测试都得以通过，我们现在可以处理递减功能了。同样，你将以测试开始：

```
(deftest test-decrementing-date
  (let [d (date "2009-11-01")
        n-day (decrement-day d)
        n-month (decrement-month d)
        n-year (decrement-year d)]
    (is (= (as-string n-day) "2009-10-31"))
    (is (= (as-string n-month) "2009-10-01"))
    (is (= (as-string n-year) "2008-11-01"))))
```

要让这个测试通过，可以使用与递增函数相同的结构，代码如下：

```
(defn decrement-day [d]
  (doto (.clone d)
    (.add Calendar/DAY_OF_MONTH -1)))
(defn decrement-month [d]
  (doto (.clone d)
    (.add Calendar/MONTH -1)))
(defn decrement-year [d]
  (doto (.clone d)
    (.add Calendar/YEAR -1)))
```

每个函数调用一个相应的 Java 方法，这将通过所有测试。现在，你已经有了能够正常工作的代码以及一个能够接受日期字符串并返回字符串形式日期的程序库。它还能按照日、月和年递增日期。但是上述代码并不是最优的，现在将加以改善。

10.1.5　无情地重构

极限编程（XP）是一种敏捷方法，支持几条明确的指导方针。其中之一就是“无情地重构”（refactor mercilessly）。这意味着，你应该通过去除混乱和没有必要的复杂性来持续地简化代码（和设计）。实现这种简洁性的一个重要步骤是消除重复。你将对目前为止编写的代码实施此类处理。

在开始之前，观察是恰当的做法。任何类型的重构都有一个重要的要求：为了使其安全，必须有一组测试，以验证重构不会引起任何破坏。这是编写测试（以及整个 TDD 方法）的另一个好处。上一小节中的测试将服务于这一目的。

你将从处理 increment/decrement 函数中的重复开始重构。下面是对这两个函数的改写：

```
(defn date-operator [operation field]
  (fn [d]
    (doto (.clone d)
      (.add field (operation 1)))))
(def increment-day (date-operator + Calendar/DAY_OF_MONTH))
(def increment-month (date-operator + Calendar/MONTH))
(def increment-year (date-operator + Calendar/YEAR))
(def decrement-day (date-operator - Calendar/DAY_OF_MONTH))
(def decrement-month (date-operator - Calendar/MONTH))
(def decrement-year (date-operator - Calendar/YEAR))
```

用这些代码代替全部 6 个旧函数之后，测试将通过。你已经删除了前面的实现中的重复，并使代码更具声明性：6 个函数的每项工作都因为这种风格而变得更清晰。这种好处在本例中可能不明显，但是对于更复杂的代码将极大地增强可读性、易理解性和可维护性。这个重构版本可以通过巧妙地使用惯例而进一步得到精简，但是对例子中的任务来说可能过度了。事实上，你已经将代码行数从 18 减少为 10，说明旧实现比新实现大了 80%。

想象类似的重构方法应用到 month-from、day-from 和 year-from 函数中的情景。那会是什么样子？

本节说明了 Clojure 内建单元测试库 clojure.test 的使用方法。正如你在构建本例过程中所看到的那样，使用 REPL 是编写 Clojure 的关键元素之一。你可以使用 REPL 快速检查各部件的工作状况，然后在理解 API 后编写代码。这种简短的试验很有用，可以增量方式构建更大、更复杂功能的代码。当单元测试库与 REPL 一起使用时，这种组合能够造成极快的开发周期，同时保持高质量。在下一节中，你将了解如何编写简单的模拟和打桩库，使你的单元测试更加高效。

10.2 通过模拟和打桩改善测试

单元测试是单元层面上的测试，在 Clojure 中，单元就是函数。函数往往由其他函数组成，测试这些高阶函数时，有时候模拟对某些底层函数的调用是很有用的。模拟（mocking）函数是一种实用技术（常在单元测试期间使用），在这种技术中，用一个不起任何作用的函数代替特定的函数。这使你可以仅聚焦于单元测试的目标代码。

在其他一些时候，调用一个桩（stub）函数很有用，桩函数不完成真实函数实现的功能，而是返回预设的数据。

在本节中，你将看到这两种技术的例子，还将编写一个简单的程序库来处理模拟和打桩函数。Clojure 本身是一种动态函数式语言，完成这些功能极其简单。

10.2.1 示例：费用查找器

在这个例子中，你将编写几个函数从数据存储中加载某些费用记录，然后根据某些条件（如大于特定总额）进行过滤。例如，你可以将此作为费用报告构造程序的一部分。因为处理的是和金额有关的问题，所以还将要求函数必须记录审计日志。

还有，本节的焦点不是前一节看到的 TDD，而是某些函数桩调用的需求。下面的程序清单展示了你将尝试测试的代码。

程序清单10-1　从数据存储中读取并过滤费用的示例代码

```
(ns clj-in-act.ch10.expense-finders
  (:require [clojure.string :as str]))
(defn log-call [id & args]
  (println "Audit - called" id "with:" (str/join ", " args))
  ;;do logging to some audit data-store
)
(defn fetch-all-expenses [username start-date end-date]
  (log-call "fetch-all" username start-date end-date)
  ;find in data-store, return list of expense maps
)
(defn expenses-greater-than [expenses threshold]
  (log-call "expenses-greater-than" threshold)
  (filter #(> (:amount %) threshold) expenses))
(defn fetch-expenses-greater-than [username start-date end-date threshold]
  (let [all (fetch-all-expenses username start-date end-date)]
    (expenses-greater-than all threshold)))
```

在此，费用记录仍用 Clojure 映射表示。`log-call` 函数将调用记录到某种审计数据库中。两个 `fetch` 函数都取决于从某种数据存储加载费用。要编写一个测试（例如用于 `fetch-expenses-greater-than` 函数的测试），就必须填充数据存储，确保它能够通过 `fetch-all-expenses` 调用从测试中加载。如果任何测试修改了数据，那么还必须清理，以便后续的测试能够正常进行。

这些工作很麻烦。而且，它们将你的测试和数据存储及其中的数据耦合在一起。假定这些代码是真实应用的一部分，你将在其他地方测试数据存储，所以在这个测试中处理数据存储会令人分心，且毫无必要。如果你可以为调用设置一个桩并返回预设数据，那是很好的事情。接下来，你将实现这个打桩功能。而且，你将在下一节中看到对同样令人分心的 `log-call` 函数的处理方法。

10.2.2　打桩

在 `fetch-expenses-greater-than` 的测试中，如果可以按如下这么做，那将是很好的：

```
(let [filtered (fetch-expenses-greater-than "" "" "" 15.0)]
  (is (= (count filtered) 2))
  (is (= (:amount (first filtered)) 20.0))
  (is (= (:amount (last filtered)) 30.0)))
```

你将向 `fetch-expenses-greater-than` 传递一个空字符串，因为你不关心这个值是什么（可以传递任何值）。在 `fetch-expenses-greater-than` 主体内，这些字符串仅用作 fetch-all-expenses 的参数，你希望将这一调用作为后者的"桩"（你正确传递的是最后一个参数，其值为 15.0）。你所希望的是调用桩函数能返回预定数据，这些数据的定义如下：

```
(def all-expenses [{:amount 10.0 :date "2010-02-28"}
                   {:amount 20.0 :date "2010-02-25"}
                   {:amount 30.0 :date "2010-02-21"}])
```

因此，问题在于如何表达以下两个需求：对 fetch-all-expenses 的调用是虚假的（打桩），返回的是 all-expenses?。

1. stubbing 宏

为了使打桩函数的处理尽可能自然，你将为测试创建一个新结构，命名为 stubbing。实现这个结构之后，就可以这样表达：

```
(deftest test-fetch-expenses-greater-than
  (stubbing [fetch-all-expenses all-expenses]
    (let [filtered (fetch-expenses-greater-than "" "" "" 15.0)]
      (is (= (count filtered) 2))
      (is (= (:amount (first filtered)) 20.0))
      (is (= (:amount (last filtered)) 30.0)))))
```

stubbing 宏的一般形式如下：

```
(stubbing [function-name1 stubbed-return-value1
           function-name2 stubbed-return-value2 …]
    code-body)
```

这看上去有些像 let 和 binding 形式，每当在代码中添加这样的结构时，让它们的观感和 Clojure 的某个内建功能相似是很有意义的，这样能够让其他人更容易理解。现在，让我们来看看这个宏的实现。

2. 打桩宏的实现

用 Clojure 实现打桩宏相当简单。因为 Clojure 是一种函数式语言，所以可以轻松地即时创建一个虚拟函数，接受任意数量参数并返回你所指定的任何值。接下来，因为函数定义保存在变量中，所以可以用绑定形式将它设置为新构造的桩函数。下面是具体的实现：

```
(ns clj-in-act.ch10.stubbing)
(defmacro stubbing [stub-forms & body]
  (let [stub-pairs (partition 2 stub-forms)
        returns (map last stub-pairs)
        stub-fns (map #(list 'constantly %) returns)
        real-fns (map first stub-pairs)]
    `(with-redefs [~@(interleave real-fns stub-fns)]
       ~@body)))
```

考虑到许多语言都有为打桩函数及方法提供的复杂的大型程序库，这段代码实在短得令人失望！

在我们查看这个宏的展开实例之前，先看看从客户端代码调用 calc-x 和 calc-y 函数的例子：

```
(defn calc-x [x1 x2]
  (* x1 x2))
(defn calc-y [y1 y2]
  (/ y2 y1))
(defn some-client []
  (println (calc-x 2 3) (calc-y 3 4)))
```

我们来看看正常情况下 some-client 是如何表现的：

```
(some-client)
6 4/3
;=> nil
```

下面是使用新的打桩宏时的表现：

```
(stubbing [calc-x 1
           calc-y 2]
  (some-client))
1 2
;=> nil
```

现在，我们已经确认打桩宏的工作符合预期，下面是它的工作方式：

```
(macroexpand-1' (stubbing [calc-x 1 calc-y 2]
        (some-client)))
;=> (clojure.core/with-redefs [calc-x (constantly 1)
                               calc-y (constantly 2)]
        (some-client))
```

constantly 函数很好地完成了任务，但是为了以后的工作更加方便，你将引入函数 stub-fn。这是一个简单的高阶函数，接受一个值并返回一个函数，不管以什么参数调用这个函数，它都返回 stub-fn 的参数值。因此，stub-fn 函数与 constantly 等价。改写后的代码如下：

```
(defn stub-fn [return-value]
  (fn [& args]
    return-value))
(defmacro stubbing [stub-forms & body]
  (let [stub-pairs (partition 2 stub-forms)
        returns (map last stub-pairs)
        stub-fns (map #(list `stub-fn %) returns)        ← stub-fn 上有反引号，
        real-fns (map first stub-pairs)]                   所以展开的符号是命名空
    `(with-redefs [~@(interleave real-fns stub-fns)]       间限定的
       ~@body)))
```

这个额外的间接层次帮助你在这个小程序库（如果你这么称呼它的话！）中引入另一个可取的功能——模拟（mocking），这是下一节的焦点。

10.2.3 模拟

我们回到开始介绍打桩的时候。你为 fetch-expenses-greater-than 函数编写了一个测试，这个函数调用 `expenses-greater-than`。该函数完成两件工作：记录审计日志，然后根据阈值参数过滤费用。你还应该对这个低层函数进行单元测试，我们来看看如下的测试：

```
(ns clj-in-act.ch10.expense-finders-spec
  (:require [clj-in-act.ch10.expense-finders :refer :all]
            [clojure.test :refer :all]))
(deftest test-filter-greater-than
  (let [fetched [{:amount 10.0 :date "2010-02-28"}
                 {:amount 20.0 :date "2010-02-25"}
                 {:amount 30.0 :date "2010-02-21"}]
        filtered (expenses-greater-than fetched 15.0)]
    (is (= (count filtered) 2))
    (is (= (:amount (first filtered)) 20.0))
    (is (= (:amount (last filtered)) 30.0)))))
```

运行测试得到如下输出：

```
(run-tests 'clj-in-act.ch10.expense-finders-spec)
Testing clj-in-act.ch10.expense-finders-spec
Audit - called expenses-greater-than with: 15.0
Ran 1 tests containing 3 assertions.
0 failures, 0 errors.
;=> {:type :summary, :test 1, :pass 3, :fail 0, :error 0}
```

函数工作正常，测试通过。麻烦的是 audit 函数也作为测试的一部分运行，这可以从 `log-call` 函数打印的文本 `Audit-called expenses-greater-than with:15.0` 中看出。在当前的情况下，它所做的就是打印一些文本，但在真实世界中，它可以完成一些真正有用的任务——也许是写入某个数据库，或者向队列发送一条消息。

最终，这导致测试取决于数据库服务器或者消息总线等外部系统，使得测试的隔离性下降，偏离了单元测试本身的方向——该测试的目的是检查过滤功能是否正常实施。

解决方案之一是完全不在这个层面上测试，而是编写一个更低级的函数，只测试过滤。但是你希望测试至少在代码的客户端的工作层次上进行，所以需要不同的解决方案。方法之一是在 `log-call` 函数中添加代码，使其在测试模式中运行时不做任何事。但是那样会在函数中添加生产运行中不必要的代码，还会使代码变得更加混乱。在较为复杂的情况下，这种方法会增加噪音，使人们不容易理解函数的功能。

幸运的是，通过编写一个简单的模拟库，你可以轻松地用 Clojure 解决这个问题。

10.2.4 模拟与桩的对比

模拟（mock）与桩有类似之处，因为在模拟函数时，不会调用原始函数。桩返回设置时预定的值。模拟记录以特定参数集调用函数的事实。此后，开发人员可以编程方式验证模拟的函数是否被调用、调用了多少次以及使用了哪些参数。

1. 用桩创建模拟

有了称作 `stub-fun` 的独立函数后，便可以修改它，以增加模拟功能。首先创建一个名为 mock-calls 的原子变量（atom），保存关于被调用的不同模拟函数的信息：

```
(def mock-calls (atom {}))
```

现在，修改 stub-fn，使用这个原子变量：

```
(defn stub-fn [the-function return-value]
  (swap! mock-calls assoc the-function [])
  (fn [& args]
    (swap! mock-calls update-in [the-function] conj args)
    return-value))
```

当 stub-fn 被调用时，在原子变量中为被打桩的函数存储一个空向量。此后，当桩函数被调用时，它在原子中记录调用（如第 6 章所示）以及使用的参数。然后，桩函数返回创建时设置的 return-value，在这方面，它的工作方式和之前相同。

改变了 stub-fn 的工作方式后，必须对打桩宏稍作重构，使其保持兼容：

```
(defmacro stubbing [stub-forms & body]
  (let [stub-pairs (partition 2 stub-forms)
        real-fns (map first stub-pairs)
        returns (map last stub-pairs)
        stub-fns (map #(list `stub-fn %1 %2) real-fns returns)]
    `(with-redefs [~@(interleave real-fns stub-fns)]
       ~@body)))
```

好了，现在你已经为实现模拟功能打下了基础。因为模拟与桩类似，所以可以使用 stub-fn 创建新的模拟。你并不关心返回值，所以可使用 nil：

```
(defn mock-fn [the-function]
  (stub-fn the-function nil))
```

现在，我们来提供一些语法糖衣。你将创建一个新宏 mocking，它的表现与 stubbing 类似，只是它所接受的是需要模拟的任意数量的函数：

```
(defmacro mocking [fn-names & body]
  (let [mocks (map #(list `mock-fn (keyword %)) fn-names)]
    `(with-redefs [~@(interleave fn-names mocks)]
       ~@body)))
```

现在，你已经有了基础，可以重新编写测试：

```
(deftest test-filter-greater-than
  (mocking [log-call]
    (let [filtered (expenses-greater-than all-expenses 15.0)]    ◁── all-expenses
      (is (= (count filtered) 2))                                     defined in
      (is (= (:amount (first filtered)) 20.0))                        section 10.2.2
      (is (= (:amount (last filtered)) 30.0)))))
```

当运行这个测试时，它不会执行 log-call 函数，测试现在独立于整个审计日志组件。如前所述，迄今为止 mocking 和 stubbing 之间的区别是不需要在使用 mocking 时提供返回值。

虽然你不想运行 log-call 函数，但是验证测试下的代码以该名称调用函数可能很重要。这些调用可能是整个应用中某些安全协议的一部分。你很容易验证这一点，因为可以在 `mock-calls` 原子变量中记录对模拟函数的所有调用。

2. 验证模拟调用

你为验证模拟函数所提供的第一个结构将确认它们被调用的次数。下面就是这个结构：

```
(defmacro verify-call-times-for [fn-name number]
  `(is (= ~number (count (@mock-calls ~(keyword fn-name)))))))
```

这就使查看某个模拟函数是否被调用了指定的次数变得很简单了。验证模拟调用的另一种手段是确定调用时的具体参数。因为你也记录了这些信息，所以提供此类验证函数相当容易：

```
(defmacro verify-first-call-args-for [fn-name & args]
  `(is (= '~args (first (@mock-calls ~(keyword fn-name))))))
```

最后，模拟函数可能被测试下的代码多次调用，下面是一个验证任何调用的宏：

```
(defmacro verify-nth-call-args-for [n fn-name & args]
  `(is (= '~args (nth (@mock-calls ~(keyword fn-name)) (dec ~n)))))
```

我们来观察一下这些验证机制的实际运行：

```
(deftest test-filter-greater-than
  (mocking [log-call]
    (let [filtered (expenses-greater-than all-expenses 15.0)]
      (is (= (count filtered) 2))
      (is (= (:amount (first filtered)) 20.0))
      (is (= (:amount (last filtered)) 30.0)))
    (verify-call-times-for log-call 1)
    (verify-first-call-args-for log-call "expenses-greater-than" 15.0)
    (verify-nth-call-args-for 1 log-call "expenses-greater-than" 15.0)))
```

你现在有了模拟任何函数的一种手段，因此不需要调用其常规实现。作为替代，测试中调用的是一个返回 `nil` 的虚拟函数，开发人员还可以验证调用次数和调用的特定参数。这大大方便了对外部资源有各类依赖性的代码测试。而且，这种语法不烦琐，因此测试的编写和阅读都简单易行。

现在，你还可以根据 `verify-nth-call-args-for` 来重构 `verify-first-call-args-for`：

```
(defmacro verify-first-call-args-for [fn-name & args]
  `(verify-nth-call-args-for 1 ~fn-name ~@args))
```

大部分代码都在这里了。程序清单 10-2 展示了完整的 `mocking` 和 `stubbing` 宏实现。这一实现可以根据需求，以动态方式实现函数的模拟或者打桩。它还以 `mocking` 和 `stubbing` 宏的形式提供了简单的语法层。

程序清单10-2　用于Clojure测试的简单stubbing和mocking宏

```
(ns clj-in-act.ch10.mock-stub
  (:use clojure.test))
(def mock-calls (atom {}))
(defn stub-fn [the-function return-value]
  (swap! mock-calls assoc the-function [])
  (fn [& args]
    (swap! mock-calls update-in [the-function] conj args)
    return-value))
(defn mock-fn [the-function]
  (stub-fn the-function nil))
(defmacro verify-call-times-for [fn-name number]
  `(is (= ~number (count (@mock-calls ~(keyword fn-name))))))
(defmacro verify-nth-call-args-for [n fn-name & args]
  `(is (= '~args (nth (@mock-calls ~(keyword fn-name)) (dec ~n)))))
(defmacro verify-first-call-args-for [fn-name & args]
  `(verify-nth-call-args-for 1 ~fn-name ~@args))
(defmacro mocking [fn-names & body]
  (let [mocks (map #(list `mock-fn (keyword %)) fn-names)]
    `(with-redefs [~@(interleave fn-names mocks)]
       ~@body)))
(defmacro stubbing [stub-forms & body]
  (let [stub-pairs (partition 2 stub-forms)
        real-fns (map first stub-pairs)
        returns (map last stub-pairs)
        stub-fns (map #(list `stub-fn %1 %2) real-fns returns)]
    `(with-redefs [~@(interleave real-fns stub-fns)]
       ~@body)))
```

代码并不长，还不到30行。但是这已经足以应付你的目的，并确实地作为增加更复杂功能的基础。我们将在本节结束前再介绍一些相关的知识。

10.2.5　管理打桩和模拟状态

在建立和运行测试时，你建立了各种各样的状态，例如预设的返回值和调用参数的度量。在本节中，我们将介绍这些状态的管理。

1. 清除调用记录

在上述的测试运行之后，mock-calls 原子包含了记录的模拟函数调用。你创建的验证宏据此确认模拟是否以预期的方式调用。但是，一切结束之后，保存的数据就没有用了。你可以添加一个函数以清除调用记录：

```
(defn clear-calls []
  (reset! mock-calls {}))
```

你可能觉得疑惑，多次运行相同的测试为什么没有导致 mock-calls 原子中的累积，这是因为 stub-fn 调用重置该函数的输入项。而且，如果你偶然并行运行多个测试，这个全局状态将造成问题，因为记录不再对应于测试下的单个代码片段。相反，原子当中将混

杂所有测试中对各个模拟的所有调用。这不是你的意图，因此可通过将状态改为局部变量
来修复这一问题。

2. 删除全局状态

通过删除全局的 `mock-calls` 原子，你可以改善使用模拟的测试并行运行的能力。首
先要做的是将 `mock-calls` 的全局绑定设置为动态的：

```
(def ^:dynamic *mock-calls*)
```
⟵ 按照惯例，"耳套"（两
侧的星号）标识动态变量

接下来，为了使所有代码继续按照自己的方式工作，你必须在某一时点重新确立绑定。
你将创建一个新结构 `defmocktest`，用于代替 `deftest`。这个结构的唯一作用是在将工
作委派给旧的 `deftest` 之前为模拟调用创建一个绑定：

```
(defmacro defmocktest [test-name & body]
  `(deftest ~test-name
     (binding [*mock-calls* (atom {})]
       (do ~@body))))
```

此后，你之前定义的测试必须用 `defmocktest` 重新定义：

```
(defmocktest test-fetch-expenses-greater-than
  (stubbing [fetch-all-expenses all-expenses]
    (let [filtered (fetch-expenses-greater-than "" "" "" 15.0)]
      (is (= (count filtered) 2))
      (is (= (:amount (first filtered)) 20.0))
      (is (= (:amount (last filtered)) 30.0)))))
```

下面是另一个测试：

```
(defmocktest test-filter-greater-than
  (mocking [log-call]
    (let [filtered (expenses-greater-than all-expenses 15.0)]
      (is (= (count filtered) 2))
      (is (= (:amount (first filtered)) 20.0))
      (is (= (:amount (last filtered)) 30.0)))
    (verify-call-times-for log-call 1)
    (verify-first-call-args-for log-call "expenses-greater-than" 15.0)))
```

这里需要做出一个妥协：你必须将对验证宏的调用包含在 `defmocktest` 调用的作用
域内。这是因为记录模拟调用的原子是通过 `defmocktest` 宏绑定的，在这一作用域之外，
`*mock-calls*` 没有任何绑定。

你已经完成了预定的任务：首先探索了 `clojure.test` 库，然后添加功能以实现简单
的函数打桩和模拟功能。我们的最后一站将介绍 `clojure.test` 的另外几个功能。

10.3 组织测试

`clojure.test` 单元测试库中还有另外几个值得了解的结构，它们有助于组织测试函

数体内部的断言。虽然通常最好是将每个测试中的断言数量保持在最低限度，但有时候为现有测试增加断言（而不是添加新测试）是合乎逻辑的。

当一个测试有多个断言时，往往更加难以理解和维护。一个断言失败时，具体的故障和出现问题的具体功能并不总是很清晰。在本节中，我们将介绍两个帮助你管理断言的宏：testing 和 are。

testing 宏记录多组测试断言。are 宏完成两件工作：在使用 is 的几个断言差别细微时消除重复，并将这些断言组合在一起。我们将首先观察 testing 宏的一个例子。

10.3.1 testing 宏

我们先回顾一下前一节中的 test-filter-greater-than 测试。你要检查的是两组截然不同的功能：其一是过滤本身能否正常工作，其二是 log-call 调用正常发生。你将使用 testing 宏来根据这两个目标分组这些断言：

```
(defmocktest test-filter-greater-than
  (mocking [log-call]
    (let [filtered (expenses-greater-than all-expenses 15.0)]
      (testing "the filtering itself works as expected"
        (is (= (count filtered) 2))
        (is (= (:amount (first filtered)) 20.0))
        (is (= (:amount (last filtered)) 30.0))))
    (testing "Auditing via log-call works correctly"
      (verify-call-times-for log-call 1)
      (verify-first-call-args-for log-call "expenses-greater-than" 15.0)))))
```

上述代码有意地将你预期的 log-call 调用次数修改为 2，这样你就可以观察测试失败时的情况：

```
(test-filter-greater-than)
FAIL in (test-filter-greater-than) (NO_SOURCE_FILE:1)
Auditing via log-call works correctly
expected: (clojure.core/= 2 (clojure.core/count ((clojure.core/deref
clj-in-act.ch10.mock-stub2/*mock-calls*) :log-call)))
  actual: (not (clojure.core/= 2 1))
```

可以看到，现在当一组断言中的任何一个断言失败时，将打印 testing 字符串和具体的故障。这给出了关于问题的直接反馈，使测试变得更加容易阅读和理解。

下面我们将介绍 are 宏。

10.3.2 are 宏

我们现在将介绍 are 宏，这是一个组合断言的结构，还能帮助消除不必要的重复。想象你要创建一个将给定字符串转换成大写的函数：

```
(deftest test-to-upcase
  (is (= "RATHORE" (to-upper "rathore")))
  (is (= "1" (to-upper 1)))
  (is (= "AMIT" (to-upper "amit"))))
```

下面是一个满足测试条件的函数：

```
(defn to-upper [s]
  (.toUpperCase (str s)))
```

你可以用 are 宏删除这个测试中的重复：

```
(deftest test-to-upcase
  (are [l u] (= u (to-upper l))
  "RATHORE"  "rathore"
  "1"        "1"
  "AMIT"     "amit"))
```

使用 are 宏，可将多个形式合并成单一形式。当任何一个断言失败时，都将以单一失败的形式来报告这一失败。因此，应该将 are 宏当成组合相关断言的工具，而不是消除重复的手段。

10.4　小结

在本章中，我们介绍了 Clojure 中的测试驱动开发。如你所见，在 Clojure 这类语言中，TDD 的效果和在其他动态语言中一样好。实际上，和 REPL 结合使用时，效率还可以得到额外的提高。典型的过程是这样的：编写一个失败的单元测试，然后在 REPL 上尝试各种实现思路。当采用的方法明确之后，便在 REPL 上快速测试各种实现。最后，将代码复制到测试文件，并添加其他断言和测试。

接着，你编写了一些简单代码为函数“打桩”，然后添加模拟函数和验证调用的功能。Clojure 使这些功能的实现变得极其简单——全部代码还不到 30 行。尽管它不能满足打桩和模拟库的所有要求，但是可很好地服务于你的目的，并作为更复杂程序库的基础。这个例子说明，你可以轻松地用 Clojure 实现看似复杂的项目。总体而言，本章说明，使用 REPL 和测试驱动开发可以显著地放大现代化函数式 Lisp 语言带来的效率提升。

在本章中，你创建了新的“语法”，用宏简化和澄清了测试代码中的模拟和打桩功能。在下一章中，你将学习更高级的宏技术以及使用它们构造你自己的领域特定语言的方法。

Chapter 11 | 第 11 章

更多的宏和 DSL

本章内容:

❑ 指代宏

❑ 将计算转移到编译时

❑ 生成宏的宏

❑ 用 Clojure 设计、编写和优化领域特定语言

本章是本书的最后一章,介绍的是许多人心目中 Clojure 最强大的功能。Lisp 编程语言的发明者 John McCarthy 曾说过,Lisp 是编程语言领域的 "局部最大值" ⊖。Clojure 宏可以用这种语言本身实现任意的代码转换。除了 Lisp 系列语言之外,没有任何编程语言能够以如此简单的方式完成,这可能是因为 "代码即数据"。

在本书中你已经看到了许多宏,第 7 章介绍了这一主题。在本节中,你还将看到很多,但是我们主要关注两个新的要点:宏的高级用法以及一种简单领域特定语言的设计。这些主题将帮助你为要求最严苛的问题领域设计出简练的抽象。

11.1 对宏的快速回顾

你已经多次使用了宏,但是作为复习,你将编写一个小规模的宏,以回顾宏所提供的可能性。迄今为止,你已经多次使用了 Clojure 的 let 宏。虽然 let 本身是一个宏,但是

⊖ 《History of Lisp》(1978 年 6 月 1~3 日第一次 "编程语言历史" 大会上的论文):http://www-formal.stanford.edu/jmc/history/lisp/lisp.html。

它是以 let* 特殊形式实现的，这个特殊形式为绑定形式中命名的符号建立了一个词法闭包。现在，你将通过生成函数调用的宏实现 let 的一个功能子集。下面就是你想做到的：

```
(my-let [x 10
         y x
         z (+ x y)]
   (* x y z))
;=> 2000
```

这段代码应该返回 2000，因为 x 为 10，y 也为 10，z 为 20。下面是具体实现：

```
(defmacro single-arg-fn [binding-form & body]
  `((fn [~(first binding-form)] ~@body) ~(second binding-form)))

(defmacro my-let [lettings & body]
  (if (empty? lettings)
    `(do ~@body)
    `(single-arg-fn ~(take 2 lettings)
       (my-let ~(drop 2 lettings) ~@body))))
```

如果你想回顾宏的工作原理，请参见第 7 章。尽管上述代码是一个很有局限性的实现，但仍然能够看到使用隐藏函数的所有好处。例如，你可以这么做：

```
(my-let [[a b] [2 5]
         {:keys [x y]} {:x (* a b) :y 20}
         z (+ x y)]
        (println "a,b,x,y,z:" a b x y z)
        (* x y z))
a,b,x,y,z: 2 5 10 20 30
;=> 6000
```

注意，所有解构的形式都有效，因为常规的函数在底层工作。具体地说，你取得每个 my-let 绑定，并将其作为一个匿名一元函数的参数。本质上，你将 my-let 形式转换成一系列嵌套的一元函数。在读取－求值－打印循环（REPL）中展开宏，可以看到生成的形式。

上述代码中没有进行任何错误检查，但是这个例子很可能已经让你回忆起宏的工作方式，并说明了为 Clojure 语言添加特性的方法。使用 macroexpand-1、macroexpand 和 clojure.walk/macroexpandall 可以得到 my-let 工作方式的提示。现在，我们已经做好准备去超越这些基础知识了。

在本节中，我们将探索三个新概念。第一个是指代（anaphora），这是一种编写宏的方法，充分利用了有意的变量捕获。你将了解这种方法为什么被称为"指代"以及如何使用它为 Clojure 添加特殊语法。

我们要探讨的第二个概念是将某些计算从程序运行时移到编译时。某些在程序运行时完成的计算现在将在代码编译时就完成。你不仅将看到这种做法起作用的场合，还将看到预先计算解密表的一个例子。

最后，我们将编写生成其他宏的宏。这可能很棘手，我们将介绍这种宏的一个简单例子。理解生成宏的宏是迈向宏"禅学"道路的一个信号。

不多废话了，我们的第一站是 Clojure 指代。

11.2　指代宏

在第 7 章中，我们讨论了变量捕获的问题。提醒一下，变量捕获发生在宏扩展（如生成的 let 绑定）中的一个变量遮蔽了直接作用域（例如外层的 let 绑定）之外的某个变量时。你已经知道，Clojure 通过两个处理优雅地解决了这个问题：第一个处理是宏模板内的名称以定义宏的命名空间限定，第二个处理是提供一个 auto-gensym 读取器宏。

根据有意的变量捕获来完成工作的宏被称为指代宏（"指代"意味着某个单词或者短语引用此前的单词或者短语）。在本节中，我们将进行更多的变量捕获，但是采用稍微复杂一些的方式。首先，我们将了解说明这一概念的常用例子。然后，将在此基础上编写一个实用工具宏。

11.2.1　指代式 if

对于指代宏来说，编写 if 结构的指代式版本就是它的"Hello, world！"。指代式 if 可能是这类宏中最简单的，但是能够很好地说明要点，而且也是一个很实用的工具宏。

考虑如下的例子：首先进行一次计算，检查结果是否为真，然后在另一个计算中使用它。想象你有下面的函数：

```
(defn some-computation [x]
  (if (even? x) false (inc x)))
```

这是一个"占位符"，用于说明我们所要阐述的要点。现在，考虑如下的用例：

```
(if (some-computation 11)
  (* 2 (some-computation 11)))
;=> 24
```

你当然不支持这样的重复，因此将使用 let 形式消除它：

```
(let [computation (some-computation 11)]
  (if computation
    (* 2 computation)))
```

你也知道没有必要在此停步，因为可以使用方便的 if-let 宏：

```
(if-let [computation (some-computation 11)]
  (* 2 computation))
```

虽然这已经足够清晰，但如果能够编写如下代码使其更加清晰就好了：

```
(anaphoric-if (some-computation 11)
  (* 2 it))
```

这里, it 是一个表示条件子句值的符号。大部分指代宏使用 it 之类的代词表示计算值。

虽然指代风格可以产生非常紧凑且容易理解的代码（如果你知道指代名称是什么的话），但 Clojure 的惯用方法倾向于让用户提供绑定名称，例如使用 if-let。你也应该首选这种惯用方法，因为这样的代码更清晰，能够轻松地嵌套形式，而冗余的代码仅仅略多一些。不过，指代风格在 DSL 中很有用，尤其是在那些为非编程人员设计的 DSL 中。

1. 实现指代式 if

你已经知道了代码中将要表达的意思，下面我们来实现它。你可以想象编写如下代码：

```
(defmacro anaphoric-if [test-form then-form]
  `(if-let [~'it ~test-form]
     ~then-form))
```

下面是前面例子中宏展开的情况：

```
(macroexpand-1 '(anaphoric-if (some-computation 11)
                   (* 2 it)))
;=> (clojure.core/if-let [it (some-computation 11)] (* 2 it))
```

上述扩展看起来正是你所需要的，因为它创建了一个局部名称 it，并将其与 test-form 的值绑定。然后，它对 if-let 形式创建的 let 块内的 then-form 求值，这确保了求值只发生在 it 值为真时。下面是运行的情况：

```
(anaphoric-if (some-computation 12)
  (* 2 it))
;=> nil
(anaphoric-if (some-computation 11)
  (* 2 it))
;=> 24
```

注意，必须强制 Clojure 不用命名空间限定名称 it。可以通过取消引述符号来实现（就是奇怪的标记法 ~'it）。这将强制进行变量捕获。你将在后面几节里再次使用这种技术（以及它的解引述拼接版本）。

> 🔍**注意**　记住，当你使用指代方法时，就将使用变量捕获。因此，尽管在这个例子中捕获符号 it 是可行的，但是情况并不总是如此。留心有意的变量捕获可能造成细微 bug 的场合。

你已经拥有了 if 的一个指代式版本，下面将编写一个宏，对其进行一些归纳。

2. 归纳指代式 if

回顾指代式 if 宏的实现：

```
(defmacro anaphoric-if [test-form then-form]
  `(if-let [~'it ~test-form]
     ~then-form))
```

注意，你在 if-let 宏的基础上构建这个宏，而 if-let 又建立在 if 特殊形式的基础上。如果你打算消除 if 特殊形式的硬依赖性并在调用时指定，则可以使用更为通用的版本。我们来看看如下的代码：

```
(defmacro with-it [operator test-form & exprs]
  `(let [~'it ~test-form]
     (~operator ~'it ~@exprs)))
```

这样，你就利用 anaphoric-if 的思路创建了一个新版本，在这个版本中，你必须传入试图完成的工作。例如，前面的例子现在变成

```
(with-it if (some-computation 12)
  (* 2 it))
;=> nil
(with-it if (some-computation 11)
  (* 2 it))
;=> 24
```

为什么要这么做？因为现在你不止可以有 if 形式的指代版本。例如，可以创建 and 和 when 的指代版本，如下所示：

```
(with-it and (some-computation 11) (> it 10) (* 2 it))
;=> 24
```

你也可以这么做：

```
(with-it when (some-computation 11)
  (println "Got it:" it)
  (* 2 it))
Got it: 12
;=> 24
```

在 REPL 上尝试，也可以尝试使用 if-not、or、when-not 等的版本。你甚至可以回头按照 with-it 定义 anaphoric-if 宏，例如：

```
(defmacro anaphoric-if [test-form then-form]
  `(with-it if ~test-form ~then-form))
```

你可以一下子定义所有此类变种（用 if、and、or 等）。

我们对指代宏的介绍就到这里。正如本节开头所说，这些例子相当简单。下面的一个例子稍微复杂一些。

11.2.2　thread-it 宏

Clojure 核心命名空间中最实用的两个宏是串行（threading）宏——thread-first（->）宏和 thread-last 宏（->>），我们在第 2 章中已经做了介绍。作为复习，你将编写一个函数，以半径 r 和高度 h 计算圆柱体的表面积。具体公式如下：

```
2 * PI * r * (r + h)
```

可以用 thread-first 宏编写如下代码：

```
(defn surface-area-cylinder [r h]
  (-> r
    (+ h)
    (* 2 Math/PI r)))
```

第一次遇到这个宏时，你看到了一个类似的例子。我们没有编写 let 形式直接包含较大规模计算的结果，而是将第一个形式放入下一个形式中作为首个参数，然后将得到的形式放入下一个形式作为其首个参数，以此类推。这显著地改善了代码的可读性。

thread-last 宏也一样，但是没有将各个步骤的结果放在下一个形式的首参数位置，而是将其放在最后一个参数的位置。这在与如下例子类似的情况下很有用：

```
(defn some-calculation [a-collection]
  (->> (seq a-collection)
    (filter some-pred?)
    (map a-transform)
    (reduce another-function)))
```

1. 任何位置的 threading

现在，虽然 thread-first 和 thread-last 宏极其有用，但是它们可能有一个缺陷：两者都将每步计算的结果放在下一个形式的固定位置。thread-first 宏将其放在下一个调用的首参数位置，而 thread-last 宏则将其放在最后一个参数的位置上。

有些时候，这可能太局限了。考虑上一个代码片段。想象你打算使用其他人编写的名为 compute-averages-from 的函数，该函数接受两个参数：一个数据序列和一个断言，按此顺序。事实上，不能将该函数插入前面展示的串行代码中，因为参数的顺序将被颠倒。你必须改变该函数，结果可能是这样的：

```
(defn another-calculation [a-collection]
  (->> (seq a-collection)
    (filter some-pred?)
    (map a-transform)
    (#(compute-averages-from % another-pred?))))
```

注意匿名函数读取器宏，因为 thread-last 宏的串行顺序，这是必需的

之前，你已经见过使用匿名函数创建适配器函数的例子，但这种方法并不好。它在代码中增加了一些噪声，影响了整体的优雅。如果不将串行的形式作为后续形式的第一个和最后一个参数，那么可以选择将它们放在哪个位置呢？ Clojure 1.5 引入了串行宏 as-> （在第 2 章中介绍过）来完成这项任务。你可以改写前一个例子：

```
(defn another-calculation [a-collection]
  (as-> (seq a-collection) result
    (filter some-pred? result)
    (map a-transform result)
    (compute-averages-from result another-pred?)))
```

每一步的结果将绑定到 result

不再需要匿名函数了：只需要将 result 放在合适的位置

2. 实现 thread-it

正像 if-let 一样，as-> 要求你为绑定提供一个符号。你创建了一个始终绑定到符号 it 的 anaphoric-if 宏。现在，将创建一个 as-> 版本 thread-it，该宏始终绑定到符号 it。使用这个新宏，你就可以这么做：

```
(defn yet-another-calculation [a-collection]
  (thread-it (seq a-collection)
             (filter some-pred? it)
             (map a-transform it)
             (compute-averages-from it another-pred?)))
```

进入实现之前，我们先对 Clojure 内建串行宏的工作方式再做一处修改，在原来的方式中，这些宏至少需要一个参数。你可以不用任何参数来调用 thread-it 宏。当你将其用在另一个宏中时，这一点可能很实用。尽管下面的代码无法正常工作：

```
(->> )
ArityException Wrong number of args (0) passed to: core/->>
clojure.lang.Compiler.macroexpand1 (Compiler.java:6557)
```

但你希望的结果是这样的：

```
(thread-it)
;=> nil
```

现在，我们已经为介绍实现做好了准备。考虑如下代码：

```
(defmacro thread-it [& [first-expr & rest-expr]]
  (if (empty? rest-expr)
    first-expr
    `(let [~'it ~first-expr]
       (thread-it ~@rest-expr))))
```

如你所见，该宏接受任意数量的参数。参数列表解构为第一个参数（名为 first-expr）和其余参数（名为 rest-expr）。第一个任务是检查 rest-expr 是否为空（这发生在没有传入任何参数或者只传入一个参数的时候）。如果是这种情况，该宏返回 first-expr，如果 thread-it 没有传入任何参数，该变量为 nil，如果仅有一个函数传入，则该变量就是那个参数。

如果 rest-expr 中还余下了其他参数，则宏展开是对本身的又一次调用，it 符号绑定到 first-expr 的值，在一个 let 块内部嵌套。这种递归式宏定义展开到耗尽所有传入形式为止。下面是一个实际的例子：

```
(thread-it (* 10 20) (inc it) (- it 8) (* 10 it) (/ it 5))
;=> 386
```

而且，按照实现的方式，可以预期如下的行为：

```
(thread-it it)
CompilerException java.lang.RuntimeException: Unable to resolve symbol: it in
this context, compiling:(NO_SOURCE_PATH:1:1)
```

发生这种情况是因为你一开始没有为 it 绑定任何值。可以为 it 绑定某种类型的默认值，从而改变这种行为。宏的实现就是这样。在串行形式的函数（或者宏）以非常规顺序取得参数时，这个宏可能很有用。而且，作为这个宏的改进或者新版本，可以用 if-let 代替 let。这将和 some-> 及 some->> 宏一样，在任何步骤造成逻辑假值时"短路"后面的计算。

我们对指代宏的讨论结束了，尽管这种技术涉及变量捕获而破坏了代码的"健康"，但在很多时候很实用。如前所述，在使用它时应该小心，但是能够得到比用其他方法更容易理解的代码。

11.3　将计算转移到编译时

我们的下一站是研究宏的另一个用例，你将使 Clojure 编译器完成更艰苦的工作——将其他情况下在程序运行时完成的一些工作放到编译时进行。

11.3.1　示例：不使用宏的循环加密

迄今为止，你在本书中已经看到了多种宏的使用方法，并自行编写了多个宏。在本节中，你将看到宏的另一种用例，这种使用方法与性能有关。为了阐述这个概念，我们将研究一种称为 ROT13 的简单密码。ROT13 是"13 位置循环"的简写，是一种很容易破解的简单加密方法。但是，它的目的是以不明显的方式隐藏文本，而不是用于传递间谍的秘密信息。它常常作为颠倒打印文本（如在杂志和新闻报纸中）的在线等价物，用于解答填字游戏和字谜等。

1. 关于 ROT13 密码

表 11-1 展示了字母表中每个字母的对应密码。

表 11-1　13 位置循环后的字母表

1	2	3	4	5	6	7	8	9	10	11	12	13	14	15	16	17	18	19	20	21	22	23	24	25	26
a	b	c	d	e	f	g	h	i	j	k	l	m	n	o	p	q	r	s	t	u	v	w	x	y	z
n	o	p	q	r	s	t	u	v	w	x	y	z	a	b	c	d	e	f	g	h	i	j	k	l	m

第一行是字母表中每个字母的索引（从 1 开始）。第二行是字母表本身。最后一行是移动 13 个位置之后的字母表。最后一行的每个字母对应于用这种加密系统编码的相应字母。例如，abracadabra 将变成 noenpnqnoen。

循环加密的解密一般通过将每个字符反向循环相同次数来完成。ROT13 的另一个性质是对等加密。用对等加密方法加密的消息可以通过加密系统本身解密。加密过程也适用于解密。在本节中，将实现一种通用的循环加密程序，可以将循环位数作为参数传入。

2. 通用循环加密程序

我们首先从字母表的字母开始。记得 Clojure 有一个方便的读取器宏，可以表示字符字面量：

```
(def ALPHABETS [\a \b \c \d \e \f \g \h \i \j \k \l \m \n \o \p \q \r \s \t
\u \v \w \x \y \z])
```

我们还要根据字母表定义几个方便的值：

```
(def NUM-ALPHABETS (count ALPHABETS))
(def INDICES (range 1 (inc NUM-ALPHABETS)))
(def lookup (zipmap INDICES ALPHABETS))
```

现在，我们来讨论一下你的方法。因为希望实现一个通用的循环加密机制，所以必须知道循环特定次数之后字符落在哪一个编号的"槽"（slot）中。你将取得一个槽号（如 14），循环可配置的次数，看看最终的位置。例如，在 ROT13 中，10 号槽的字符（j）最终位于 23 号槽。你将编写一个函数 shift 来计算新的槽号。不能简单地将循环次数加上槽号，因为必须考虑溢出问题。下面是 shift 的实现：

```
(defn shift [shift-by index]
  (let [shifted (+ (mod shift-by NUM-ALPHABETS) index)]
    (cond
      (<= shifted 0) (+ shifted NUM-ALPHABETS)
      (> shifted NUM-ALPHABETS) (- shifted NUM-ALPHABETS)
      :default shifted)))
```

这里有两点需要注意。首先，通过将（mod shift-by NUM-ALPHABETS）加到给定的 index（而不是 shift-by）来计算 shifted，以便处理 shift-by 超出 NUM-ALPHABETS 的情况。因为你通过卷绕到开头来处理溢出，所以这种方法可行，例如：

```
(shift 10 13)
;=> 23
(shift 20 13)
;=> 7
```

有了这个函数之后，就可以用它创建一个简单的加密表，这个表的行和列用于加密或者解密信息。

在本例（用于 ROT13）中，这张表格是表 11-1 的第二行和第三行。下面是计算表格的函数：

```
(defn shifted-tableau [shift-by]
  (->> (map #(shift shift-by %) INDICES)
       (map lookup)
       (zipmap ALPHABETS)))
```

上述函数创建了一个映射，其中键是需要加密的字母表，值则是相同字母的加密版本。下面是一个例子：

```
(shifted-tableau 13)
;=> {\a \n, \b \o, \c \p, \d \q, \e \r, \f \s, \g \t, \h \u, \i \v, \j \w, \k
     \x, \l \y, \m \z, \n \a, \o \b, \p \c, \q \d, \r \e, \s \f, \t \g, \u
     \h, \v \i, \w \j, \x \k, \y \l, \z \m}
```

因为这种密码相当简单，所以使用一个简单的映射就足够了。有了加密表后，加密消息就很简单，只不过是查找每个字符。下面是一个加密函数：

```
(defn encrypt [shift-by plaintext]
  (let [shifted (shifted-tableau shift-by)]
    (apply str (map shifted plaintext))))
```

在 REPL 上尝试：

```
(encrypt 13 "abracadabra")
;=> "noenpnqnoen"
```

结果符合预期。你应该还记得 ROT13 是一种对等加密。检查情况是否如此：

```
(encrypt 13 "noenpnqnoen")
;=> "abracadabra"
```

确实如此！如果你使用的循环次数不是 13，就需要一个真正的解密函数。要解密一条消息，所做的就是颠倒这一过程，表达如下：

```
(defn decrypt [shift-by encrypted]
  (encrypt (- shift-by) encrypted))
```

decrypt 以相同的循环次数反向循环加密消息。下面展示 REPL 上的工作方式：

```
(decrypt 13 "noenpnqnoen")
;=> "abracadabra"
```

很好，你已经有了所有必备组件。要实现特定的密码（如 ROT13），可以定义如下的一对函数：

```
(def encrypt-with-rot13 (partial encrypt 13))
(def decrypt-with-rot13 (partial decrypt 13))
```

现在，在 REPL 上尝试：

```
(decrypt-with-rot13 (encrypt-with-rot13 "abracadabra"))
;=> "abracadabra"
```

你已经实现了一个简单的加密系统。完整的代码见如下的程序清单。

程序清单11-1　实现ROT13的通用循环加密系统

```
(ns clj-in-act.ch11.shifting)
(def ALPHABETS [\a \b \c \d \e \f \g \h \i \j \k \l \m \n \o \p \q \r \s \t
     \u \v \w \x \y \z])
(def NUM-ALPHABETS (count ALPHABETS))
(def INDICES (range 1 (inc NUM-ALPHABETS)))
(def lookup (zipmap INDICES ALPHABETS))
```

```
(defn shift [shift-by index]
  (let [shifted (+ (mod shift-by NUM-ALPHABETS) index)]
    (cond
      (<= shifted 0) (+ shifted NUM-ALPHABETS)
      (> shifted NUM-ALPHABETS) (- shifted NUM-ALPHABETS)
      :default shifted)))
(defn shifted-tableau [shift-by]
  (->> (map #(shift shift-by %) INDICES)
       (map lookup)
       (zipmap ALPHABETS )))
(defn encrypt [shift-by plaintext]
  (let [shifted (shifted-tableau shift-by)]
    (apply str (map shifted plaintext))))
(defn decrypt [shift-by encrypted]
  (encrypt (- shift-by) encrypted))
(def encrypt-with-rot13 (partial encrypt 13))
(def decrypt-with-rot13 (partial decrypt 13))
```

这个实现存在的问题是，每次加密或者解密一条消息时都要计算加密表。这很容易通过记忆 shifted-tableau 函数来修复。解决问题之后，下一节你将更进一步。

11.3.2 让编译器更努力地工作

目前，你已经实现了任何循环密码的加密和解密功能。基本方法是创建一个映射，帮助你将消息中的每个字符编码（或者解码）为加密版本。正如上节最后所讨论的，可以通过记忆表格计算来加速你的实现。

即使有了 memoize 函数，计算仍然至少发生一次（函数第一次调用时）。想象一下，如果你创建一个包含对应的表格数据的内联映射字面量会是什么样的情况。此后，可以每次查询映射而无须计算。此类 encrypt-with-rot13 定义可能是这样的：

```
(defn encrypt-with-rot13 [plaintext]
  (apply str (map {\a \n \b \o \c \p} plaintext)))
```

在一个实现中，这张表格将是完整的，对应于字母表的所有字母，而不仅仅是 \a、\b 和 \c。在任何情况下，如果你在代码中有了一个映射字面量，就不需要在运行时计算了。幸运的是，用 Clojure 编码就可以实现这一点。考虑如下代码：

```
(defmacro def-rot-encrypter [name shift-by]
  (let [tableau (shifted-tableau shift-by)]
    `(defn ~name [~'message]
       (apply str (map ~tableau ~'message)))))
```

这个宏首先按照需要为 shifted-by 计算加密表格，然后以特定名称定义一个函数。函数体在合适的位置包含计算出来的表格，这在前面的代码示例中已经说明。下面是这个宏扩展后的结果：

```
(macroexpand-1 '(def-rot-encrypter encrypt13 13))
;=> (clojure.core/defn encrypt13 [message] (clojure.core/apply clojure.core/
    str (clojure.core/map {\a \n, \b \o, \c \p, \d \q, \e \r, \f \s, \g \t,
```

```
\h \u, \i \v, \j \w, \k \x, \l \y, \m \z, \n \a, \o \b, \p \c, \q \d, \r
\e, \s \f, \t \g, \u \h, \v \i, \w \j, \x \k, \y \l, \z \m} message)))
```

看上去这几乎就是我们想要的函数了，它包含了一个内联表格映射字面量。图 11-1 展示了代码的流程。

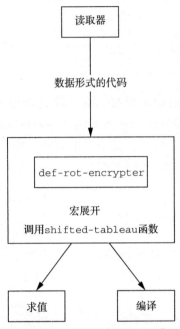

图 11-1　和平常一样，Clojure 读取器首先将程序文本转换成数据结构。在这个过程中，宏展开，包括生成表格的 def-rot-encrypter 宏。这个表格是一个 Clojure 映射，包含在源代码的最后形式中作为一个内联查找表

现在，检查一下它能否正常工作：

```
(def-rot-encrypter encrypt13 13)
;=> #'user/encrypt13
(encrypt13 "abracadabra")
;=> "noenpnqnoen"
```

你已经实现了目标。新的 encrypt13 函数在运行时完全不进行任何表格计算。例如，如果想将这段代码交付给用户作为一个 Java 程序库，他们甚至不知道曾经调用过 shifted-tableau。

最后，你将创建定义一对函数的方便手段，这些函数可用于循环密码的加密或者解密。

```
(defmacro define-rot-encryption [shift-by]
  `(do
     (def-rot-encrypter ~(symbol (str "encrypt" shift-by)) ~shift-by)
     (def-rot-encrypter ~(symbol (str "decrypt" shift-by)) ~(- shift-by))))
```

最后是运行的情况：

```
(define-rot-encryption 15)
;=> #'user/decrypt15
```

这里，它打印解密函数变量，因为这是宏展开所做的最后一件事。现在，使用一对新的函数：

```
(encrypt15 "abracadabra")
;=> "pqgprpspqgp"
(decrypt15 "pqgprpspqgp")
;=> "abracadabra"
```

当计算的各个部分需要预先知道时，将计算转移到编译周期可能是有用的技巧。Clojure 宏可以轻松地在扩展阶段运行任意代码，为程序员提供整个 Clojure 语言的能力。例如，在这个例子中，编写 `shifted-tableau` 函数时预先并没有这样使用的意图。将计算转移到宏中有时候相当方便，做起来也非常简单。

11.4　生成宏的宏

现在，你已经理解了如何将计算转移到程序执行的编译阶段，这为新的冒险做好了准备。你将扩展思路，尝试编写生成代码的代码——也就是说，你将编写一个能够生成宏的宏。

让我们来看一个宏的例子，这个宏能够创建现有函数或者宏的“同义词”。想象你有如下两个变量：

```
(declare x y)
;=> #'user/y
```

如果你使用新宏 make-synonym：

```
(make-synonym b binding)
;=> #'user/b
```

那么如下代码将正常工作：

```
(b [x 10 y 20] [x y])
;=> [10 20]
```

在本节中，你将实现 `make-synonym` 宏。

11.4.1　示例模板

编写一个宏时，从预想的展开示例开始通常比较容易。下面是你想要编写的代码：

```
(b [x 10 y 20] (println "X,Y:" x y))
```

要让这段代码正常工作，应该用 `binding` 代替 b，结果展开如下：

```
(binding [x 10 y 20] (println "X,Y:" x y))
```

如果你编写一个自定义宏，按照 binding 定义 b，就很容易解决这个问题：

```
(defmacro b [& stuff]
  `(binding ~@stuff))
```

上述宏将 b 替换成符号 binding，其他内容保持不变。你对绑定的变量或者绑定主体不感兴趣，因此将这些全部放入 stuff 中。

现在你已经有了一个符合预期的 b 版本，需要将其归纳为 make-synoym。上述代码是 make-synonym 宏应该生成的内容的一个例子。

11.4.2　实现 make-synonym

你知道 make-synonym 是一个宏，接受两个参数：

❑ 一个将成为现有宏或者函数的同义词的新符号

❑ 现有宏或者函数的名称

你可以从空定义开始实现新宏：

```
(defmacro synonym [new-name old-name])
```

下一个问题是，宏主体内应该有什么？你可以首先放入上节中的展开样本：

```
(defmacro make-synonym [new-name old-name]
  (defmacro b [& stuff]
    `(binding ~@stuff)))
```

显然，上述代码不能产生预想的结果，因为不管向这个版本的 make-synonym 传入什么参数，它总是创建一个名为 b 的宏（展开为 binding）。

你所想要做到的是，让 **make-synonym** 生成包含 defmacro 调用的内层形式，而不是调用 defmacro。你知道可以用反引号实现这一目标。在这个例子中将使用两个反引号。在着手这项工作时，将不硬编码符号 b 和 binding，而是使用作为传入参数的名称。考虑 make-synonym 宏的如下增量形式：

```
(defmacro make-synonym [new-name old-name]
  `(defmacro ~new-name [& stuff]
     `(~old-name ~@stuff)))
```

这有些令人困惑，因为你使用了两个嵌套的反引号。要理解这里发生的一切，最简单的方式就是查看展开式。因此，在 REPL 上尝试：

```
(macroexpand-1 '(make-synonym b binding))
;=> (clojure.core/defmacro b [& user/stuff]
      (clojure.core/seq
        (clojure.core/concat (clojure.core/list user/old-name)
                             user/stuff)))
```

为了理解这个展开形式，我们首先来看看宏展开时对一个反引号发生了什么：

```
(defmacro back-quote-test []
  `(something))
;=> #'user/back-quote-test
(macroexpand '(back-quote-test))
;=> (user/something)
```

这并不令人惊讶，因为除非明确要求不限定，否则 Clojure 命名空间将限定任何名称。现在，添加一个反引号：

```
(defmacro back-quote-test []
  ``(something))
;=> #'user/back-quote-test
```

你已经在现有的反引号上又添加了一个反引号。你所要表达的是，不扩展加上反引号的形式，也不用其值作为 back-quote-test 宏的展开形式，而是需要反引号机制本身。如果你想复习反引号的工作原理，可参考第 7 章。下面是在 REPL 上的运行情况：

```
(macroexpand '(back-quote-test))
;=> (clojure.core/seq
    (clojure.core/concat (clojure.core/list (quote user/something))))
```

因为你以原样使用符号 something，所以 Clojure 用命名空间限定，这和预期的一样。现在，你知道反引号机制本身是什么了，因而可以返回到 make-synonym 的展开形式：

```
(macroexpand-1 '(make-synonym b binding))
;=> (clojure.core/defmacro b [& user/stuff]
      (clojure.core/seq
        (clojure.core/concat clojure.core/list user/old-name) user/stuff)))
```

这里，符号 b 被替换成外层反引号展开的一部分。因为没有明确引述符号 stuff，所以它使用命名空间限定（你很快就必须修复这个问题）。为了理解嵌套反引号内 old-name 发生了什么，请看如下的运行情况：

```
(defmacro back-quote-test []
  ``(~something))
;=> #'user/back-quote-test
(macroexpand '(back-quote-test))
;=> (clojure.core/seq (clojure.core/concat (clojure.core/list user/
    something)))
```

如果将此与之前的 back-quote-test 版本及其生成的展开形式相比较，你就会注意到 user/something 不再包含在一个 quote 形式里了。这同样是预料之中的，因为你用 ~ 读取器宏解引述。这也就能解释为什么 make-synonym 宏的嵌套反引号形式展开时 user/old-name 保持原样。同样，你必须解决这个问题，因为你想要的不是 old-name，而是传入的参数。

最后，从下面这个简单的例子里看看解引述拼接和 stuff 符号的情况：

```
(defmacro back-quote-test []
  ``(~@something))
;=> #'user/back-quote-test
(macroexpand '(back-quote-test))
;=> (clojure.core/seq (clojure.core/concat user/something))
```

如果现在将这个版本的展开形式与前一个版本相比较，就会注意到 user/something 不再包装在 list 调用中了。这符合对解引述拼接的预期，它不会添加额外的一组括号。

现在，我们已经介绍了 make-synonym 宏展开的全部内容。唯一的问题是，它仍然没有完成你预期的任务。可以看到的两个问题是，stuff 和 old-name 都没有正确地展开。你将首先修复 stuff。考虑对 make-synonym 做如下修改：

```
(defmacro make-synonym [new-name old-name]
  `(defmacro ~new-name [& ~'stuff]
     `(~old-name ~@~'stuff)))
```

下面是展开的内容：

```
(macroexpand-1 '(make-synonym b binding))
;=> (clojure.core/defmacro b [& stuff]
        (clojure.core/seq (clojure.core/concat
                              (clojure.core/list user/old-name) stuff)))
```

最后，你将修复 user/old-name 的问题：

```
(defmacro make-synonym [new-name old-name]
  `(defmacro ~new-name [& ~'stuff]
     `(~'~old-name ~@~'stuff)))
```

下面是其展开形式：

```
(macroexpand-1 '(make-synonym b binding))
;=> (clojure.core/defmacro b [& stuff]
        (clojure.core/seq (clojure.core/concat
           (clojure.core/list (quote binding)) stuff)))
```

注意上例中奇怪的 “~'~old-name 引述和解引述。这段代码的求值过程如下：首先展开 ~old-name，为生成的宏留下 ~'binding（old-name 的值）。然后，将外层反引号展开，留给你 'binding，这一形式最后变成（quote binding）。你必须这样做，以确保在生成的宏展开之前不会解析 old-name 的值。

为了检查这是否与你的预期相符，将其与你的原始模板作比较：

```
(defmacro b [& stuff]
  `(binding ~@stuff))
```

这确实是你打算要做的，可以进行如下测试：

```
(declare x y)
;=> #'user/y
(make-synonym b binding)
;=> #'user/b
(b [x 10 y 20] [x y])
;=> [10 20]
```

啊，终于完成了。为了这三行代码做了许多功课。我们将在本节的最后说明为什么要在这段有些令人费解的代码上大费周章。

11.4.3 使用宏生成宏的原因

为什么要了解编写生成宏的宏的方法？原因至少有二。第一个原因和编写其他类型的宏相同：创建抽象，消除代码中重复的模式。当这些重复是结构性的且不使用某种形式的代码生成就难以消除时，编写生成宏的宏就很重要了。Clojure 宏是完成这项任务的优秀工具，因为它们为程序员提供了 Clojure 在这方面的全部能力。代码生成是一种语言级功能，这一事实本身就说明了它的重要性。

话虽如此，尽管在 Clojure 程序中编写宏是司空见惯的事，但一个宏生成另一个宏的情况并不常见。在职业生涯中，你可能只有几次这么做。结合你已经看到的其他用法，例如将计算转移到编译时和有意的符号捕获——少数需要宏抽象宏本身模式的场合——编写生成宏的宏将得到某种不使用该技术就难以实现的解决方案。

第二个原因（也是更常见的原因）是，了解这个概念能够更深入地理解宏展开、引述和解引述的过程。如果你能够理解和编写生成宏的宏，那么编写较为简单的宏就毫无困难了。

了解了有关宏编写的这些主题之后，我们可以继续介绍几个例子。在下一小节，我们将看到使用宏创建领域特定语言（DSL）的例子。

11.5 领域特定语言

现在，我们将介绍如何明确地完成你迄今为止暗中进行的工作。在本书的许多章节中，你已经编写了一些宏，为 Clojure 语言添加了功能。例如：

❑ 在第 8 章中，你创建了一个简单对象系统，具备了常规面向对象语言的大部分语义。

❑ 在第 9 章中，你创建了 `def-modus-operandi` 宏，可以类似 Clojure 协议的方式使用多重方法。

这只是宏帮助你将抽象转化成方便的语言特性的两个例子。

在本节中，我们将进一步探索用语言层包装抽象的思路。细想这个思路的逻辑方面引出了元语言抽象的概念——创建领域特定语言然后用它来解决手上问题的方法。这不仅能够解决你着手的问题，还可以解决该领域中的全部同类问题。领域特定语言为你提供了一个高度灵活和易于维护的系统，同时保持系统精简、易于理解和调试。我们将首先研究导出此类系统的设计哲学。

11.5.1 DSL 驱动设计

要设计一种 DSL，你必须考虑两个因素：DSL 如何将问题领域分解成它的各个部件（该语言的"词汇"？），如何帮助我们以各种表达方式（该语言的"语法"）将这些部件重新组合起来？

1. 设计考虑因素 1：分解

软件程序需求给定的情况下，要创建满足这些需求的程序，第一步通常是考虑所要采取的方法。这可能需要一个大规模的设计活动，以详细分解组成最终解决方案的各个部分。

自顶向下分解

这种方法与传统的自顶向下分解技术息息相关，可将较大、较复杂的问题分解成较小、独立且易于理解的部分。

我们已经知道，这种方法本身在大部分情况下都不是特别有效，原因是大部分系统的需求都不可能完全确定，这导致系统或多或少地需要重新设计。很多时候，由于业务现实的改变，需求随着时间的推移而明确地更改。这就是大部分敏捷团队首选一种革命性设计的原因，这种设计方法源自增量地构建系统以满足越来越多的需求。

当这种方法令人满意（近来，很少有系统能够不依赖这种方法）时，在考虑自顶向下方法的同时也考虑自底向上方法就很有意义了。

自底向上分解

以自底向上的方式分解问题与自顶向下的版本不同。在自底向上方法中，你以核心编程语言为基础创建小的抽象，以处理问题领域中的微小部分。这些领域特定的基本元素在创建时没有明确地思考最终如何用来解决原始问题。确实，这个阶段的思路是创建基本元素，建立问题领域所有低层细节的模型。

2. 设计考虑因素 2：可组合性

另一个焦点领域是可组合性。不同的领域基本元素应该可以按照要求组合成更为复杂的实体。这可以用编程语言本身的可组合特性（例如 Clojure 的函数）或者在现有结构基础上创建新的领域特定结构来完成。宏可能有助于这种扩展，因为它们可以轻松地操纵代码形式。

函数式编程有助于这样的设计。除了递归和条件结构之外，将函数作为第一类对象处理的能力可以更加自然的方式管理较高的复杂性和抽象。创建词法闭包的能力为你的工具集增添了另一个强有力的部件。当高阶函数、闭包和宏结合使用时，可以将领域基本元素组合起来，以解决比需求文档中规定的原始问题更广泛的问题。它还能解决该领域的整类问题，因为这种自底向上过程最后创建的是一组丰富的基本元素、运算符和形式，这些可以组合起来紧密地描述业务领域模型。

这种系统的最终层次由两个部分组成。最顶端是用可执行的 DSL 重新描述的需求。这是一种元语言抽象，表现在如下事实中：系统中解决问题的最终部件不是用通用编程语言编写的，而是使用从低层编程语言自然成长起来的一种语言编写的。这种语言往往能够为非编程人员所理解，有时候确实适合于由他们直接使用。

下一部分是某种运行时适配器，它通过解释来执行领域特定语言，或者将其编译成该语言的基本元素。这方面的一个例子是一组宏，它们将语法友好的代码翻译成其他形式和代码，为其建立对应的求值环境。图 11-2 展示了前面描述的不同层次的框图。

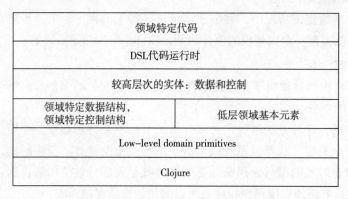

图 11-2　DSL 驱动系统的典型层次。这种系统得益于自底向上设计，最底层是在基本
　　　　Clojure 语言基础上建立的领域基本元素概念模型。较高的层次将这些基本元素组
　　　　合成更为复杂的领域概念。最终，在这些层次之上的是一个运行时层次，负责执行
　　　　DSL 中的特定代码。这个最终层次往往代表了软件希望解决的问题的核心解决方案

应该指出的是，即使宏常常在领域特定语言中占据很大一部分，这种语言的重点也不在于宏的使用。宏有助于语言的流畅度，尤其是最终用户的使用，而且，宏在较低层次上也有助于创建抽象。在这方面，它们和语言的其他可用功能（如高阶函数和条件结构）没有任何不同。需要记住的是，DSL 方法的核心是形成的自底向上设计和一组容易组合的领域基本元素。

在下一节中，我们将探索简单 DSL 的创建。

11.5.2　用户分类

当前的大部分网站都使用用户自己的数据为单独用户提供改善的个性化体验。例如，Amazon 根据用户的购买历史和浏览模式显示他们可能想要购买的商品。其他 Web 服务也收集类似的使用统计数据，在用户浏览时为他们显示更为相关的广告。在本节中，我们将探索这个业务领域。

本节的目标是使用关于用户的数据为他们做些特殊的事情，可能是显示广告，或者使网站更迎合用户的喜好。任何此类任务的第一步是对用户进行分类。通常，系统可以识别多类用户，并以某种方式个性化每类用户的体验。业务人员希望能够在发现各个类别时改变其规格，因此，系统不应该对这方面采用硬编码方法。而且，他们希望快速完成这种更改，不需要开发工作，也不需要在更改后重启系统。在理想世界中，他们甚至希望在一个漂亮的 GUI 应用程序中输入各个分类的描述。

这个例子很适合于我们之前的讨论，而且，它的各个方面都适用于当今构造的大部分

系统。对于这个例子，你将编写一种 DSL 来指定将用户分为多个类别的规则。首先，你将
描述基本分布（在本例中它只是整体设计中的一小部分）以及一些可用于查找用户相关信息
的功能。

1. 数据元素

你将建立一些原始领域特定数据元素的模型，专注于可从用户浏览器随每次请求发送
给服务器的数据中收集的信息。没有什么能够阻止你将这些数据扩展到从其他所有地方（例
如用户过往行为数据库）查找的信息以及任何其他信息（如股票价格或者夏威夷的天气）。
你将用一个简单的包含你所关心的数据元素的 Clojure 映射为会话数据建立模型，并将其保
存在 Redis 中。你不需要关注如何创建这个会话映射，因为这个例子与字符串解析或者从不
同数据存储中加载数据无关。

下面是用户会话的一个例子：

```
{:consumer-id    "abc"
 :url-referrer  "http://www.google.com/search?q=clojure+programmers"
 :search-terms  ["clojure" "programmers"]
 :ip-address    "192.168.0.10"
 :tz-offset     420
 :user-agent    :safari}
```

同样，会话包含的数据可能远远不止是通过 Web 请求发来的数据。你可以想象有许多
预先计算的信息保存在这样的会话中，以实现更实用的目标用户跟踪，也可以想象某种缓
存技术，这样在用户会话中就没有必要多次加载或者计算信息。

2. 用户会话持久化

你需要一个键，以便将这些会话保存在 Redis 中[⊖]，对于这个例子，:consumer-id
是很合适的。你将增加一个间接层次，这样代码将更容易理解，而且你可以在需要的时候
改变这一决策：

```
(def redis-key-for :consumer-id)
```

首先，你将定义把会话保存到 Redis 以及加载它们的一种方法，下面是完成这些功能的
两个函数：

```
(defn save-session [session]
  (redis/set (redis-key-for session) (pr-str session)))
(defn find-session [consumer-id]
  (read-string (redis/get consumer-id)))
```

有了保存和加载会话的基本功能之后，需要制定一个设计决策。如果认为用户会话是

⊖　参见 http://redis.io。在本章中，我们将根据 Ragnar Dahlén 开发的 redis-clojure 库 API（https://
　　github.com/ragnard/redis-clojure），但你应该在自己的项目中使用更新、更好的 Carmine 库（https://
　　github.com/ptaoussanis/carmine）。本书的代码包包含一个 redis 命名空间，为你模拟 redis-
　　clojure 库，以运行本章的代码而无须运行 Redis 服务器或者使用 Redis 库。

你的行为跟踪领域的核心概念，那么可以编写一个会话使得 DSL 始终在会话上下文中执行。你可以定义一个名为 *session* 的变量，然后在计算过程中将其绑定到特定的值：

```
(def ^:dynamic *session*)
```

你也可以定义一个方便的宏，以建立这个绑定：

```
(defmacro in-session [consumer-id & body]
  `(binding [*session* (find-session ~consumer-id)]
     (do ~@body)))
```

下面的程序清单展示了目前为止定义的整个会话命名空间。

程序清单11-2　处理Redis中会话持久化的基本函数

```
(ns clj-in-act.ch11.session
  (:require redis))
(def redis-key-for :consumer-id)
(def ^:dynamic *session*)
(defn save-session [session]
  (redis/set (redis-key-for session) (pr-str session)))
(defn find-session [consumer-id]
  (read-string (redis/get consumer-id)))
(defmacro in-session [consumer-id & body]
  `(binding [*session* (find-session ~consumer-id)]
     (do ~@body)))
```

现在，你已经处理了用户会话的持久化，接下来将把焦点放在用户分类本身。

3. 用户分类

在你的应用程序中，将满足这一分类过程的两个定性需求。首先，这些规则不应该硬编码到应用程序中；规则应该可以动态更新。其次，这些规则应该以分析师友好的格式表达。也就是说，规则应该以某种 DSL 描述，对非编程人员来说可以更简单地表达其思路。下面是你可能允许的一个例子：

```
(defsegment googling-clojurians
    (and
     (> (count $search-terms) 0)
     (matches? $url-referrer "google")))
```

下面是你想要的这种语言的另一个例子：

```
(defsegment loyal-safari
    (and
     (empty? $url-referrer)
     (= :safari $user-agent)))
```

注意符号中的 $ 前缀。这些符号在 DSL 中特别重要，因为它们是将要在用户会话中查找和替换的元素。现在，你的工作是实现 def-segment，使之前的定义能够编译成有意义的代码。

Clojure DSL 语法

在许多编程语言中（尤其是 Ruby 和 Python 等动态语言），领域特定语言风行一时。DSL 有两类：内部 DSL 和外部 DSL。内部 DSL 以 Ruby 等语言为宿主，使用底层语言执行 DSL 代码。外部 DSL 是常规编程语言的有限形式，它们有一个词法分析器和解析器，将遵循某种语法的 DSL 代码转换为可执行代码。内部 DSL 往往更简单，能够满足 DSL 的大部分需求。

这些 DSL 往往专注于提供类似英语的可读性，有许多文本解析代码专门将易于理解的文本转换为底层语言的结构。另一方面，Clojure 有魔法般的读取器，可以读取整个字符流，并将其转换成可以执行的形式。程序员不需要做任何支持词法分析、标记化和解析的工作。Clojure 甚至提供一个宏系统以进一步增强文本表达能力。

这是许多 Clojure DSL 看起来很类似 Clojure 本身的原因。Clojure DSL 往往基于 s- 表达式，因为使用读取器完成创建小规模语言的繁重任务是最直观的事情。如果你对各种语言中的 DSL 感兴趣，Debasish Ghoson 所著的《DSL in Action》（Manning Publications，2010）是很好的资源。

你可以从一个宏的框架开始：

```
(defmacro defsegment [segment-name & body])
```

首先将处理 $ 前缀。你将转换主体表达式，将带有 $ 前缀的所有符号转换成同名属性的一次会话查找。$user-agent 将变成（:user-agent *sessions*）。为了进行这一转换，你需要递归遍历主体表达式，以找出所有需要替换的符号，然后根据替换重建一个新的表达式。幸运的是，你没有必要编写这些代码，因为它存在于 Clojure.walk 命名空间中。这个命名空间包含多个用于遍历 Clojure 代码数据结构的函数。postwalk 函数刚好满足我们的要求：

```
(doc postwalk)
-------------------------
clojure.walk/postwalk
([f form])
  Performs a depth-first, post-order traversal of form.  Calls f on
  each sub-form, uses f's return value in place of the original.
  Recognizes all Clojure data structures except sorted-map-by.
  Consumes seqs as with doall.
;=> nil
```

这正是你所需要的，从而可以用如下函数转换 DSL 代码：

```
(defn transform-lookups [dollar-attribute]
  (let [prefixed-string (str dollar-attribute)]
    (if-not (.startsWith prefixed-string "$")
      dollar-attribute
      (session-lookup prefixed-string))))
```

你需要两个支持函数 `session-lookup` 和 `drop-first-char`，实现如下：

```
(defn drop-first-char [name]
  (apply str (rest name)))
(defn session-lookup [dollar-name]
  (->> (drop-first-char dollar-name)
       (keyword)
       (list '*session*)))
```

现在，测试你编写的代码是否符合预期：

```
(transform-lookups '$user-agent)
;=> (*session* :user-agent)
```

这是一个简单的测试，但请注意，如果 `*session*` 特殊变量正确绑定，则得到的形式可用于查找用户会话的属性。

现在，用 `postwalk` 以较为复杂的形式测试你的替代逻辑：

```
(postwalk transform-lookups '(> (count $search-terms) 0))
;=> (> (count (*session* :search-terms)) 0)
```

代码的工作符合预期。现在你已经有了将用 $ 前缀符号表达的 DSL 主体转换成可用 Clojure 代码的工具。此外，如有必要，还可以进行更为复杂的替换。

现在，你可以将此用于 `defsegment` 的定义中：

```
(defmacro defsegment [segment-name & body]
  (let [transformed (postwalk transform-lookups body)]))
```

现在，你已经按照 DSL 用户指定的方式转换了 `body`，还需要将其转换成以后可以执行的代码。让我们看看你所要处理的是什么：

```
(postwalk transform-lookups '(and
                               (> (count $search-terms) 0)
                               (= :safari $user-agent)))
;=> (and
      (> (count (*session* :search-terms)) 0)
      (= :safari (*session* :user-agent)))
```

以后执行上述代码的最简单方式是将其转换成一个函数。然后，你可以在需要运行该规则的任何时候调用这个函数。定义远程工作者框架时，你使用了类似的方法，将计算保存为在远程服务器上运行的匿名函数。如果你想要这么做，就需要一个存放函数的地方。你将创建一个新的命名空间，以保存与此相关的所有函数供以后使用，如下面的程序清单所示：

程序清单11-3　将规则保存为匿名函数的 `dsl-store` 命名空间

```
(ns clj-in-act.ch11.dsl-store)
(def RULES (ref {}))
(defn register-segment [segment-name segment-fn]
  (dosync
```

```
    (alter RULES assoc-in [:segments segment-name] segment-fn)))
(defn segment-named [segment-name]
  (get-in @RULES [:segments segment-name]))
(defn all-segments []
  (:segments @RULES))
```

知道了可以将函数放在以后能找到的地方之后，下面就可以改进 defsegment 的
定义：

```
(defmacro defsegment [segment-name & body]
  (let [transformed (postwalk transform-lookups body)]
    `(let [segment-fn# (fn [] ~@transformed)]
      (register-segment ~(keyword segment-name) segment-fn#))))
```

你现在已经组合了 DSL 的所有部件以供编译。下面的程序清单展示了完整的分类命名
空间。

程序清单11-4　用一个简单宏定义的分类DSL

```
(ns clj-in-act.ch11.segment
  (:use clj-in-act.ch11.dsl-store
        clojure.walk))
(defn drop-first-char [name]
  (apply str (rest name)))
(defn session-lookup [dollar-name]
  (->> (drop-first-char dollar-name)
       (keyword)
       (list '*session*)))
(defn transform-lookups [dollar-attribute]
  (let [prefixed-string (str dollar-attribute)]
    (if-not (.startsWith prefixed-string "$")
      dollar-attribute
      (session-lookup prefixed-string))))
(defmacro defsegment [segment-name & body]
  (let [transformed (postwalk transform-lookups body)]
    `(let [segment-fn# (fn [] ~@transformed)]
      (register-segment ~(keyword segment-name) segment-fn#))))
```

下面是在 REPL 上运行的情况：

```
(defsegment loyal-safari
  (and
    (empty? $url-referrer)
    (= :safari $user-agent)))
;=> {:segments
      {:loyal-safari
        #<user$eval3457$segment_fn__3232__auto____3458
      user$eval3457$segment_fn__3232__auto____3458@5054c2b8>}}
```

googling-clojurians 的定义仍然无效，因为它会报告未知的 matches? 函数。
你将在下两个小节中解决这个问题，并添加更多功能。

4. 微调：DSL 的威力

到目前为止，你已经将对 DSL 的研究组合起来了。你可以定义一些 DSL 代码，编译它们并创建一些函数以及存储结果。至少有三件事影响到 DSL 的威力。

首先是用户会话内的数据。`$url-referrer` 和 `$search-terms` 等实体就是这方面的例子。这些数据元素直接从用户的 Web 会话、关于用户的历史数据或者用于将数据加载到用户会话中的任何其他来源中获得。

第二个因素是可用于操纵数据元素的基本元素数量。这方面的例子有 `empty?` 和 `count` 等基本元素。你已经利用了 Clojure 自身的功能，但没有什么可以阻止你添加更多功能。很快，你就会添加一个名为 `matches?` 的函数。

最后一个因素是可组合性，也就是数据元素和语言基本元素组合起来创建更复杂形式的方式。这里你也可以使用所有 Clojure 的内建机制。例如，在前面的例子中，你使用了 `and` 和 `>`。

在下一小节中，你的焦点将是创建新的基本元素，然后编写代码执行 DSL。这些新的基本元素将使 DSL 更加强大、更有表达能力。

5. 为执行引擎添加基本元素

正如你想象的那样，`matches?` 是一个函数。在本例中，它可以很简单：

```
(defn matches? [^String superset ^String subset]
  (and
   (not (empty? superset))
   (> (.indexOf superset subset) 0)))
```

你可以添加更多这样的函数，根据需要它们也可以更加复杂。DSL 的用户不需要知道这些函数的实现方式，因为它们将被描述成 DSL 的基本元素。

现在，我们继续定义执行引擎的其余部分。第一部分是加载 DSL 程序的函数。通常，这将是由用户编写或者另一个程序（如图形化规则编辑器）生成的文本。由于 DSL 最终是 Clojure 代码，因此可以使用 `load-string` 加载它。考虑如下代码：

```
(ns clj-in-act.ch11.engine
  (:use clj-in-act.ch11.segment
        clj-in-act.ch11.session
        clj-in-act.ch11.dsl-store))
(defn load-code [code-string]
  (binding [*ns* (:ns (meta #'load-code))]
    (load-string code-string)))
```

注意，`load-code` 函数首先切换到自己的命名空间（用 `load-code` 变量上的元数据），因为所有支持函数都在该空间中可用。这样，`load-code` 可以从任何位置调用，也可以找到所有支持函数。然后，调用 `load-string`。

下一步是执行用户分类函数，查看它返回的是 `true` 还是 `false`。`true` 值意味着用户属于该分类。下面的函数检查这一点：

```
(defn segment-satisfied? [[segment-name segment-fn]]
  (if (segment-fn)
    segment-name))
```

现在，你拥有了定义一组分类并将用户划入其中一个或者多个分类（或者没有任何分类）的所有部件。考虑 classify 函数：

```
(defn classify []
  (->> (all-segments)
       (map segment-satisfied?)
       (remove nil?)))
```

执行引擎命名空间的完整源代码见如下的程序清单。

程序清单11-5　分类用户的简单DSL执行引擎

```
(ns clj-in-act.ch11.engine
  (:use clj-in-act.ch11.segment
        clj-in-act.ch11.session
        clj-in-act.ch11.dsl-store))
(defn load-code [code-string]
  (binding [*ns* (:ns (meta #'load-code))]
    (load-string code-string)))
(defn matches? [^String superset ^String subset]
  (and
   (not (empty? superset))
   (> (.indexOf superset subset) 0)))
(defn segment-satisfied? [[segment-name segment-fn]]
  (if (segment-fn)
    segment-name))
(defn classify []
  (->> (all-segments)
       (map segment-satisfied?)
       (remove nil?)))
```

现在你将在 REPL 上测试，首先用新的 DSL 创建一个包含两个分类定义的字符串：

```
(def dsl-code (str
  '(defsegment googling-clojurians
     (and
      (> (count $search-terms) 0)
      (matches? $url-referrer "google")))
  '(defsegment loyal-safari
     (and
      (empty? $url-referrer)
      (= :safari $user-agent)))))
;=> #'user/dsl-code
```

接下来，引入你的小型 DSL 引擎：

```
(use 'clj-in-act.ch11.engine)
;=> nil
```

现在，加载分类定义很简单了：

```
(load-code dsl-code)
;=> {:segments {:loyal-safari #<engine$eval3399$segment_fn__2833_
TRUNCATED OUTPUT
```

为了测试分类，需要一个用户会话并运行 Redis。你可以在 REPL 上定义一个用于测试的会话：

```
(def abc-session {
    :consumer-id "abc"
    :url-referrer "http://www.google.com/search?q=clojure+programmers"
    :search-terms ["clojure" "programmers"]
    :ip-address "192.168.0.10"
    :tz-offset 480
    :user-agent :safari})
;=> #'user/abc-session
```

现在，将其存入 Redis：

```
(require 'redis) (use 'clj-in-act.ch11.session)
;=> nil
(redis/with-server {:host "localhost"}
  (save-session abc-session))
;=> "OK"
```

一切都准备好了，你可以测试分类：

```
(redis/with-server {:host "localhost"}
  (in-session "abc"
    (println "The current user is in:" (classify))))
The current user is in: (:googling-clojurians)
;=> nil
```

上述结果符合预期。注意，classify 函数返回一个惰性系列，该序列在调用 println 时实现。如果你想要忽略，必须在 REPL 上用 doall 查看；否则，系统将报告 *session* 变量没有绑定。

至此，你已经完成了基本的工作。扩展这种 DSL 很容易，只需要添加新的数据元素和新的基本元素（如 matches? 函数）。你还可以通过在 postwalk 转换中增加更多功能来扩展 $attribute 语法。在介绍规则更新之前，你将添加一种手段，为定义的抽象命名并重用分类。

6. 增强可组合性

想象一下你要缩小 googling-clojurians 群体的范围。你希望知道这些人当中哪些还使用 Chrome 浏览器。可以创建一个如下的分类：

```
(defsegment googling-clojurians-chrome
    (and
      (> (count $search-terms) 0)
      (matches? $url-referrer "google")
      (= :chrome $user-agent)))
```

这个分类将很好地工作，但是有一个明显的问题：3 个条件中的两个在 googling-

clojurians 分类中重复了。在常规编程语言中，创建一个命名实体并以该实体代替两
处重复代码可以消除这样的重复。例如，你可以创建一个 Clojure 函数，并从两个地方
调用。

　　如果这么做，就会将 DSL 的低级实现细节暴露给 DSL 的最终用户。隐藏细节的同时让
用户使用命名实体是理想的状况。考虑如下修订后的 def-segment 实现：

```
(defmacro defsegment [segment-name & body]
  (let [transformed (postwalk transform-lookups body)]
    `(let [segment-fn# (fn [] ~@transformed)]
      (register-segment ~(keyword segment-name) segment-fn#)
      (def ~segment-name segment-fn#))))
```

　　这里的更改完成的正是上面谈到的工作。分类定义现在还创建了一个同名的变量。这
个变量可以如下方式使用：

```
(defsegment googling-clojurians-chrome
  (and
    (googling-clojurians)
    (= :chrome $user-agent)))
```

　　上述定义的功能与前面的分类定义等价，消除了重复。这是增强领域特定实体可组合
性的一个例子，分类定义在较低级的会话查找基本元素的基础上构建，与内建的逻辑运算
符相结合。注意，因为你的 DSL 代码都在一个命名空间中执行，所以只运行一个命名空
间。这可能造成名称冲突问题，根据需求，可能需要解决这个问题。

　　语言级结构的另一个例子是 in-session，这个结构提供了建立分类执行上下文的客
户 ID。它抽象化了会话存储位置、访问和加载方法的细节。

　　虽然这只是一个小例子，但我们探索了本章开始讨论的多个概念。最后一步是动态更
新 DSL 的方法。

7. 动态更新

　　利用 DSL，你已经为后续的代码输出了一个语言层次。你还希望为规则增加动态更新
的功能。你已经看到了这一点，但我们没有将焦点放在这上面。再次考虑如下的定义：

```
(defsegment googling-clojurians
  (and
    (> (count $search-terms) 0)
    (matches? $url-referrer "yahoo")))
```

　　你知道，对这段代码求值将改变 googling-clojurians 分类的定义（更不必说它
的命名不正确了，因为正在使用的是雅虎搜索）。但下面的代码有相同的效果：

```
(load-code (str '(defsegment googling-clojurians
  (and
    (> (count $search-terms) 0)
    (matches? $url-referrer "yahoo")))))
```

　　注意，load-code 接受一个字符串。这个 DSL 代码片段可以在任何地方创建，甚至

从执行引擎之外。例如，可以从文本编辑器创建并通过一个 Web 服务加载。

再举一个例子，想象你有一组远程工作者进程，使用你的规则引擎对用户进行分类。你可以想象用 def-worker 实现 classify。发送一个请求时，它将访问常用的 Redis 服务器，寻找指定的用户会话，并对用户分类。这与前面看到的没有任何区别，只是这段代码将在多个远程服务器上运行。

现在，想象 load-code 也以 def-worker 形式实现。在这种情况下，你不仅可以远程加载 DSL 代码，还可以使用 run-workere-verywhere 将 DSL 的更新广播到所有远程工作者。你可以在不部署任何代码的情况下获得实时更新分类群集的能力。

我们将以最后一个要点结束本章。迄今为止，我们还没有解决 DSL 代码的错误检查问题，在生产系统中，你绝对需要这种能力。你已经构建了一个最精简的 DSL，当然可以随意地扩展它的能力。能够在其中使用整个 Clojure 语言是一个强大的特性，如果有必要的话，高级用户可以这么使用。当 DSL 的功能扩展到超出分类的范畴时，以前面介绍的简单方式更新运行代码的能力就很实用了。

11.6　小结

大部分人开始学习 Lisp 系列编程语言时，首先询问的都是关于这种古怪语法的问题。对这个问题的解答就是宏系统。从这个意义上说，我们已经完成了一整个周期。宏的特殊之处在于使 Clojure 成为一个可编程编程语言，程序员可以将核心语言打造成适合于手边问题的语言。这样，Clojure 就模糊了语言设计者本身和程序员之间的界线。

本章从 Clojure 宏的几种高级用法开始。指代宏使用的场合不多，它们当然有自身的一些问题，但是如果小心应用，则能够产生真正优雅的解决方案。类似地，将计算转移到程序编译阶段似乎也是不常见的做法。当然，我们介绍的例子只是对各种可能性的匆匆一瞥。不过，这是一种重要的技术，在必要时可能很高效。最后，定义其他宏的宏可能需要你苦苦探索。理解宏系统的这种用法是真正掌握 Lisp 的必由之路。

Lisp 鼓励某种编程风格。近年来，每个人似乎都在谈领域特定语言，但在 Clojure 中，这是构建程序的常规手段。本书自始至终都在编写类似于行为定位 DSL 的代码，不管是第 10 章中帮助测试的模拟框架、第 8 章中的对象系统工具，还是第 9 章中成为操作方法的协议库。有些人对宏的误用表达了忧虑，但真正应该担心的是没有完全理解 Lisp 的方法。

附录 A | *Appendix A*

安装 Clojure

安装 Clojure 编译器和读取 – 求值 – 打印循环（REPL）以运行 Clojure 代码有几种选择。（REPL 是一种编程语言交互式命令行，类似于终端程序的命令提示符）我们将在本附录中介绍一些选择，你可以在 Clojure 的入门页面找到更多选择（http://clojure.org/）。但是，大部分人都会通过项目管理工具 Leiningen（参见 A.3 小节）安装 Clojure。

几乎在任何情况下，你都必须首先安装 Java 1.6 或者更高版本。打开命令提示符，输入如下命令以检查 Java 是否安装：

```
$ java -version
java version "1.8.0_20"
Java(TM) SE Runtime Environment (build 1.8.0_20-b26)
Java HotSpot(TM) 64-Bit Server VM (build 25.20-b23, mixed mode)
```

如果出现错误，或者第一行显示 Java 版本低于 1.6，就必须按照网站上的指南安装适合你的平台的 Java（https://www.java.com/ en/download/help/download_options.xml）。安装好 Java 之后，你就可以按照这里的指南安装 Clojure。

A.1　Try Clojure

安装某个系统的最简单方法是不安装。Try Clojure（http://www.tryclj .com）是一个在浏览器中运行的 Clojure REPL。这个 REPL 有两个主要的局限性：

❏ 运行较老的 Clojure 版本（本书编著时是 1.4）。

❏ 如果你定义的太多或者等待 15 分钟，环境就会重置（如果你关闭浏览器窗口，环境会保留，所以可以重新打开而不会丢失定义的变量和函数）。

但是，如果你只想尝试一些 Clojure 代码，那么这是个不错的选择。你可以用 Try Clojure REPL 尝试第 2 章和第 3 章的大部分例子。

A.2 Clojure.jar

Clojure 实际上就是一些 Java 代码，Java 代码以 JAR 文件形式分发。你可以从 http://clojure.org/downloads 下载预先构建的 Clojure JAR 文件。解压下载的文件并运行 `clojure.main` 入口点以获得一个 REPL：

```
$ java -cp clojure-1.6.0.jar clojure.main
Clojure 1.6.0
user=>
```

`clojure.main` 入口点也有其他一些命令行选项：

```
$ java -cp clojure-1.6.0.jar clojure.main --help
Usage: java -cp clojure.jar clojure.main [init-opt*] [main-opt] [arg*]

  With no options or args, runs an interactive Read-Eval-Print Loop

  init options:
    -i, --init path     Load a file or resource
    -e, --eval string   Evaluate expressions in string; print non-nil values

  main options:
    -m, --main ns-name  Call the -main function from a namespace with args
    -r, --repl          Run a repl
    path                Run a script from from a file or resource
    -                   Run a script from standard input
    -h, -?, --help      Print this help message and exit

  operation:

    - Establishes thread-local bindings for commonly set!-able vars
    - Enters the user namespace
    - Binds *command-line-args* to a seq of strings containing command line
      args that appear after any main option
    - Runs all init options in order
    - Calls a -main function or runs a repl or script if requested

The init options may be repeated and mixed freely, but must appear before
any main option. The appearance of any eval option before running a repl
suppresses the usual repl greeting message: "Clojure ~(clojure-version)".

Paths may be absolute or relative in the filesystem or relative to
classpath. Classpath-relative paths have prefix of @ or @/
```

A.3 Leiningen

Leiningen 是标准 Clojure 项目和依赖性管理工具 —— 几乎所有 Clojure 项目都用 Leiningen 来管理。对大部分人来说，他们与 Clojure 的几乎所有接触都是通过 Leiningen 进行的。如果你不确定需要的是哪种 Clojure 安装，那么就选它好了！

如果你熟悉 Java 世界，就肯定碰到过 Maven。Maven 是一个开源工具，能够简化任何基于 Java 项目的依赖性管理和构建。虽然 Mave 在 Java 世界中使用很普遍，但因难以使用而著称，尤其是在项目较大和较复杂的情况下。

幸运的是，尽管 Clojure 本身是一个 Java 项目，但你不必直接使用 Maven。Phil Hagelberg

（http://technomancy.us）创立了 Leiningen 项目，该项目使用了 Maven 中最好的部分，同时为最终用户提供了一个非常清晰的 Clojure 接口。在本节中，你将安装 Leinigen，并用它建立你的 Clojure 项目。

　　让 Leiningen 在你的计算机上工作很简单。只要按照项目 GitHub 页面上（https://github.com/technomancy/leiningen）的指南做就行了。完成之后，你应该可以从你的命令上运行 lein（Leinigen 的简写）命令。运行 lein repl 可以从任何位置进入 Clojure REPL。

　　但是 Leiningen 的真正强大之处是管理项目：有多重依赖性、入口点、测试、部署过程等的 Clojure 程序和程序库。下面介绍 Leiningen 项目创建和管理的基础知识。

A.3.1　lein 任务

　　运行 lein 将显示一个可用任务列表。最简单的是 lein new。运行这个任务创建一个 project.clj 文件框架（驱动 Leiningen 的基本配置文件）以及用于新 Clojure 项目的目录结构。下面是运行 lein new trial 所创建的一组目录和文件，其中 trial 是我们要创建的项目名称：

- ❏ project.clj
- ❏ README.md
- ❏ doc/
- ❏ src/
- ❏ test/

你的目录中可能有稍微不同的内容，这取决于 Leiningen 的具体版本。下面展示我们刚刚生成的 project.clj 文件的内容：

```
(defproject trial "0.1.0-SNAPSHOT"
  :description "FIXME: write description"
  :url "http://example.com/FIXME"
  :license {:name "Eclipse Public License"
            :url "http://www.eclipse.org/legal/epl-v10.html"}
  :dependencies [[org.clojure/clojure "1.6.0"]]])
```

　　这个文件包含对 defproject 的调用，defproject 是 lein DSL 的一部分。如你所见，项目的名称是 trial，版本号设置为 0.1.0-SNAPSHOT。如果熟悉 Maven，你就知道项目版本号设置为 SNAPSHOT 的含义（该版本还没有发行，可能不是正式版本）。除了项目名称和版本之外，defproject 还接受许多关键字参数。前面展示的大部分都不言自明，有趣的是 :dependencies。这个关键字指定项目依赖和将从 Maven 存储库（默认情况下，lein 查询托管在 http://clojars.org 的 Maven 存储库）导入的各种库（JAR 文件）。顺便说一句，你可能依赖不同版本的 Clojure，这取决于 Clojure 的最新稳定版本。

A.3.2　lein repl

　　下一步是运行另一个 lein 任务 repl。这导致 lein 首先运行任务 deps，它连接到默认 Maven 存储库（以及通过 project.clj 中的 :repositories 参数指定的任何其他存储库），并获取依赖的 JAR 文件。这些文件将保存在主文件夹下的 .m2 目录中。

下载依赖项目之后，将进入 Clojure REPL 提示符，类路径中包含所有指定的依赖。这使得管理项目的依赖性和特定版本非常容易。下面展示任务运行时的情况（你的输出可能稍有不同）。记得更改目录，进入你的项目文件夹：

```
$ lein repl
nREPL server started on port 58315 on host 127.0.0.1 - nrepl://
    127.0.0.1:58315
REPL-y 0.3.5, nREPL 0.2.6
Clojure 1.6.0
Java HotSpot(TM) 64-Bit Server VM 1.8.0_20-b26
    Docs: (doc function-name-here)
          (find-doc "part-of-name-here")
  Source: (source function-name-here)
 Javadoc: (javadoc java-object-or-class-here)
    Exit: Control+D or (exit) or (quit)
 Results: Stored in vars *1, *2, *3, an exception in *e

user=>
```

此时，你已经做好了在 Clojure 提示符上工作的准备。下一步，我们将介绍为 Clojure 项目添加其他依赖的方法。

A.3.3　为 Leiningen 项目添加依赖

较大的 Clojure 程序往往需要其他程序库，在此基础上构建功能。传统上，管理这些程序库是很繁杂的工作，但是在过去几年中，Leiningen 已经成为 Clojure 项目的默认依赖管理工具。如前所述，它使用 Maven 存储库作为各种程序库（Clojure 世界中的 JAR 文件）的来源。https://clojars.org 上托管着一个社区存储库，是 Leiningen 的默认存储库。你可以搜索这个存储库，往往能够找到你想要的东西（如果有人已经上传程序库的话）。当然，如果你没有找到想要的程序库，也可以上传自己的 JAR 文件。而且，你还可以告诉 Leinngen 查看其他存储库，必要时当然也可以托管自己的 Maven 存储库。

下面是在你的程序中添加 JSON 处理库 Cheshire 的一个例子。进入 https://clojas.org 搜索 Cheshire，将会注意到几个选项。其中之一是 5.4 版本，这是最近的一个版本，你可能很熟悉。当进入该程序库的页面时，将看到需要添加到项目中的 Leiningen 依赖向量。在本例中这个向量是：

```
[cheshire "5.4.0"]
```

复制并粘贴到 project.clj 文件的 :dependencies 段，保存文件并运行 lein deps。Leinngen 将下载正确的 JAR 文件，下一次启动 REPL 时，该程序库就可以使用了。

结　语

你在本书中看到的只是冰山一角。Lisp（以及 Clojure）使构建的系统能够应对当今的严苛要求。如果认为 Lisp 的复兴能够带来有朝一日达到预期目标的系统，那并不算是牵强附会的想法。为此，你需要的不只是几个语言特性或者一个宏系统，也不只是 DSL。

你将需要一个系统，能够自动适应不断变化的新需求。程序员必须认识到，求值器本身就是程序，它们可以和其他任何程序一样构建，产生新的求值规则和范式。你需要的是在运行时监控自身并改良自身以改善输出结果的程序。所有这些似乎都是幻想，但是有可能实现。用 Alan Kay 的话说，计算机的革命甚至还没有开始[⊖]。进一步理解他的话就是，想要构建完成这一切的系统，方法就是设计宏伟的系统。你必须构建比想象中还要宏伟的系统。Clojure 之类的语言为你提供了实现这一切所需的工具。

⊖　《The Computer Revolution Hasn't Happened Yet》，1997 OOPSLA Keynote: https://youtu.be/oKg1hTOQXoY。

奇点临近

畅销书《The Age of Spiritual Machines》作者又一力作
《纽约时报》评选的"2005年度博客谈论最多的图书"之一
2005年CBS News评选的畅销书
2005年美国最畅销非小说类图书
2005年亚马逊最佳科学图书
比尔·盖茨、比尔·乔伊等鼎力推荐
一部预测人工智能和科技未来的奇书

　　"阅读本书，你将惊叹于人类发展进程中下一个意义深远的飞跃，它从根本上改变了人类的生活、工作以及感知世界的方式。库兹韦尔的奇点是一个壮举，以不可思议的想象力和雄辩论述了即将发生的颠覆性事件，它将像电和计算机一样从根本上改变我们的观念。"

——迪安·卡门，物理学家

　　"本书对科技发展持乐观的态度，值得阅读并引人深思。对于那些像我这样对"承诺与风险的平衡"这一问题的看法与库兹韦尔不同的人来说，本书进一步明确了需要通过对话的方式来解决由于科技加速发展而引发的诸多问题。"

——比尔·乔伊，SUN公司创始人，前首席科学家